云南强对流冰雹天气活动特征和识别方法研究

张腾飞　尹丽云　张杰　梅寒　苏伊伊　著

气象出版社

China Meteorological Press

内 容 简 介

本书总结了近年来作者对云南冰雹监测预警预报技术的研究成果,内容包括冰雹时空分布特征、冰雹天气形成的环境气象条件和机制、冰雹云卫星云图中尺度特征和识别方法、冰雹云多普勒天气雷达回波结构和中尺度特征、冰雹云多普勒天气雷达特征参量演变规律、冰雹云跟踪识别方法和预警模型建立、雷达 PUP 产品强天气监测预警系统设计及业务应用等,得出的结论可为强对流冰雹天气预警预报和科学防范提供参考和依据。

本书可供从事气象科学研究、短期短时预报和人工影响天气业务人员及大气科学相关专业的师生参考。

图书在版编目（ＣＩＰ）数据

云南强对流冰雹天气活动特征和识别方法研究 ／ 张
腾飞等著. -- 北京 ： 气象出版社，2021.8
  ISBN 978-7-5029-7444-2

  Ⅰ．①云… Ⅱ．①张… Ⅲ. ①强对流天气－冰雹预报
－研究－云南 Ⅳ．①P457.6

中国版本图书馆CIP数据核字(2021)第099907号

云南强对流冰雹天气活动特征和识别方法研究
YUNNAN QIANGDUILIU BINGBAO TIANQI HUODONG TEZHENG HE SHIBIE FANGFA YANJIU

出版发行：气象出版社
地　　址：北京市海淀区中关村南大街 46 号　邮政编码：100081
电　　话：010-68407112(总编室)　010-68408042(发行部)
网　　址：http://www.qxcbs.com　　　Ｅ - mail：qxcbs@cma.gov.cn
责任编辑：王萃萃　　　　　　　　　终　审：吴晓鹏
责任校对：张硕杰　　　　　　　　　责任技编：赵相宁
封面设计：尹丽云　张 杰
印　　刷：北京建宏印刷有限公司
开　　本：787 mm×1092 mm　1/16　　印　张：13
字　　数：335 千字
版　　次：2021 年 8 月第 1 版　　　印　次：2021 年 8 月第 1 次印刷
定　　价：118.00 元

序

冰雹天气具有突发性强、局地性明显、历时短、致灾重等特点,一直是气象工作分析研究、监测预警预报和科学防范的重点和难点。

云南地处低纬高原地区,具有典型的山地季风气候特征,强对流冰雹天气多发、频发且地域差异大。同时,云南是以农业为主的省份,冰雹天气对农作物尤其是对烤烟等高原特色农业危害较大。因此,以预防和减轻冰雹灾害为目的,开展云南强对流冰雹天气活动特征和预警预报方法研究显得尤为重要。

云南气象科技工作者长期致力于探索研究低纬高原地区强对流冰雹天气预报技术和形成机理等方面的问题。随着多普勒天气雷达和气象卫星等探测能力不断提高,高时空分辨率的非常规观测资料在云南中尺度冰雹天气系统监测预警中发挥了不可替代的作用。同时,基于非常规观测资料的低纬高原冰雹天气预报预警技术的研究进一步加强,特别是近几年开展国家自然科学基金地区科学基金项目(41265001)"基于雷达和卫星低纬高原强对流风暴演变及地闪特征研究"和云南省科技厅科技惠民专项项目(2016RA096)"云南强对流灾害性天气短时临近预警系统研究"子项目"云南省冰雹监测预警技术研究",项目组深入研究冰雹天气监测预警预报技术和方法,并应用于实际业务工作中,不仅加深了对低纬高原地区冰雹天气活动规律的认识,而且为冰雹天气的监测预警预报提供了思路和方法。

本书在解决复杂地形下云南不同区域、不同季节、不同类型的冰雹天气活动规律、中尺度演变特征、综合识别预警技术及预警指标和预警模型等方面的研究工作具有特色,研究思路清晰,实用性强,符合现代天气预报和人工影响天气发展方向,可为强对流冰雹天气监测预警预报和人工防雹业务及科研提供借鉴。

冰雹的准确预警预报和科学防范是一项长期艰苦的任务,希望云南省广大气象业务和科研人员一如既往加强冰雹天气预警预报技术研究,坚持不懈采用新手段和新技术深入研究云南冰雹天气变化规律,不断提升强对流灾害性天气的识别能力和科学防范能力。

尹晓毅

2021 年 4 月

前　　言

冰雹是在有利的大尺度天气形势背景下,由中尺度天气系统直接产生的强对流灾害性天气,具有突发性和局地性强以及来势猛和强度大等特点,常常伴随着狂风、暴雨等其他灾害性天气,对农业、建筑、交通、供电、通信和人民的生命财产影响极大。尤其导致冰雹天气的中尺度对流系统时空尺度小和受地形影响显著,监测预报难度大,常规地面和探空观测不能完全揭示产生冰雹的中尺度对流系统的发生、发展和演变特征。因此对冰雹天气的分析研究、监测预警预报和科学防范一直是气象工作的重点和难点。

随着多普勒天气雷达和气象卫星等探测能力不断提高,高时空分辨率的非常规观测资料能够比常规天气图更直观、准确、及时地识别中尺度对流系统的位置、强度、大小、结构、形状、风场等信息及其发生发展演变规律,在监测预警强对流冰雹天气中发挥了不可替代的作用,基于非常规观测资料的冰雹云中尺度特征和早期识别技术研究也越来越受到国内外气象工作者重视。

云南地处低纬高原地区,同时受到印度、东亚两支季风的共同作用。由于独特的高原、低纬、季风、山地气候特点,中尺度强对流雹暴系统影响频繁,冰雹天气突出,年均冰雹日在 80 天以上,是我国冰雹灾害多发区之一。云南是农业省,也是烤烟、花卉、水果、蔬菜等高原特色农业经济作物种植大省,冰雹灾害严重制约着云南高原特色农业丰产丰收,对经济作物尤其是烤烟生产影响很大。云南冰雹天气除具有空间尺度小、生命史短、突发性强的中尺度天气特征外,还具有高发频发、局地性强、致灾重等特点,增加了云南冰雹天气的复杂性和多变性,也大大增加了冰雹天气监测预警预报和防范工作的难度,因此以预防和减轻冰雹灾害为目的,开展云南强对流冰雹演变规律和预警预报方法研究显得尤为重要。

针对云南冰雹天气多发频发且地域差异和预报难度大等有关问题,本书重点对不同区域、不同季节、不同类型冰雹天气研究 5 个方面的问题:①冰雹天气活动特征;②冰雹天气形成机制;③冰雹云中尺度特征和演变规律;④冰雹天气综合识别预警技术和指标;⑤预警模型的构建。

围绕上述 5 方面的内容,本书共分 8 章。第 1 章是绪论,简要介绍冰雹天气及灾害,分析国内外研究进展及预警预报技术;第 2 章探讨云南冰雹天气活动特征,重点分析冰雹天气的空间和时间分布特征,同时探讨了冰雹活动的地域差异和时间差异;第 3 章介绍冰雹天气形成的环境气象条件和机制,重点分析云南冰雹形成的 5 种典型环流形势及其热力、动力、水汽和不稳定等条件,同时重点探讨 5 类典型环流形势下冰雹形成机制的异同点;第 4 章研究冰雹云卫星云图中尺度特征和识别方法,重点分析在 5 种典型环流形势下冰雹云的卫星云图演变规律,同时探讨了不同环流背景下冰雹云团演变特征异同及冰雹发生与云顶亮温和地闪的关系;第 5 章研究冰雹云多普勒天气雷达回波结构和中尺度特征,重点分析 4 类冰雹云雷达回波的结构和中尺度特征,同时探讨 4 类冰雹云雷达回波特征异同及其与地闪的关系;第 6 章介绍冰雹云多普勒天气雷达特征参量演变规律,主要分季节、分区域分析冰雹过程雷达回波特征参量演变特征和规律,同时探讨季节之间和区域之间冰雹识别回波特征参量的异同;第 7 章介绍冰雹云跟踪识别方法和预警模型的建立,主要分析冰雹云自动识别跟踪技术和预警指标及冰雹预警模型的建立,同时探讨季节之间和区域之间冰雹预警指标的异同;第 8 章是雷达 PUP 产品在强对流冰雹天气监测预警中应用,主要介绍多普勒天气雷达 PUP 产品强对流天气监测预警系统的设计开发,分析其对冰雹等强天气监测预警的作用。

由于冰雹的发生条件和演变较为复杂,虽然本书提出了一些有意义的结论和方法,但对于正确认识低纬高原冰雹形成机理和掌握预警预报技术方法还存在很大差距,在以后的工作中,仍需继续进行深入研究和探索。另外,我们的能力和水平有限,错误、疏漏和不妥之处,敬请读者批评指正。

感谢国家自然科学基金委员会国家自然科学基金地区科学基金项目(41265001)和云南省科技厅科技惠民专项项目(2016RA096)的资助。

作者

2021 年 4 月 20 日

目　　录

第 1 章　绪　　论

1.1　冰雹天气及其灾害

冰雹是由强对流天气系统引起的一种剧烈的气象灾害,冰雹可小如绿豆、黄豆,也可大似栗子、鸡蛋,它出现的范围虽小、时间比较短促,但来势猛、强度大,常常伴随着狂风、暴雨等其他灾害天气,对农业、交通、建筑设施甚至人民生命财产等造成重大危害,尤其对农业的危害最大,常造成局地农作物减产甚至绝收。据 WMO(世界气象组织)统计,冰雹每年给世界带来的经济损失约 20 亿美元(董安祥 等,2004),中国是世界上冰雹灾害最严重的国家之一,每年平均雹灾面积 173 万 hm^2,重灾年达 400 万 hm^2(张强 等,2005),冰雹每年给农业、建筑、通信、电力、交通以及人民生命财产带来巨大损失。

云南地处低纬高原地区,同时受到印度、东亚两支季风的共同作用,由于独特的高原、低纬、季风、山地气候,强对流雹暴影响频繁,冰雹天气突出,一年四季均有冰雹灾害发生,全省每年冰雹日在 80 d 以上,冰雹灾害发生范围广、持续时间长,是我国的重雹区之一,尤其云南是农业省,也是烤烟、花卉、水果、蔬菜等特色农经产品种植大省之一,冰雹灾害严重制约着云南高原特色农业丰产丰收,往往对经济作物尤其是烤烟烟叶等造成毁灭性减产,特别是云南中部及以东农经产品主产区也是冰雹多发地区,每年因冰雹灾害造成农作物、经济作物损失巨大。

2015 年云南有 90 d 出现冰雹天气,其中 8 月 12 日受切变线系统影响,云南出现强对流雹暴天气过程,全省 10 个州市 25 县出现不同程度风雹灾害,尤其昭通市昭阳区、镇雄、彝良、盐津、永善等遭受特大冰雹灾害袭击(图 1.1.1),多数冰雹直径 20 mm 以上,最大冰雹如鸡蛋大小,降雹时间 30 min 以上,地面积雹厚度 50 mm 以上,同时伴随大风、短时暴雨等强对流天气,房屋和基础设施损坏,烤烟、水果、蔬菜等作物大面积绝收、减产,造成直接经济损失 3.82 亿元。

图 1.1.1　2015 年 8 月 12 日昭通市昭阳区冰雹灾情

2019 年 3 月 19 日凌晨和下午滇东南红河哈尼族彝族自治州、文山壮族苗族自治州一天连续两次发生强对流冰雹天气(Zhang et al.，2021)，伴有局地大风和短时强降水，其中金平、屏边、河口 3 县一天连续两次遭受冰雹袭击，尤其金平苗族瑶族傣族自治县(简称"金平县")县城、金河镇、勐拉乡、马鞍底乡、勐桥乡、者米拉祜族乡、铜厂乡出现两次强冰雹大风，特别是凌晨降大冰雹历史罕见，城区最大冰雹直径达 30 mm，冰雹最大堆积厚度 30 cm(图 1.1.2)。

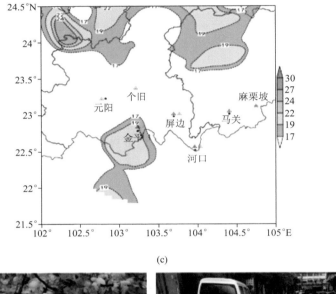

图 1.1.2   2019 年 3 月 18 日 20:00—19 日 20:00 大风(单位:m/s)和冰雹
(a)冰雹(黑色▲和红色▲分别表示第一次和第二次降雹)和大风(阴影区风速≥17 m/s)分布；
(b)和(c)金平县城降雹实况

由此可见，冰雹除了使作物造成机械性损伤外，对人畜、房屋的危害也是较为严重的，且冰雹天气出现时，常常伴随着大风、雷电、暴雨等其他强对流天气，造成多种灾害并发，损失极大。近年来，随着农业产业结构的调整，经济型农业所占比重逐渐增大，冰雹对烤烟、花卉、蔬菜、水果等经济作物造成的损失大幅增加，准确监测预报和合理防范冰雹灾害显得尤为重要。

1.2 冰雹天气特征和形成机理研究进展

冰雹是在有利的大尺度天气形势背景下,由中小尺度系统直接产生的强对流灾害天气。只有在有利的大尺度背景下满足一定的大气物理条件和具有一定的触发机制,才能激发产生强对流冰雹天气,大尺度环流条件不但制约着对流系统的种类、演变过程,还可以影响对流系统内部结构、强度、运动和组织(Bluestein et al.,1985,1987;Takemi,2006;丁一汇,1991;王小明 等,1992;程麟生 等,2002;曹治强 等,2013;许爱华 等,2006),因此长期以来对于冰雹天气大气环境气象条件和形成机制的分析研究在冰雹预报中备受关注(张沛源,1983;朱君鉴 等,2004;叶爱芬 等,2006;许爱华 等,2013)。

张喜轩等(1987)对比分析20多次较强的持续性雹暴天气过程,发现垂直风切变、层结不稳定性和湿度条件决定雹暴天气强弱。李玉书(1982)研究了雹暴和暴雨形成时的大尺度环流差异,丁治英和王楠(2015)对比分析短时强降水和冰雹强度差异及成因发现,水汽条件存在明显差异是短时强降水及冰雹强度不同的主要原因,刘晶等(2018)对比分析表明低空急流向底层下传是冰雹触发的关键因子,冰雹云内温度和水汽密度廓线陡升较短时降水期间更加剧烈。王华等(2007)通过对2005年北京城区两次强冰雹天气对比分析,发现两次γ中尺度超级单体降雹和β中尺度飑线降雹在环流形势、局地气象条件和中尺度系统等方面有明显差异,但雹云的发展演变、冰雹的落区与地面中尺度系统都有较好的对应;闵晶晶等(2011)分析了大冰雹过程前倾结构的高空槽,认为高空槽导致不稳定层结发展是冰雹形成的成因;郑媛媛等(2014)认为温压结构不对称、大气斜压性强时易产生雷雨大风、冰雹等强对流天气,风垂直切变强和400～500 hPa西风急流与强对流天气的发生区域紧密相关;徐芬等(2016)认为高CAPE值、逆温层、低层适当水汽条件及较强的深层垂直风切变有利于强冰雹天气的发生;高丽等(2021)指出长生命史超级单体降雹长时间维持的环境背景及其云物理特征;路亚奇等(2016)认为700 hPa与500 hPa温差、0～6 km垂直风切变等物理量指标对冰雹等对强对流天气潜势预报具有很好参考作用。姚建群等(2005)、陈明轩和王迎春(2012)、王秀明等(2012)、苏爱芳等(2012)、张建军等(2016)、朱平和俞小鼎(2019)等大量学者也对强对流雹暴的形成环境气象条件进行研究,表明在有利环流背景下垂直风切变、层结不稳定、冷池相互作用、水汽含量等是雹暴过程维持和发展的关键机制。

天气雷达和气象卫星等新型探测设备探测能力不断提高,在监测预警中小尺度天气系统中发挥了不可替代的作用(Adler et al.,1985;Burgess et al.,1990;Toracinta et al.,1996;陈渭民,2005;朱君鉴 等,2008;俞小鼎 等,2006,2012;徐小红 等,2012),刘黎平等(2006)阐述了雷达遥感新技术对灾害性天气的探测能力;俞小鼎(2004)证实了新一代天气雷达对局地强对流风暴预警能力的改善程度;周小刚等(2015)探讨了多普勒雷达探测冰雹的算法发展与业务应用;张晰莹等(2013)利用卫星资料讨论了产生龙卷雷暴云团的形成环境和触发条件以及利用天气雷达阐述了雷暴云团的发生发展过程和特征。基于高分辨率探测资料的冰雹云中尺度特征和早期识别技术研究备受国内外学者重视,取得许多成果(David,1980;龚乃虎 等,1982;Amburn et al.,1997;Bauer et al.,1997;Lemon,1998;张杰 等,2004;鲁德金 等,2015;潘佳文 等,2020)。

Seity 等(2003)利用多参数雷达观测降水粒子分布结构,发现闪电频数、上升气流和雹/霰回波体积之间有很好的相关性。周嵬等(2005)归纳出西北冰雹天气的环流形势和局地因素,探讨了雷达、卫星、闪电定位和数值模拟等手段在西北地区冰雹研究领域的新进展。廖玉芳等(2007)开展了我国各地强雹暴的雷达三体散射统计与个例分析。蓝渝等(2014)在利用大气环流背景、影响系统和云系云型特征对华北区域冰雹天气分型基础上,认为降雹集中出现于准圆形或椭圆形对流云团边缘或带状对流云系传播前沿。张一平等(2014)分析在西北气流和大气层结极不稳定形势下的河南和安徽冰雹天气,表明γ中尺度对流单体"列车效应"导致局地多次降雹。王令等(2006)分析北京32次雹云的多普勒天气雷达径向速度特征后得出"大风区""中气旋"是经常出现降雹的多普勒径向速度图像特征,其中"大风区"常伴随出现强风和冰雹,而"中气旋"则常伴随出现暴雨冰雹。郑媛媛等(2004)、王丛梅等(2011)、戴建华等(2012)、李静等(2012)、蔡淼等(2014)等进行了超级单体雹暴观测个例分析和成雹区识别研究,认为雹暴是在条件性不稳定和垂直风切变较大的环境条件下具有典型的有界弱回波区—回波悬垂—回波墙结构及中气旋、"V"型缺口等特征。易笑园等(2012)认为对流单体出现独立型和喂养型合并2种类型形成多单体雹暴,地面局地不稳定区配合湿冷的海风锋是触发雹暴发展的机制。李哲等(2017)认为飑线具有由若干倾斜深厚对流单体组成排列紧密的回波带结构,冰雹大风等强天气出现在飑线的强回波带、弓形回波前沿和线风暴之间断裂带上。

　　闪电现象一般与冰雹、暴雨等强对流天气密切相关,因此利用闪电定位系统监测资料是近年来分析研究强对流天气的另一个重要方面。Toracinta等(1996)用雷达和闪电资料对比发现了雷暴伴随的闪电活动规律。Parker等(2001)用WSR-88D多普勒天气雷达和地闪资料对比了一系列的中尺度对流系统(MCS),认为占主导的负地闪位于多相态水成物混合区($-20\ ℃<T<0\ ℃$)的强反射率对流核($\geqslant35$ dBz),发展中或成熟阶段MCS的对流核比消散阶段具有高的负闪电比率($\geqslant80\%$),MCS中正闪电位于后侧云砧或层云中,与MCS生命演变关系不大,在出现大冰雹的MCS中往往反射率较高,在强对流核中有较高正闪电比率。Gilmore和Wicker(2002)、MacGorman等(1994,2002)通过研究提出超级单体中闪电活动和极性特征演变的几种假设:(1)负地闪占主导的超级单体中上升运动突然加强后,冰雹区高度增加,主要负电荷区相应增加,负地闪频次增加;(2)超级单体中上升运动加强会导致过冷水的大幅度增加及温度增加,冰雹容易形成正电荷,从而使得雷暴下部的正电荷区明显加强,致使正地闪增加;(3)当超级单体的上升运动减弱时,容易形成低层正电荷区和主负电荷区的电荷分布,造成负地闪增加;(4)当超级单体中冰雹正在空中发展时,粒子下降速度较小,一般形成常规的电荷结构,造成负地闪占主导。薛秋芳等(1999)、蔡晓云等(2001,2003)研究认为,闪电频数的日变化与强对流天气发生有一定对应关系;闪电资料能较好地指示对流天气中小尺度系统活动,闪电资料比雷达资料在降雹、雷雨过程中至少有1~3 h的提前量,可以为强对流天气的短时临近预警工作提供短时预报参考,并且冰雹、暴雨的闪电频数也有差异。在冰雹云发展演变过程中,起电过程非常剧烈,放电现象也非常活跃,常伴随有大量闪电发生,为了了解冰雹云发展演变过程中闪电的活动规律,国内外气象工作者曾做过不少的研究工作。陈哲彰(1995)研究认为,冰雹大风发生时正地闪占绝对优势,而负地闪则与强降水有关;冯桂力等(2001)分析发现在降雹前20~30 min闪电频数有跃增现象,其增加速率和降雹强度呈正相关关系;Soula等(2004)分析发现,闪电频数、上升气流和雹/霰回波体积之间存在很好的相关性;云闪频数似乎是风暴强度的指示因子,而且正地闪的发生与冰雹的产生和降落密切相关,闪电均发生在含有冰相粒子的区域;López和Aubagnac(1997)对一个具有超级单体结构的雹

暴进行研究发现,冻结层以上霰粒的增长与总地闪数量的增多和减少有关。Carey 和 Rut-ledge(1998)则研究发现一些非常强的风暴并没有产生大量的正地闪;Qie 等(2002)也对中国内陆高原地区雷暴的地闪特征进行研究,发现弱雷暴过程通常存在较高的正地闪发生比例。

在对冰雹云进行了大量的雷达回波特征、演变规律、时空分布以及分型研究工作后,气象工作者开始着力使用多普勒雷达回波参数来判别冰雹云,建立了冰雹天气定量预警预报方法,在天气预报业务中取得了较好的效果,冯晋勤等(2012)利用天气雷达资料和常规探空资料为闽西南地区的冰雹及雷雨大风天气过程建立了对应的判别指标,相关指标对冰雹的预报准确率高于雷雨大风;祁雁文(2016a)通过对内蒙古通辽市冰雹天气过程雷达回波特征分析,总结出相应的量化指标预警冰雹云,并利用 9 项指标采用加权集成法建立冰雹天气预报模型(祁雁文,2016b),应用到实际的短时临近预报工作。

云南地处低纬高原地区,强对流冰雹天气多发频发(陶云 等,2011;段玮 等,2017),许美玲等(2011)、段旭等(1998)、李英等(2000)、张腾飞等(2006,2013,2016,2018)、尹丽云等(2004,2012)、周泓等(2014)、张杰(2014,2019)、张崇莉等(2011)气象工作者一直致力于云南冰雹天气预报技术研究,积累了不少研究成果和经验,认为云南冰雹天气影响系统复杂多样,其形成发展特征和机制与国内外有相似点,但也存在许多差异,初步得出了低纬高原地区冰雹天气的雷达回波、气象卫星、地闪演变特征及环流背景条件;段鹤等(2011,2014)、李湘等(2015)对云南冰雹灾害的多普勒雷达特征及预警指标进行了分型统计分析,并对冰雹的识别方法和预报指标做了归纳总结,王廷东等(2016)建立了昆明地区夏季冰雹云多普勒雷达指标并在人工防雹业务工作中应用,研究成果对云南冰雹天气的监测预警预报起到很好的指导作用。

1.3 多普勒天气雷达冰雹云识别和预警技术

准确的风暴识别和跟踪是当今天气雷达和灾害性天气预警业务的基本和必要组成部分(Johnson et al.,1998),长期以来国内外气象工作者利用天气雷达在风暴的自动识别、跟踪算法方面开展了大量的科学研究,提出了一些风暴识别及跟踪算法。这些方法大致可以分为三大类:持续性预报法(Persistence)、交叉相关法(Cross Correlation)和单体质心法(Centroid Tracking),这些都被统称为外推预报法(Extrapolation)(韩雷 等,2007)。持续性预报法又叫线性外推法,目前已经很少使用。Rinehart 和 Garvey(1978)提出了 TREC 算法(Tracking Radar Echoes by Correlation),使用交叉相关法获得了风暴体回波内部各个子区域的移动矢量。Li 等(1995)提出了 TREC 的扩展 COTREC(continuity of TREC vectors)算法,基于约束和变分技术,可以平滑运动矢量并使其满足连续性方程,纠正了通常由 TREC 失败引起的明显错误的向量。交叉相关法的优点是算法简单,但是计算量明显偏大,并且对相互距离较近的多个较小单体识别和跟踪效果较差。20 世纪 70 年代,美国国家强风暴实验室(NSSL)的科学家们(Wilk et al.,1970;Barclay et al.,1970;Zitel,1976)开发了一系列算法,可以从雷达反射率因子数据中识别出风暴单体,并追踪和外推单体质心的运动,目前使用较多的风暴单体识别与跟踪算法(SCIT)(Johnson et al.,1998)和雷暴识别、跟踪、分析和临近预报系统(TITAN)(Dixon et al.,1993)就是基于单体质心追踪和外推算法的。SCIT 和 TITAN 这些算法通过识别风暴单体、跟踪风暴单体历史轨迹、特征演变和线性轨迹预报进行计算,预测轨迹一般是线性的。TITAN 使用多边形边界和倾斜的椭圆作为预测输出，而 SCIT 使用单体质心（风暴核心）输出预测轨迹。2003 年，为了减少追踪错误率，Greg（2003）提出了一个在风暴识别、追踪前实施的自适应中值滤波算法，并应用到 SCIT 中。Han 等（2009）改进了 TITAN 算法发展为 ETITAN 算法，ETITAN 算法在三个方面对原来的 TITAN 算法进行了改进，首先，为了处理两个风暴单体相邻时的假合并问题，并从风暴群中分离出单个风暴单体，ETITAN 采用了基于数学形态学的多阈值识别方法；其次在风暴追踪阶段，ETITAN 提出了一种基于动态约束的组合优化方法来追踪风暴；最后利用互相关法计算的运动矢量场，预测单个孤立风暴单体的位置。因此，ETITAN 结合了两类通用的临近预报算法的各个方面，即互相关和质心类型方法，以提高临近预报的性能。由于冰雹云的识别跟踪一般集中在造成破坏的强风暴的核心上，跟踪单体核心的 SCIT 可能是最好的跟踪算法（Bally，2004）。

　　在冰雹云识别方面，使用单雷达反射率数据和其他传感器的观测进行冰雹诊断始于 20 世纪 70 年代（Pamela et al.，2006），当时的冰雹抑制实验表明冰雹的发生与冻结层以上 45 dBz 回波高度之间存在关系（Mather et al.，1976；Waldvogel et al.，1976；Foote et al.，1979）。Petrocchi（1982）使用的地面冰雹与反射率垂直剖面的关系构成了美国国家天气局（NWS）在 20 世纪 80 年代和 90 年代使用的下一代气象雷达（NEXRAD）冰雹算法。后来，Witt 等（1998）使用了 Waldvogel 等（1979）提供的数据建立了一种简单的关系，其中较高的冰雹概率与高于融化层以上的最大反射率值相对应，当前的 NEXRAD 冰雹检测算法（HDA，hail detection algorithm）中使用此关系来预测不同直径冰雹的发生概率。

　　美国自 1990 年开始部署第一部 WSR-88D 系统（Pamela et al.，2006），集成了大量的气象和水文算法以及自动产品处理功能，并生成大量不断更新的气象分析产品及产品子集。WSR-88D 系统的三个主要功能组件是雷达数据采集（RDA，radar data acquisition），雷达产品生成器（RPG，radar product generator）和主要用户处理器（PUP，principal user processor），RPG 负责大部分数据处理，它调用分析程序（算法），将 RDA 的基础数据转换为多种分辨率、数据水平间隔和不同仰角的气象和水文产品（39 种不同的产品类别）的图形和字母数字形式。中国新一代天气雷达（CINRAD）1999 年 3 月开始在我国安徽省合肥市试运行，之后我国新一代多普勒天气雷达部署进度加快，目前我国的 CINRAD-SA、SB 和其他雷达的软件包都采用了美国的 NEXRAD 10.8 版本的风暴识别算法（孟昭林 等，2005），我国气象工作者在利用多普勒雷达开展冰雹云的自动识别、跟踪方面开展了大量的科学研究和检验评估。陈明轩等（2007）利用改进的交叉相关算法和我国的新一代天气雷达资料，进行了雷达回波移动矢量的追踪和对流自动临近预报的试验。王芬等（2009）利用新一代多普勒天气雷达资料和 WSR-88D 提供的冰雹指数算法，对发生在贵州省黔西南地区的 20 个冰雹个例进行验证，在考虑了本地环境、气候特征的前提下对误警率较高的情况进行了算法补偿，并针对误警率较高的现象提出解决办法，利用新一代多普勒天气雷达体扫资料及 WSR-88D 提供的风暴单体识别与跟踪（SCIT）算法对发生在贵州省黔西南地区的 40 次天气过程个例进行验证、分析及算法评估（王芬 等，2010），对算法评估不太理想的情况进行了误差分析，并进行了算法补偿，提出了解决的办法，算法改进后评估效果有所提高。

　　云南省 C 波段多普勒雷达 RPG 实时生成 36 种不同类别的 PUP 产品，包含了较为全面的强对流风暴监测预警所需的风暴特征分析信息，冰雹云的自动识别、跟踪信息内嵌在组合反射率（CR，第 35～38 类产品）、风暴跟踪信息（STI，第 58 类产品）、冰雹指数（HI，第 59 类产品）、中气旋(M,第 60 类产品)中,包含了风暴 ID、风暴位置(方位/距离)、风暴的龙卷涡旋特征(TVS)、风暴的中气旋特征(MESO)、风暴产生强冰雹概率(POSH)/冰雹概率(POH)/最大预期冰雹尺寸(MX SIZE)、风暴的垂直累积液态含水量(VIL)、风暴的最大强度(DBZM)、风暴底高度(HT)、风暴顶高度(TOP)、风暴的移向移速预报或新生(FCST MVMT)等。张杰等(2018)参考美国国家气候数据中心(NCDC)数据格式说明(NCDC,1998)及 NEXRAD WSR-88D 系统的初始分析产品集说明(Klazura et al. ,1993),基于多普勒雷达 PUP 产品设计开发了多普勒天气雷达 PUP 产品强天气监测预警系统,开展了利用多普勒雷达 PUP 产品进行强对流风暴(冰雹云)科研分析和客观定量自动预警的有益尝试,能够满足强对流天气监测预警业务及科研应用需求,认为充分利用好 PUP 产品内嵌的风暴特征信息能够提高冰雹等强天气的预警时效和监测效率。

第 2 章　云南冰雹时空分布特征

冰雹灾害属于小概率突发性强对流天气事件,冰雹灾害发生时间短、范围小、突发性强且致灾重。云南地形地貌复杂,降雹地域差异大,历年冰雹资料数据来源于全省 125 个县气象站上报的灾情数据,空间分辨率低,存在较多的漏报和误报导致冰雹灾害的时空分布存在较大误差。随着 2014 年云南省人工影响天气作业指挥系统的建立和不断完善,云南省分布在全省各乡镇的 966 个人工防雹作业点负责收集的冰雹灾情资料通过人工影响天气作业信息上报系统模块实现了实时上报和入库管理,密集分布的防雹作业点所获取的冰雹资料空间分辨率大大提高,因此 2014 年以来冰雹资料的完整性和客观性较过去有较大提高,其时空分布特征更能体现云南冰雹天气的活动规律。

本章除利用 2009—2017 年云南省 125 个县气象台站冰雹观测资料外,还利用云南省人工影响天气中心作业指挥系统收集整理的冰雹灾情资料,统计分析 2009—2017 年云南省冰雹时空分布特征。

2.1　冰雹的空间分布特征

2.1.1　冰雹日空间分布特征

图 2.1.1 给出了云南省 2009—2017 年年平均冰雹日空间分布。从图 2.1.1 可见,云南全省范围内均发生冰雹事件,但具有空间分布不均和地域差异大的特点。滇东曲靖市的宣威市和滇西北大理白族自治州(简称"大理州")的鹤庆县为云南省冰雹活动最频繁地区,宣威市年平均冰雹日高达 9.0 d/a,鹤庆县高达 8.1 d/a,德宏傣族景颇族自治州(简称"德宏州")、玉溪市、楚雄彝族自治州(简称"楚雄州")北部、曲靖市东南部和丽江市东部为冰雹活动次高值区,9 a 平均冰雹日约为 4 d/a;迪庆藏族自治州(简称"迪庆州")、怒江傈僳族自治州(简称"怒江州")、大理州西北部、临沧市西部、普洱市西部为冰雹最少区域,常年无冰雹或 9 a 平均冰雹事件仅为 0.1 d/a 左右,西双版纳傣族自治州(简称"西双版纳州""版纳")、红河哈尼族彝族自治州(简称"红河州")南部、文山壮族苗族自治州(简称"文山州")南部、昆明市中部为冰雹活动次低值区,年平均冰雹事件为 2 d/a 左右,可见从云南冰雹活动分布看,总体上全省冰雹日呈东多西少及四周高、中间低的变化特征。结合云南地形的分布特征可以看出,云南地形以哀牢山断裂带为界,可划分为东、西两大地形区,哀牢山西侧山脉交错,是云南省内重要的山地集中地带,其北侧无量山以北海拔高度均超过 2500 m,南侧呈缓慢降低的特征;哀牢山东部地形坡度下降,多以丘陵地形地貌为主,海拔主要在 1500~2500 m 波动变化。由于哀牢山以东地区冷暖空气活动频繁和不断交汇,且受多丘陵的地形地貌动力抬升作用和自西向东移动受到哀牢山阻挡作用的影响,云南冰雹多出现在海拔高度 1500~2500 m、坡度相对较小的滇东地区,海拔高度低于 1500 m 的河谷地区和海拔高度高于 2500 m 且坡度较大的高山地区较少出现冰雹活动;同时云南地处孟加拉湾西南暖湿气流输送通道前缘,西南暖湿气流进入云南西部上空,受地形抬升作用影响也易形成滇西边缘的多冰雹天气,因此云南冰雹活动受地形影响明显、局地性强和空间分布不均匀。

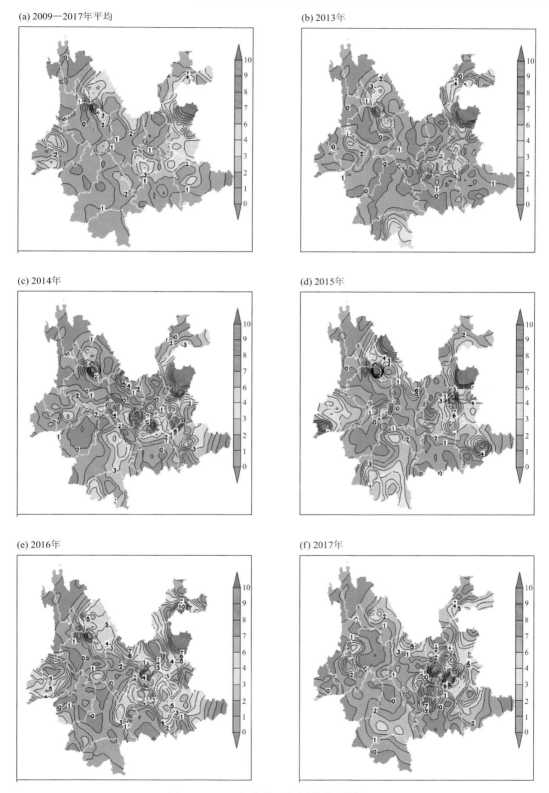

图 2.1.1　云南冰雹日空间分布(单位:d)

从冰雹日逐年空间分布看,冰雹日空间分布与 9 a 平均冰雹日空间分布基本一致,均表现为东多西少、四周多、中部少的特征。2015 年为近 5 a 冰雹日最多年份,全省冰雹日高达 95 d,2012 年冰雹日最少,为 57 d,与 2015 年相比偏少 36 d,这可能与云南干旱天气背景下强对流天气过程少有一定关系。滇东宣威市作为云南冰雹活动高发区,9 a 冰雹日变化较小,均保持在 9 d/a 左右,2014 年和 2015 年都高达 15 d。滇中的玉溪市中部和滇东南的红河州北部冰雹日年变化较大,其中 2014 年为冰雹日最多年份,易门县、江川市冰雹日分别高达 10 d 和 12 d,2012 年则无冰雹出现。大理州鹤庆县和德宏州西北部 9 a 冰雹日均表现为先增后减的变化特征,鹤庆县 2015 年冰雹日高达 12 d,2017 年无冰雹灾害,7 a 稳定维持在 7～9 d/a;德宏州西北部 2009—2012 年冰雹日维持在 2 d/a,2013—2015 年增至 10 d/a,2016 年开始减少,2017 年则无冰雹活动。文山州东南部、普洱市、临沧市、红河州南部、昆明市北部、大理州西部、怒江州、迪庆州的冰雹活动无明显年变化特征。

因此,冰雹日空间分布各年之间存在差异,但总体上冰雹日具有自西向东逐渐增加的趋势及具有四周高、中部低的空间变化特征,这与云南特殊的地形地貌和影响的天气系统密切相关,同时由于近年来更为详细的冰雹资料收集,是导致冰雹活动的空间变化特征与过去的冰雹气候分布特征存在差异的原因之一。云南地形自西北向东南呈阶梯状逐渐下降,冷空气天气系统往往经过四川盆地后南下,一般从东北部和东部入侵后自东北向西南或自东向西移动影响云南,同时云南又受到西南季风和东南季风的共同影响,由于东南季风携带的暖湿气流从东南部进入和冷空气南下从东北部(或东部)进入云南后受到自东向西逐渐抬升地形的阻挡,易在滇东交汇产生冰雹天气,造成这些区域多冰雹活动,随着冷空气进一步西南移和东南暖湿气流继续向西北输送,地形的阻挡抬升作用造成玉溪市中部出现冰雹活动的次高值区。有时青藏高原东南侧南下冷空气沿金沙江河谷进入云南,由于受到其西侧高山地形阻挡抬升作用,配合一定的西南或东南暖湿气流输送,易于在大理州北部和丽江市东部形成多冰雹天气。另外地处孟加拉湾西南暖湿气流输送带前缘的滇西,充沛水汽条件与地形抬升的共同作用也会造成滇西德宏州多冰雹天气,而地处滇西南的普洱市、临沧市、西双版纳州虽然同样易受西南季风气流的影响,但由于地形坡度变化不大,激发对流的动力条件较弱,冰雹活动相对较少。

2.1.2　冰雹日季节空间分布特征

云南省冰雹活动具有空间分布不均匀的典型特征,进一步对全省 125 个县 9 a 平均冰雹日的季节变化进行统计分析,得到云南不同季节冰雹日的空间分布特征,表 2.1.1 给出 2009—2017 年云南各州(市)平均冰雹日的月变化。

由表 2.1.1 可以看出,云南不同季节冰雹活动有显著差异,怒江州、西双版纳州、德宏州、普洱市冬半年(11 月—次年 4 月)冰雹日大于夏半年(5—10 月),尤其西双版纳州冬半年(11 月—次年 4 月)的冰雹日占全年冰雹日的 90.5%,为全省冬半年冰雹日所占比例最高地区,德宏州冬半年冰雹日所占比例为 80%,怒江次之,普洱市冬半年冰雹日占全年的 55.8%,与夏半年冰雹活动接近;滇中和滇东地区冬半年冰雹日在 10%～15%,夏半年的冰雹日占全年冰雹日的 85%～90%。可见,云南各区域冰雹日季节变化不一,沿东西向具有西部与中东部的冰雹日季节变化呈反相关的特征,西部冬半年冰雹日多而夏半年中东部冰雹日多,而沿南北向具有滇南地区冬半年冰雹日所占比例大、滇中次之、滇中以北比例最小的特征,主要由于冬半年滇西和滇西南易受南支槽系统影响,南支槽提供的充沛水汽和较强的抬升动力条件使得滇西和滇西南冰雹活动较中东部地区多,而夏半年云南暖湿条件充沛,加之滇中以东以北冷暖空气活动频繁导致滇中以东以北冰雹活动多。

表 2.1.1 2009—2017 年云南各州(市)平均冰雹日月变化(单位:d)

月份	1月	2月	3月	4月	5月	6月	7月	8月	9月	10月	11月	12月	全年	冬半年冰雹日比例(%)	夏半年冰雹日比例(%)	春季冰雹日比例(%)	夏季冰雹日比例(%)
德宏	1.2	0.2	0.9	2.1	0.3	0.0	0.1	0.2	0.2	0.2	0.0	0.0	5.6	80.0	20.0	60.0	6.0
普洱	0.3	0.4	1.1	1.3	0.6	0.8	0.2	0.9	0.1	0.0	0.0	0.0	5.8	55.8	44.2	51.9	32.7
版纳	0.1	0.0	0.6	1.3	0.2	0.0	0.0	0.0	0.0	0.0	0.0	0.1	2.3	90.5	9.5	90.5	0.0
文山	0.0	0.0	0.6	2.1	1.4	1.2	1.2	1.0	0.4	0.1	0.0	0.1	8.1	34.2	65.8	50.7	42.5
红河	0.0	0.3	1.1	2.0	0.8	1.6	2.4	2.7	1.7	0.0	0.0	0.0	12.6	27.4	72.6	31.0	53.1
曲靖	0.0	0.0	0.8	1.8	2.8	5.2	6.1	6.0	1.2	0.2	0.2	0.0	24.3	11.4	88.6	21.9	71.2
保山	0.2	0.2	0.7	1.9	0.6	0.2	0.7	1.9	0.8	0.2	0.0	0.0	7.3	40.9	59.1	42.4	37.9
楚雄	0.1	0.0	0.6	0.6	0.7	2.2	2.6	2.9	0.9	0.1	0.0	0.0	10.6	11.6	88.4	16.8	72.6
昆明	0.0	0.1	0.6	1.1	0.4	1.1	3.2	3.6	1.0	0.0	0.0	0.0	11.1	16.0	84.0	19.0	71.0
玉溪	0.1	0.2	0.4	1.1	0.7	1.7	4.3	4.3	2.4	0.1	0.0	0.0	15.2	16.2	83.8	18.4	62.5
大理	0.0	0.0	0.2	0.6	0.4	1.0	2.6	4.1	3.1	0.8	0.0	0.0	12.8	6.1	93.9	9.6	60.0
丽江	0.0	0.0	0.0	1.0	1.4	2.6	4.4	1.3	0.1	0.0	0.0	0.0	11.3	3.9	96.1	12.7	74.5
昭通	0.0	0.0	0.1	1.0	2.2	2.4	4.9	2.4	0.4	0.0	0.0	0.0	12.1	9.2	90.8	27.5	67.0
怒江	0.0	0.0	0.0	0.2	0.0	0.0	0.0	0.1	0.0	0.0	0.0	0.0	0.3	66.7	33.3	66.7	33.3
迪庆	0.0	0.0	0.0	0.0	0.0	0.0	0.3	0.1	0.1	0.0	0.0	0.0	0.6	0.0	100.0	0.0	80.0
临沧	0.2	0.0	0.3	0.6	0.1	0.4	0.2	0.8	0.1	0.0	0.0	0.0	2.8	40.0	60.0	36.0	52.0

分析春季(3—5月)和夏季(6—8月)全省各州(市)冰雹日比例发现,滇西、滇西南和滇东南地区春季冰雹日所占比例均大于夏季冰雹日所占比例,尤其德宏州和西双版纳州最为突出,德宏州春季冰雹日占全年冰雹日的60%,夏季冰雹日所占比例仅为6%,西双版纳州春季冰雹日占全年的90%,夏季则无冰雹事件发生,说明春季强对流冰雹天气系统对滇西南、滇西和滇东南的影响最为突出;夏季冰雹多发,且滇中以东和滇西北夏季冰雹日所占比例占全年冰雹日的70%以上,尤其滇西北迪庆州夏季冰雹日所占比例高达80%以上。可见,云南冰雹活动具有典型季节变化特征,春季是南支槽天气系统活跃期,是云南西部和南部冰雹高发期,夏季是两高辐合、冷锋切变和热带低值系统活跃期,是云南中部以北以东地区冰雹高发期。云南冰雹活动主要以春季和夏季为主,进一步从云南冬(12月—次年2月)、春(3—5月)、夏(6—8月)、秋(9—11月)四个季节的9 a 平均冰雹日空间分布(图2.1.2)更清楚看出,云南冰雹空间分布存在着明显的季节差异,夏季是云南冰雹最多的季节,冰雹集中分布在滇中及以东以北地区;春季冰雹次之,冰雹多出现在滇西、滇南和滇东地区;秋季滇西北、滇中和滇西局部地区冰雹日较多,其余地区冰雹相对较少;冬季为全年冰雹最少季节,滇西冰雹日相对多。

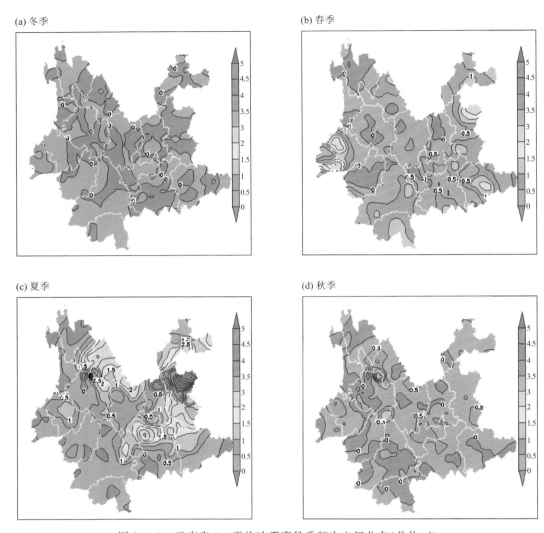

图 2.1.2　云南省 9 a 平均冰雹事件季频次空间分布(单位:d)

　　从冬季冰雹日空间分布(图 2.1.2a)可见,滇西腾冲、龙陵和永德等市(县)为冬季的多雹区,冰雹日在 1 d 以上,其余地区冬季冰雹日少于 0.5 d,其中滇东北中南部、滇中、滇南和滇西的 105 个市(县)为冬季无雹区。在春季冰雹日空间分布(图 2.1.2b)上,滇西的腾冲市、潞西县和滇东的宣威市冰雹日明显增加,达 3 d,滇南和滇西南的冰雹日也明显增加,其他大部分地区冰雹日仍较少。夏季(图 2.1.2c)滇东和滇西北局部地区是多雹区,基本都在 3 d 以上,尤其宣威市和鹤庆县冰雹日增至 5 d 以上,滇中大部分地区冰雹日在夏季也显著增加,冰雹日为 1~2 d,而云南西部和南部水汽条件充足但冰雹日相对较少,在 1 d 以下,其中地处热带地区的勐腊县夏季为无雹区。秋季(图 2.1.2d)滇中以东地区冰雹日急剧减少,下降到 0.5 d 以下,滇西南的勐腊、景洪、宁洱、西盟等市(县)为秋季无雹区,滇西北鹤庆县仍维持较多冰雹日。

　　综上所述,云南各地均可发生冰雹事件,具有典型的季节性变化特征,总体上冬季冰雹日最少、春季逐渐增加、夏季冰雹日最多、秋季冰雹日递减。冰雹活动地域差异大,滇中以东以北是云南的多雹地区,也是云南夏季的多雹区,滇西、滇西南和滇南则是春季冰雹多发区,可见云南西部和南部边缘冰雹多出现在春季,而中东部和北部地区冰雹主要发生在夏季,这主要与冰雹天气系统影响密切相关,南支槽是冬春和晚秋冰雹天气过程的主要影响天气系统,导致冰雹天气偏西偏南,初夏强对流冰雹天气过程主要由川滇切变影响,造成北部冰雹天气多发,而盛夏和初秋热带系统活跃,两高(青藏高压和西太平洋副热带高压)辐合、南海低压与热带辐合带和西太平洋台风是强对流冰雹天气过程的主要影响天气系统,也是导致全省冰雹天气多和东部冰雹天气活跃的主要原因。

2.1.3　冰雹日聚类统计空间分布特征

由冰雹日的年空间分布、季节空间分布可见,云南冰雹事件不同季节之间存在着显著的地区差异。为了更好地分析冰雹日变化特征,根据地区冰雹日变化差异进行聚类统计分析。

首先统计云南省 125 个县气象站 9 a 1—12 月逐站各月平均冰雹日,然后对 125 县站的冰雹日进行聚类统计分析,按分类结果对同类区域内所有气象站冰雹日取平均得到各类地区各月冰雹日。图 2.1.3 给出云南 9 a 年均冰雹日聚类空间分布和年均冰雹日月变化,由图 2.1.3 可见,云南冰雹地域差异分为 4 类,第 1 类地区主要分布于滇西局部、滇西南和滇南边缘地区,为云南省全年冰雹较少地区,春季和夏季冰雹频次相对较多,但全年月冰雹日均在 0.2 d 以下,此类地区形成冰雹的主要影响系统多为春季的南支槽天气系统;第 2 类地区是夏季冰雹相对偏多、冬季全年无雹地区,冰雹峰值出现在 8 月,为 0.56 d,春季出现冰雹频次与第 1 类地区相似,多为滇中、滇东和滇西北局部地区;第 3 类地区为滇东、滇西和滇西北地区,也是全年均可出现频繁冰雹的地区,春季冰雹频次可达 0.51 d/月,夏季剧增至 1.07 d/月,秋季 11 月冰雹日也可达 0.4 d;第 4 类地区是夏季冰雹事件的高发区,主要分布在滇中以东以北地区,其中 8 月为全年冰雹发生高峰,冰雹日高达 1.1 d,冬、春、秋季冰雹日与第 3 类地区相比明显偏少,但比第 1、2 类地区相比偏多。

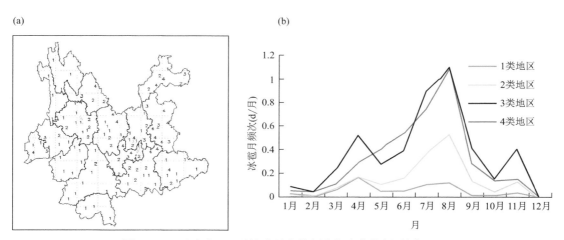

图 2.1.3　云南省 9 a 平均冰雹事件频次年变化特征(单位:d)
(a)聚类结果空间分布;(b)各类地区年变化

2.1.4　冰雹频数空间分布特征

冰雹日是指冰雹发生的日数,一天内不论发生 1 次或多次冰雹事件均视为 1 个冰雹日,客观上不能完全真实地反映出冰雹天气活动活跃程度,而某区域内发生的冰雹事件数即冰雹出现频数能更好地反映该区域可能遭受冰雹灾害的程度,冰雹出现频数越多,冰雹造成的损失也会越大,人工防雹的需求也越大,因此利用 2009—2017 年 9 a 云南省 125 县气象站冰雹观测资料和冰雹灾情资料,统计 2009—2017 年云南冰雹事件频数。

从 9 a 年均冰雹频数的空间分布(图 2.1.4a)可以看出,云南冰雹出现频数的空间分布极不均匀,地域差异很大,与冰雹日的空间分布基本一致,总体上具有东多西少、四周多、中部偏少的特征,其中迪庆州、怒江州、临沧市、红河州、昆明市北部和文山州东部几乎无冰雹出现或 9 a 平均冰雹频数少于 1 次;全省年均冰雹频数在 1~4 次的有 57 个县,主要分布在滇西南、滇西、滇中北部和滇南南部地区;全省年均冰雹频数在 5~8 次的有 21 个县,主要出现在滇中的玉溪市、滇东的曲靖市南部、滇西北的丽江市东部和大理州北部、滇西的保山市西北部和德宏州北部,冰雹频数的峰值区出现在滇东的曲靖市宣威市,9 a 年均冰雹频数高达 22.3 次。

(a) 2009—2017年平均

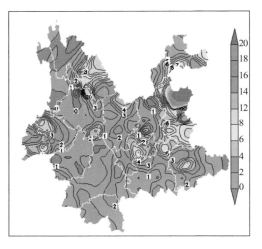

(b) 2013年

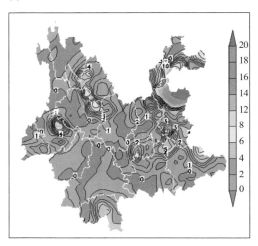

(c) 2014年

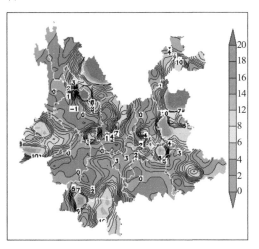

(d) 2015年

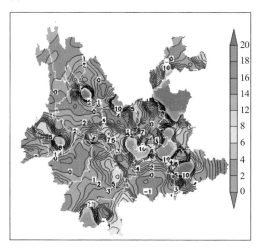

(e) 2016年
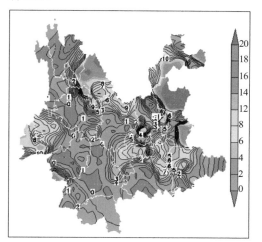

(f) 2017年
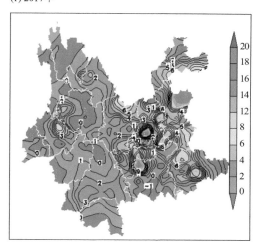

图 2.1.4　云南省冰雹频数空间分布(单位:d)

从逐年冰雹频数的空间分布看,逐年冰雹频数空间分布与多年平均冰雹频数空间分布基本相似,但也存在一定的差别。2009 年(图略)冰雹频数最多出现在滇东的师宗和泸西县,年冰雹频数分别达 17 次和 15 次,其次为玉溪市中部和大理州北部,年冰雹频数为 8 次/a 左右,迪庆州、怒江州、大理州南部、临沧市中东部全年基本无冰雹出现。2010 年(图略)冰雹频次的高值区则有显著差异,冰雹频数峰值区出现在德宏州南部和保山市西北部,年内出现 11 次,峰值明显减少;年冰雹频数大于 8 次的仅有 9 个县,出现在曲靖市东部和南部、玉溪市中部、大理州北部。2011 年(图略)冰雹频数峰值区出现在曲靖市东部的宣威市,年冰雹频数为 19 次,其次是丽江市东部和保山市西北部,年冰雹频数分别为 16 次和 13 次,与往年相比较为异常的是临沧市,9 a 平均冰雹日仅为 1～2 d,但 2011 年冰雹频数达 6 次,为冰雹频数较高值区。2012 年(图略)冰雹频数峰值区仍在曲靖市东部的宣威市,年冰雹频数为 13 次,与其他年相比相对少一些,次峰值区在曲靖市南部的师宗县和丽江市东部玉龙纳西族自治县(简称"玉龙县"),全年无冰雹活动的区域与 9 a 平均的分布一致。2013 年(图 2.1.4b)冰雹频数的空间分布与 2010 年相似。2014 年(图 2.1.4c)冰雹频数明显增多,曲靖市宣威年冰雹频数高达 49 次,玉溪市中东部、曲靖市南部、文山州西北部、楚雄州北部、大理州北部和西双版纳州西南部出现多个年冰雹频数大于 15 次的次高值区,滇西德宏州北部、保山市北部的冰雹频数则明显偏少。2015(图 2.1.4d)年全省总冰雹频数与 2014 年相比略有减少,滇东曲靖宣威市的年冰雹频数减少到 29 次,而滇西北丽江市宁蒗彝族自治县(简称"宁蒗县")年冰雹频数则增至 32 次,成为 2015 年冰雹出现频次的峰区,德宏州和保山市的冰雹频次也显著增加,滇中玉溪市年冰雹频数则表现为明显减少的特征。2016 年(图 2.1.4e)为近 9 年全省冰雹发生频次最多的年份,其中滇东曲靖宣威市年冰雹频次高达 54 次,为近 9 年各县年冰雹频次的最大值,滇西北丽江市东部的玉龙县和滇中昆明市的年冰雹频数也是 9 年里的最大值,分别为 26 次和 21 次,这与 2016 年冷暖空气活动频繁和热带东风波系统活跃密切相关。2017 年(图 2.1.4f)全省冰雹频数出现减少特征,冰雹频数大值区出现在滇中昆明市,年冰雹频数为 28 次,其次为滇中红河州石屏县和滇东曲靖市宣威市,年冰雹频数分别为 13 次和 15 次,2017 年冰雹频数大于 8 次的县数仅有 11 县,均分布在哀牢山以东的滇中和滇东地区,滇西大部分地区年冰雹频数较少或全年无冰雹出现,尤其德宏州减少最为明显,2016 年平均冰雹频数 8 次,2017 年均为 2 次。

从 9 a 冰雹频数的空间动态分布发现,冰雹事件发生频次地域差异大,进一步表明云南冰雹天气具有局地性强的特征,且各年之间冰雹频数多寡和空间分布存在一定的差异,尤其 2014 年之后冰雹频数出现明显增加,这与加密冰雹灾情资料收集存在一定的关系。但总体上逐年冰雹频数空间分布与多年平均冰雹频数空间分布基本相似,都具有东多西少、四周多、中部偏少的特征,其中在哀牢山以东冷暖空气活动频繁以及川滇切变、两高辐合、热带东风波等强对流天气系统西移过程中受到逐步升高的地形阻挡抬升作用,强对流天气加强,形成滇东曲靖市的宣威市冰雹频数最大中心区以及哀牢山东侧区域沿山体走向冰雹频数大值区;青藏高原东南侧冷空气南下沿金沙江河谷进入云南,受到其西侧高山地形阻挡抬升作用,配合一定的西南或东南暖湿气流,形成丽江东部至大理州鹤庆县一带的另一个冰雹活动高值区;南支槽是滇西冰雹天气的主要影响系统,由于每年南支槽系统活跃程度差异较大,导致滇西的保山市和德宏州近 9 年来冰雹活动呈现波动起伏变化特征。

2.2　冰雹的时间分布特征

2.2.1　冰雹日年变化特征

云南冰雹活动频繁,但年变化差异较大,从 2009—2017 年 9 a 冰雹日和冰雹频数的统计结果看(图 2.2.1),2015 年冰雹日最多,全年冰雹日数高达 93 d,冰雹日最少出现在 2010 年,仅 59 d。冰雹频数的年变化特征与冰雹日有显著差异,2012 年为 9 a 冰雹频数最少年份,仅为 192 次,2016 年为冰雹频数最多年份,全省出现冰雹频数高达 569 次,9 a 云南冰雹频数呈显著增加特征。总体来看,2009—2017 年云南冰雹日呈波动上升特征,冰雹频数则呈现剧增的特征,这与每年形成强对流冰雹天气的气象条件存在差异有关,还与加密冰雹灾情资料收集存在一定的关系。

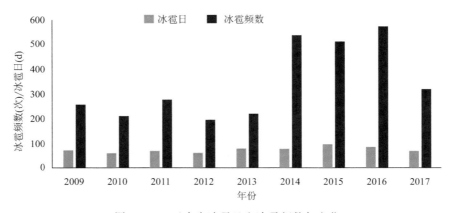

图 2.2.1　云南省冰雹日和冰雹频数年变化

从上述分析可见,2015 年冰雹日最多,2016 年冰雹频数最多,但各个地区的冰雹活动情况年际变化并不相同,为了进一步了解不同地区冰雹日和冰雹频数的年变化差异,分地区统计了 2009—2017 年逐年冰雹日、冰雹频数与 9 a 平均值的距平(表 2.2.1 和表 2.2.2)。

从各州(市)冰雹日距平的逐年变化(表 2.2.1)看,滇中昆明市和楚雄州及滇东南文山州冰雹日具有相似的年变化规律,呈连续几年偏少后再连续偏多的变化特征,在 2009—2013 年干旱明显的 5 a 间,冰雹日出现明显偏少,其中 2010—2013 年昆明市连续 4 a 冰雹日距平值为 −46%,2010 年楚雄州冰雹日距平值达 −71.0%,2012 年文山州冰雹日距平值达 −65.0%,这与干旱天气背景下形成冰雹天气的水汽条件差有关,2014 年开始昆明市、楚雄州、文山州冰雹日出现显著增加,其中 2014 年楚雄州冰雹日距平值高达 71.4%,2016 年昆明市和文山州冰雹日距平值分别高达 125.0% 和 72.8%;滇西冰雹日的年际变化与南支槽天气系统的活跃程度密切相关,保山市和德宏州冰雹日年际变化也非常相似,2009—2012 年、2014 年和 2017 年都表现为负距平,其中 2009 年德宏州、2011 年和 2012 年保山市的冰雹日距平分别达 −100.0% 和 −45.0%,而 2013 年、2015 年和 2016 年两州(市)冰雹日为正距平,其中 2013 年的德宏州和 2016 年的保山市冰雹日正距平分别达 155.0% 和 119.0%。

表 2.2.1　2009—2017 年各州(市)冰雹日距平(单位:%)

州(市) \ 年份	2009	2010	2011	2012	2013	2014	2015	2016	2017
昆明市	−28.0	−46.0	−46.0	−46.0	−46.0	8.1	8.1	125.0	71.2
楚雄州	−14.0	−71.0	−14.0	−43.0	−33.0	71.4	23.8	52.4	33.3
文山州	−1.2	−51.0	−51.0	−63.0	−51.0	35.8	60.5	72.8	48.1
德宏州	−100.0	−27.0	−27.0	−45.0	155.0	−64.0	136.0	45.5	−64.0
保山市	−32.0	−32.0	−45.0	−45.0	37.0	−32.0	37.0	119.0	−4.1
玉溪市	32.5	−21.0	−27.0	−47.0	−0.7	92.1	−14.0	−0.7	−14.0
红河州	60.0	−44.0	4.0	−52.0	28.0	36.0	−20.0	−4.0	−4.0
曲靖市	−18.0	−22.0	−9.5	−1.2	2.9	19.3	35.8	15.2	−22.0
昭通市	−9.1	−0.8	−9.1	−42.0	65.3	−17.0	−50.0	81.8	−17.0
大理州	−29.0	−5.5	33.9	10.2	18.1	10.2	33.9	−5.5	−61.0
丽江市	−47.0	−38.0	50.4	−20.0	−2.7	−65.0	68.1	59.3	−2.7
普洱市	−12.0	−47.0	5.3	−65.0	−47.0	5.3	75.4	22.8	75.4
西双版纳州	30.4	−57.0	−100.0	−57.0	−57.0	73.9	248.0	30.4	−100.0
临沧市	11.1	−26.0	48.1	−100.0	122.0	−63.0	−63.0	122.0	−26.0
怒江州	−100.0	233.0	−100.0	233.0	233.0	−100.0	−100.0	233.0	−100.0
迪庆州	81.8	81.8	81.8	−100.0	264.0	−100.0	−100.0	−100.0	−100.0

其他州(市)9 a 间年冰雹日呈波动起伏变化特征,其中滇东曲靖市作为云南冰雹活动峰值中心,2009—2012 年和 2017 年冰雹日为负距平,最小值为 −22.0%,2013—2016 年之间为正距平,其中 2015 年冰雹日为 9 a 中最多年份,出现 35.8% 的正距平;以冷锋切变冰雹天气为主的滇东北昭通市 2013 年和 2016 年冰雹日为正距平,分别高达 65.3% 和 81.8%,其他年份都为负距平,2015 年达 −50%;红河州和玉溪市年冰雹日波动起伏变化特征明显,2009 年冰雹日距平值分别为 60.0% 和 32.5%,2010—2012 年出现偏少,2012 年分别出现 −52.0% 和 −47.0% 的负距平,2013 年冰雹日开始增加,2014 年达到 9 a 来最多冰雹日,距平值分别为 36.0% 和 92.1%,2015—2017 年又表现为减少的特征;滇西北丽江市、大理州北部的冰雹日受

青藏高原东南侧南下冷空气影响较大,冰雹日年际变化复杂,2011 年和 2015 年滇西北丽江市和大理州冰雹日表现出正距平的特征,其中 2015 年丽江市和大理州冰雹日正距平达 33.9% 和 68.1%,2009—2010 年和 2017 年冰雹日则表现为负距平,其他年份两州(市)正负距平交替出现,其中 2017 年大理州和 2014 年丽江市冰雹日负距平分别达 −61.0% 和 −65.0%,滇西北的冰雹活动 9 a 间具有明显的波动起伏变化特征;地处滇西南的普洱市、西双版纳州、临沧市与南支槽和热带系统影响程度关系较大,导致冰雹日年际变化大,尤其 2011 年和 2015 年西双版纳州冰雹日距平分别达 −100.0% 和 248.0%,2012 年和 2016 年临沧市冰雹日距平分别达 −100.0% 和 122.0%;地处滇西北的怒江州和迪庆州冰雹天气少,一年内是否有冰雹发生,都会造成很大年际变化。

从各州(市)冰雹频数的逐年变化(表 2.2.2)看,冰雹频数的年变化趋势与冰雹日的变化趋势基本一致,总体上具有冰雹日偏多的年份相应冰雹频数也偏多,但在 9 a 间 10 个州(市)少数年份出现冰雹日与冰雹频数反相关,即冰雹日偏多但冰雹频数却偏少,占 16.0%。从各州(市)冰雹日和冰雹频数年变化来看,德宏州 2011 年和 2013 年 2 a、保山市 2013—2014 年 2 a、玉溪市 2015—2017 年 3 a、红河州 2011 年、2013 年和 2016—2017 年 4 a、曲靖市 2013 年 1 a、昭通市 2013—2015 年 3 a、大理州 2012—2013 年和 2016 年 3 a、普洱市 2011 年和 2016 年 2 a、西双版纳州 2009 年和 2016 年 2 a、临沧市 2013 年 1 a 出现冰雹日与冰雹频数变化反相关,昆明市、楚雄州、文山州、丽江市、怒江州和迪庆州 6 州(市)冰雹日和冰雹频数年变化趋势完全一致。另外从各年 16 个州(市)冰雹日和冰雹频数年变化来看,2010 年 16 个州(市)冰雹日和冰雹频数变化趋势完全一致,2009 年和 2012 年各有 1 个州(市)冰雹日和冰雹频数变化趋势相反,2014—2015 年和 2017 年各有 2 个州(市)冰雹日和冰雹频数变化趋势相反,2011 年、2016 年和 2013 年分别有 3 个、5 个和 7 个州(市)冰雹日和冰雹频数变化趋势相反。

表 2.2.2　2009—2017 年各州(市)冰雹频数距平(单位:%)

州(市) ＼ 年份	2009 年	2010 年	2011 年	2012 年	2013 年	2014 年	2015 年	2016 年	2017 年
昆明市	−48.0	−70.0	−52.0	−57.0	−70.0	12.6	29.9	73.2	181.0
楚雄州	−28.0	−55.0	−33.0	−15.0	−55.0	92.8	43.5	43.5	7.6
文山州	−30.0	−75.0	−55.0	−20.0	−75.0	149.0	9.5	44.3	54.2
德宏州	−100.0	−2.4	3.7	−45.0	−2.4	−57.0	144.0	150.0	−88.0
保山市	−60.0	−15.0	−4.0	−55.0	−15.0	63.8	97.7	41.2	−49.0
玉溪市	13.3	−52.0	−43.0	−72.0	−52.0	124.0	13.3	55.8	13.3
红河州	56.5	−12.0	−27.0	−62.0	−12.0	60.3	−16.0	10.7	3.1
曲靖市	−24.0	−51.0	−19.0	−31.0	−51.0	85.7	47.1	68.6	−24.0
昭通市	−44.0	−6.3	−22.0	−66.0	−6.3	3.1	15.6	134.0	−9.4
大理州	−53.0	−19.0	15.4	−6.0	−19.0	58.1	70.9	28.2	−74.0
丽江市	−22.0	−36.0	23.7	−26.0	−36.0	−72.0	105.0	123.0	−58.0
普洱市	−47.0	−74.0	−47.0	−56.0	−74.0	119.0	172.0	−12.0	22.8
西双版纳州	−33.0	−83.0	−100.0	−50.0	−83.0	283.0	217.0	−50.0	−100.0
临沧市	32.4	−12.0	121.0	−100.0	−12.0	−56.0	−85.0	165.0	−41.0
怒江州	−100.0	233.0	−100.0	233.0	233.0	−100.0	−100.0	233.0	−100.0
迪庆州	49.3	199.0	49.3	−100.0	199.0	−100.0	−100.0	−100.0	−100.0

　　由此可见,各州(市)冰雹日和冰雹频数都存在年变化特征,但变化趋势和幅度因地区和年份不同而存在差异,这与影响各州(市)冰雹天气系统出现的频次和强弱密切相关,一般各州(市)冰雹日与冰雹频数年变化趋势基本一致,两者具有较好相关关系,冰雹日偏多的年份意味着冰雹频数也会偏多,但少数情况(占 16.0%)二者反相关,其中 16 个州(市)中 6 个州(市)冰雹日与冰雹频数年变化趋势完全一致,而红河州 4 a 出现冰雹日与冰雹频数年变化趋势相反,另外在 9 a 间 2010 年 16 个州(市)冰雹日和冰雹频数变化趋势完全一致,最多 2013 年 7 个州(市)冰雹日和冰雹频数变化趋势相反,一般年份会出现 1~3 个州(市)冰雹日和冰雹频数变化趋势相反的现象。

2.2.2　冰雹活动月变化特征

　　从云南 9 a 平均冰雹日的月变化可以看出(图 2.2.2a),云南冰雹活动呈双峰型变化特征,冰雹日的最大峰值出现在 8 月,8 月 9 a 平均冰雹日 14.4 d/a,占全年冰雹日的 20%,7 月次之,平均冰雹日 12.4 d/a,占全年冰雹日的 17%,4 月出现冰雹日的次峰值,冰雹日为 10.0 d/a,占全年冰雹日的 13.6%,5 月递减至 8.5 d/a,占全年冰雹日的 12%,11—12 月基本无冰雹活动。冰雹频数的月变化也呈现出双峰型的变化特征(图 2.2.2b),与冰雹日的月变化趋势相似,但冰雹频数峰值与冰雹日相比提前至 7 月,平均冰雹频数为 83 次/a,占全年冰雹频数的 24%,其次 8 月平均冰雹频数为 77 次/a,占全年冰雹频数的 23%,冰雹频数的次峰值仍出现在 4 月,平均冰雹频数 40 次/a,占全年冰雹频数的 12%。研究结果与利用县气象站观测资料分析得出的云南冰雹活动月变化特征存在显著差异,进一步表明冰雹天气具有很强局地性的特征,县气象站观测资料不能全面反映强对流冰雹天气的实际情况。

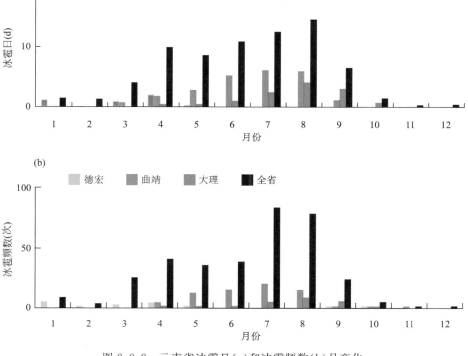

图 2.2.2　云南省冰雹日(a)和冰雹频数(b)月变化

　　进一步分析各州(市)冰雹日的月变化发现(图略),滇西和滇西北与滇东冰雹日的月变化存在显著差异,其中选取滇西德宏州、滇西北大理州和滇东曲靖市的冰雹日进行月变化对比分析(图2.2.2b)。分析发现,德宏州冰雹活动主要出现在春季,冰雹日峰值出现在4月,9 a平均冰雹日为2.1 d/月,其次1月平均冰雹日为1.2 d/月,夏季6—8月冰雹日仅为0.1 d/月,滇西和滇南的普洱市、保山市、临沧市和文山州冰雹日的月变化特征与德宏州基本相似。曲靖市作为全省冰雹活动最频繁区域,冰雹日的月变化呈单峰型特征,峰值出现在7月,平均冰雹日为6.1 d/月,其次8月平均冰雹日为6 d/月,5—8月出现的冰雹日占全年的90%,滇中以东的楚雄州、昆明市、玉溪市和昭通市冰雹日的月变化特征与曲靖市相同,峰值均出现在7月。大理州作为云南冰雹活动的另一个高发区,冰雹日活动的峰值与滇东和滇中相比滞后1个月,出现在8月,月平均冰雹日为4 d/月,其次为9月和7月,丽江市冰雹日的月变化与大理基本一致。

　　因此,冬春季1—4月滇西易受携带充沛水汽和具有较好抬升动力条件的南支槽系统东移影响,产生强对流天气,形成滇西冰雹活动高峰和云南冬春季冰雹活动小高峰,夏季则因为冷空气很难翻越哀牢山到达滇西地区,动力抬升条件不足而不利于产生冰雹天气,因而滇西冰雹易发于冬春季;滇中及以东以北地区盛夏7—8月暖湿条件充沛且在哀牢山以东以北地区冷暖空气活动频繁,易产生冰雹天气,形成冰雹活动高峰期和云南冰雹活动最频繁地区,冬春季由于水汽条件和能量条件差而不利于冰雹发生。

2.2.3　冰雹频数日变化特征

　　统计2014—2017年逐时冰雹频数,得到云南近4年冰雹频数的日变化规律(图2.2.3)。从图2.2.3可以看出,年均冰雹频数的日变化呈现明显的多峰型变化特征,冰雹活动集中出现在15:00—18:00,冰雹频数占全天的53%,其中15:00—16:00冰雹频数达高峰,冰雹频数可达60次/h,次峰出现在19:00—20:00,平均冰雹频数为23次/h,22:00—23:00冰雹活动也有小幅增加,05:00—07:00为冰雹活动最弱时段。

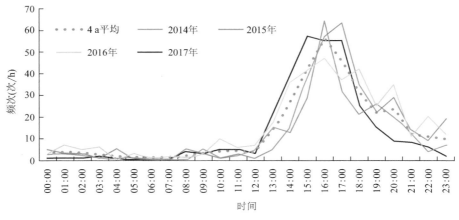

图2.2.3　云南省2014—2017年冰雹频数日变化特征

　　分析逐年冰雹频数的日变化发现,每年冰雹频数的日演变规律基本一致,仅存在峰值时间上的较小差异,2014年、2016年冰雹频数峰值出现在15:00—16:00,2014年冰雹频数的次峰值出现在18:00—19:00,2016年冰雹频数多峰型特征更为明显,15:00—22:00出现3个冰雹次峰值,09:00—10:00 也出现冰雹活动的小峰值;2015 年冰雹频数日变化也呈多峰型变化,峰值出现在 16:00—17:00,傍晚至午夜还出现多个冰雹频数峰值;2017 年为近 4 年来冰雹频数峰值出现最早的年份,且呈现单峰型特征,峰值出现在 14:00—15:00 且维持时间较长,持续至 17:00,其余时段冰雹活动较少。

从 2014—2017 年冰雹频数逐月的日变化(图 2.2.4)可以清楚地看到,3 月冰雹开始活跃,冰雹频数峰值出现在 16:00—17:00,4 月冰雹频数略有减弱,峰值时间无明显变化,5—6 月冰雹频数开始增加,冰雹峰值时间滞后至 19:00—20:00,7 月冰雹频数达到峰值,峰值时段提前至 16:00—17:00,9 月开始冰雹频数剧减,冰雹频数峰值延后至 17:00—18:00。4—6 月冰雹频数表现为双峰型或多峰型变化特征,其余时段冰雹频数表现为单峰型变化特征。

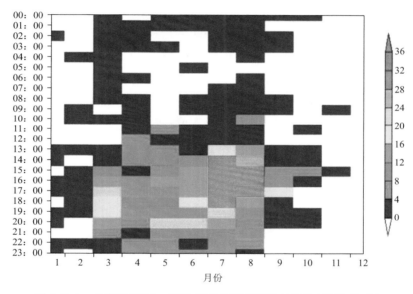

图 2.2.4　云南省 2014—2017 年各月冰雹频数日变化(单位:次/h)

由此可见,云南冰雹频数日变化稍有差异但基本相似,午后到傍晚为冰雹高发时段,而凌晨冰雹活动最弱,主要由于云南地处低纬高原地区,午后开始由于受到强烈太阳辐射的作用,下垫面温度不断升高和热力条件逐渐改善,容易形成对流不稳定和抬升动力条件而导致强对流冰雹天气形成和发展,凌晨热力条件弱和大气稳定,不利于强对流冰雹天气的形成发展。

2.2.4　年地闪频数与冰雹日的相关性

表 2.2.3 给出了 2009—2017 年云南正地闪数、总地闪数、正地闪比例与冰雹日数。从表 2.2.3 中可以看出,9 a 云南每年发生地闪在 400000~700000 次左右,平均每年发生地闪 582361 次,各年总地闪数变化较大,其中 2012 年和 2013 年为 5 a 地闪频数最高的年份,全省总地闪数分别为 715163 次和 718660 次,2015 年是地闪频数最少的一年,全省总地闪数为 417282 次。各年正地闪数也有变化,其中 2016 年正地闪数最多为 38010 次,2011 年正地闪数最少为 23315 次,年均正地闪数为 28864 次,正地闪比例在 4%~7.5%,表明云南雷暴天气以负地闪为主。

表 2.2.3　2009—2017 年云南地闪频数和冰雹日数统计情况

年份	正地闪数（次）	总地闪数（次）	正闪比例（%）	冰雹日数（d）
2009	24656	488230	5.1	71
2010	24186	550493	4.4	63
2011	23315	561931	4.2	67
2012	29528	715163	4.1	56
2013	30572	718660	4.3	63
2014	29804	582656	5.1	75
2015	30846	417282	7.4	93
2016	38010	624473	6.1	83
2017	26057	464037	5.6	90

对比分析正地闪的比例与冰雹日数的关系（图 2.2.5）发现，正地闪的比例与冰雹日数年变化规律基本一致，正地闪的比例与冰雹日数总体上都呈现在 2009—2016 年先不断减小之后再不断增大而 2017 年再减小的特征，其中 2012 年正地闪比例最低，为 4.1%，相应 2012 年冰雹日也最少，为 56 d；2015 年正地闪比例达到最大值，为 7.4%，2015 年冰雹日也达到最多，为93 d。

图 2.2.5　2009—2017 年冰雹日数与正地闪频数占总地闪频数比例对比

可见，云南雷暴天气以负地闪为主，但少量正地闪的活动能很好地表征冰雹天气的发生，每年冰雹日数与正地闪的比例两者之间具有较好的相关性，相关系数达到 0.91。

2.3　小结

（1）云南各地均可发生冰雹事件且冰雹活动地域差异大，逐年冰雹日空间分布虽有一定的差异，但与多年平均冰雹日的空间分布特征基本相似，总体上具有东多西少、四周多中部少的特征，滇中以东以北是云南的多雹地区，也是云南夏季的多雹区，滇西、滇西南和滇南则是春季的多雹地区，采用聚类分析方法，云南冰雹日可分为 4 种类型，这与云南特殊的地形地貌和影响的天气系统密切相关，也与近年越来越详细的冰雹资料收集有关。

(2)云南具有冬季冰雹日最少、春季逐渐增加、夏季冰雹日最多、秋季又减少的典型季节性变化特征,且存在地域上的季节差异,冬春季 1—4 月滇西易受携带充沛水汽和具有较好抬升动力条件的南支槽系统东移影响形成冰雹活动高峰,也形成云南冬春季冰雹活动小高峰,盛夏 7—8 月滇中及以东以北地区暖湿条件充沛且在哀牢山以东以北地区冷暖空气活动频繁形成冰雹活动高峰,也形成云南冰雹活动的最大高峰。

(3)云南冰雹频数空间分布极不均匀和地域差异很大,进一步表明云南冰雹天气具有局地性强的特征,且逐年冰雹频数多寡和空间分布也存在一定的差异,这与每年形成强对流冰雹天气的气象条件存在差异有关,但总体上逐年与多年平均冰雹频数空间分布基本相似,并与冰雹日的空间分布基本一致,也具有东多西少、四周多、中部少的特征。

(4)云南各州(市)冰雹日和冰雹频数都存在年变化特征,但变化趋势和幅度因地区和年份不同而存在差异,这与影响各州(市)冰雹天气系统出现的频次和强弱密切相关,一般各州(市)冰雹日与冰雹频数年变化趋势基本一致,两者具有较好相关关系,冰雹日偏多的年份意味着冰雹频数也会偏多,但少数情况(占 16.0%)二者呈反相关。

(5)云南各月冰雹频数日变化稍有差异但基本相似,午后开始由于受到强烈太阳辐射的作用,下垫面温度不断升高和热力条件逐渐改善,形成午后到傍晚冰雹活动高峰时段,凌晨热力条件差和大气稳定形成冰雹活动低谷期。

(6)云南雷暴天气以负地闪为主,但少量正地闪的活动能很好地表征冰雹天气的发生,每年冰雹日数与正地闪的比例两者之间具有较好的相关性,相关系数达到 0.91。

第3章　冰雹天气形成的环境气象条件和机制

冰雹是在有利的大尺度天气形势背景下，由中小尺度系统直接产生的强对流灾害天气。只有在有利的大尺度背景下满足一定的大气物理条件和具有一定的触发机制，才能激发产生强对流冰雹天气。大尺度环流条件不但制约着对流系统的种类、演变过程，还可以影响对流系统内部结构、强度、运动和组织。因此，对于冰雹天气大气环境气象条件和形成机制分析研究在冰雹的预报中显得十分重要。

云南地处低纬高原地区，强对流冰雹天气多发频发，且影响系统多样和复杂，本章利用 1°×1° NCEP 再分析气象资料在对 2012—2018 年云南省冰雹天气过程的影响天气形势进行逐一归类分析基础上，对每类典型冰雹天气个例的环流背景条件进行诊断分析，了解云南冰雹形成成因和机制，为云南冰雹天气潜势预报提供参考。

3.1　冰雹天气环流形势分型

本章做如下规定：

如果 1 d 24 h 20:00—20:00(北京时，下同)在 125 县气象站中有 1 个以上气象站观测到降雹或者有 1 个以上县有冰雹灾情上报，就视为出现 1 个冰雹日即发生一次冰雹天气过程。

根据 2012—2018 年县气象站降雹观测资料和冰雹灾情资料，统计发现 7 a 共发生 585 个冰雹天气过程(冰雹日)，每年冰雹天气过程在 75～90 个，平均 83.6 个，其中 2017 年 7 月 27 日冰雹天气过程 28 县降雹并产生不同程度的冰雹灾情，表现出云南冰雹天气具有多发频发和致灾重的特点。

在对 585 个冰雹天气过程的影响天气系统进行逐一分析的基础上，进行各年冰雹天气聚类分型(表 3.1.1)，分析各月冰雹天气影响系统(表 3.1.2)发现，虽然每年各类冰雹天气系统的影响强度和频次存在一定差异，但云南冰雹天气基本是由南支槽、切变线、两高辐合、南海低压和东风波、西行台风影响造成，其中切变线形成冰雹天气的频次最多，为 233 次，占 39.8%，尤其初夏 5—6 月云南冰雹天气几乎是由切变线影响造成的，分别达 65 次和 71 次，占 85.5% 和 82.6%，其中切变线造成 2013 年 5 月 22 日 18 县降雹的最强冰雹天气过程，同时切变线也是秋季(9—11 月)的主要影响系统，影响 36 次，占 65.5%，其中 10 月和 11 月出现的 13 次过程全部是由切变线造成的；其次南支槽影响形成冰雹天气 135 次，占 23.1%，且是云南冬春季节冰雹天气的主要影响系统，其中 12 月、1 月、2 月分别出现的 7 次、7 次和 11 次冰雹天气过程都是由南支槽影响造成的，3 月和 4 月为南支槽影响形成冰雹天气频发期，分别出现 37 次和 62 次，占 88.1% 和 76.5%，其中南支槽造成 2014 年 3 月 22 日 18 县降雹的最强冰雹天气过程；盛夏到初秋 7—9 月两高辐合、南海低压和东风波、西行台风等热带系统影响活跃，其中 7—8 月水汽和热力条件充沛，云南冰雹天气过程多且强度强，7 月和 8 月冰雹天气分别出现 103 次和 117 次，年均出现 15 次和 17 次，两高辐合、南海低压和东风波、西行台风分别影响

7—8 月 52 次、81 次和 50 次,占 23.6％、36.8％、22.7％,其中分别造成 2015 年 8 月 12 日 19 县降雹、2017 年 7 月 27 日 28 县降雹、2017 年 8 月 23 日 24 县降雹的强烈灾害性冰雹天气过程,大范围烤烟等农经作物受损。

表 3.1.1　2012—2018 年逐年冰雹天气影响系统分型(单位:次)

天气分型	2012 年	2013 年	2014 年	2015 年	2016 年	2017 年	2018 年	最强典型个例
南支槽	6	22	10	26	28	13	30	2014 年 3 月 22 日 16 县降雹
切变线	39	29	37	51	23	36	18	2013 年 5 月 22 日 18 县降雹
两高辐合	4	18	10	11	14	8	10	2015 年 8 月 12 日 19 县降雹
南海低压和东风波	9	9	13	2	18	15	26	2017 年 7 月 27 日 28 县降雹
西行台风	17	8	7	0	5	7	6	2017 年 8 月 23 日 24 县降雹
合计	75	86	77	90	88	79	90	

表 3.1.2　2012—2018 年 7 a 逐月冰雹天气过程影响系统(单位:次)

月份	影响天气系统					
	南支槽	切变线	两高辐合	南海低压与东风波	西行台风	合计
1	7	0	0	0	0	7
2	11	0	0	0	0	11
3	37	5	0	0	0	42
4	62	19	0	0	0	81
5	11	65	0	0	0	76
6	0	71	8	7	0	86
7	0	19	31	38	15	103
8	0	18	21	43	35	117
9	0	23	15	4	0	42
10	0	11	0	0	0	11
11	0	2	0	0	0	2
12	7	0	0	0	0	7
合计	135	233	75	92	50	585

可见,冰雹的发生与地形地貌和天气系统影响有关,具有典型的区域性和时段性的特点。南支槽是冬春冰雹天气过程的主要影响系统,造成西部南部冰雹天气频繁;初夏强对流冰雹天气过程主要由川滇切变线影响,造成北部冰雹天气多发;而盛夏和初秋热带系统活跃,两高辐合、南海低压和东风波、西太平洋台风是强对流冰雹天气过程的主要影响形势,也是导致全省冰雹天气多和东部冰雹天气活跃的原因。

下面选取每类影响系统下的典型冰雹天气个例,对其环流背景气象条件及形成机制进行分析。

3.2　南支槽冰雹天气过程

南支槽是云南冬春冰雹天气过程的主要影响系统,往往形成中尺度强对流飑线系统自西向东影响云南,伴有强烈雷电大风、短时强降水等强对流天气,2012—2018 年云南发生南支槽冰雹天气过程 135 次,其中 2014 年 4 月 5 日和 2016 年 4 月 19 日为 2 次典型南支槽冰雹天气过程。

3.2.1 天气概况

2014 年 4 月 5 日滇中以南的勐海、普洱、墨江、易门、江川、屏边等县(市)局部发生冰雹灾害,最大冰雹直径 18 mm;2016 年 4 月 19 日在滇中以西的盈江、潞西、施甸、腾冲、西盟、孟连、澜沧、红塔区、峨山等局部出现冰雹灾害,最大冰雹直径 9 mm。

从两次冰雹天气过程南支槽影响形成飑线过境降雹代表站气象要素变化(表 3.2.1)清楚地看到,2014 年 4 月 5 日玉溪市江川县 7 个乡镇局地发生雷暴、冰雹、大风等强对流天气,13:31 江川区地面瞬时偏西风达 18.7 m/s,13:00—14:00 偏南风突转为偏西风,气温突降 10.2 K,相对湿度猛增 47%,并出现 7.2 mm 短时降水;2016 年 4 月 19 日玉溪市峨山县 6 个乡镇局地出现雷暴、冰雹、大风等强对流天气,19:16 峨山县西北风高达 38.1 m/s,19:00—20:00 偏西风突增后转偏东风,气温突降 8.6 K,相对湿度猛增 36%,并伴随 19.6 mm 短时强降水。

表 3.2.1 飑线影响降雹站温湿风气象要素变化

时间 (年月日)	代表站	极大风 (m/s)	时间	温度变化 (K)	相对湿度 变化(%)	小时降水 量(mm)	风向变化	时段
20140405	江川	18.7	13:31	−10.2	47	7.2	东南风转偏西风	13:00—14:00
20160419	峨山	38.1	19:16	−8.6	36	19.6	偏西风转偏东风	19:00—20:00

进一步分析 2014 年 4 月 5 日和 2016 年 4 月 19 日冰雹天气过程相伴的地闪和大风分布。2014 年 4 月 5 日强对流冰雹天气过程发生在 08:00—20:00,全省发生地闪 6086 次,从 10 km×10 km 网格地闪频数分布(图 3.2.1a)看出,地闪主要分布在滇中及以东以南地区,最大地闪密度出现在玉溪市与峨山县交界(102.15 °E、24.35 °N),为 0.4 次/km²;从 08:00—20:00 地面瞬时最大风速≥12 m/s 分布(图 3.2.1b)上看,全省 56 县站出现过瞬时最大风速≥12 m/s,占全省站点的 45%,也主要分布在滇中及以东以南地区,与主要雷暴区对应,最大风速出现在 13:00 玉溪市峨山彝族自治县(简称"峨山县"),为西偏南风 29.0 m/s;相应自西向东先后在滇中及以南的勐海、普洱、墨江、易门、江川、屏边等县(市)局部发生冰雹灾害,且局地伴随短时强降水,如 13:00—14:00 晋宁和墨江降水分别为 11.0 mm 和 15.6 mm,15:00—16:00 红河降水 12.5 mm,19:00—20:00 河口降水 31.6 mm。

从 2016 年 4 月 19 日 11:00—23:00 强对流电暴天气过程发生时段 10 km×10 km 网格地闪频数分布(图 3.2.1c)看出,地闪异常激烈,全省发生地闪 12773 次,分布在 25 °N 以南大部分地区,其中地闪集中出现在玉溪地区,呈东西带状,密度均超过 0.6 次/km²,最大地闪密度在玉溪市红塔区与江川区交界(102.65 °E、24.25 °N),达 1.2 次/km²;从 11:00—23:00 地面瞬时最大风速≥12 m/s 分布(图 3.2.1d)上看,全省瞬时最大风速≥12 m/s 有 86 县站,占 69%,分布在除云南省北部和南部边缘以外的大部分地区,与主要雷暴区也有较好对应关系,但范围更广,最大风速带在玉溪市和红河州北部,其中 19:16 玉溪市峨山县西北风达 38.1 m/s,19:58 红河州建水县西南风达 39.4 m/s;通过对比分析发现,自西向东先后在盈江、潞西、施甸、腾冲、西盟、孟连、澜沧、红塔区、峨山等大风区和雷暴频发区局部出现强对流冰雹和短时强降水天气,如梁河 14:00—15:00 降水 12.2 mm、安宁 19:00—20:00 降水 16.1 mm、玉溪 19:00—20:00 降水 10.4 mm 和屏边 22:00—23:00 降水 22.8 mm。

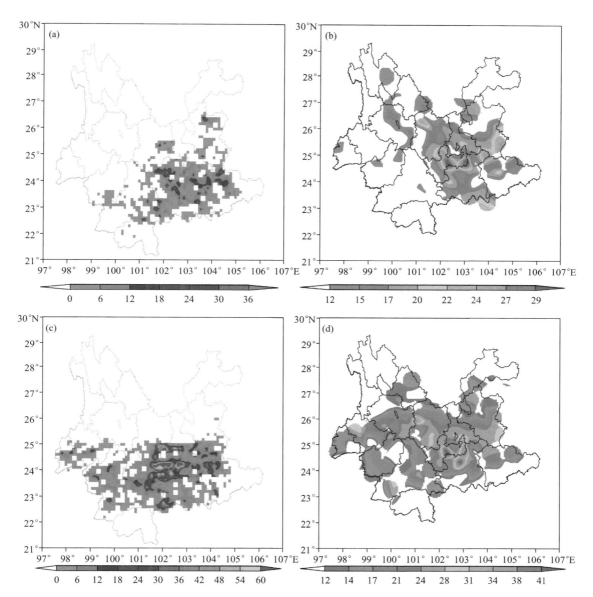

图 3.2.1 两次南支槽冰雹天气过程地闪密度(单位:10^{-2} 次/km^2)和瞬间最大风(单位:m/s)

(a)2014 年 4 月 5 日 08:00—20:00 地闪密度;(b)2014 年 4 月 5 日 08:00—20:00 大风;
(c)2016 年 4 月 19 日 11:00—23:00 地闪密度;(d)2016 年 4 月 19 日 11:00—23:00 大风

因此,南支槽自西向东影响云南导致强烈雷暴及局地冰雹、大风等强对流灾害天气发生,形成中尺度飑线引起风向急转、风速剧增、气温骤降、相对湿度剧增等天气现象。

3.2.2 环流背景

2014 年 4 月 5 日 08:00 700 hPa(图 3.2.2a)南支槽位于 93°E 附近,槽前≥12 m/s 西偏南急流主要在云南南部地区,最大风速在 14 m/s 左右,500 hPa 环流场(图 3.2.2b)上南支槽位于 96°E 附近,超前于 700 hPa,槽前≥12 m/s 西偏南急流控制云南大部分地区,大部分地区风速≥18 m/s,最大风速超过 22 m/s,风速大于 700 hPa 风速,形成高低层间强的垂直风切变。

分析 2016 年 4 月 19 日 08:00 700 hPa(图 3.2.2c)和 500 hPa(图 3.2.2d)环流形势发现,两层南支槽几乎同位相,都位于 92°—93°E 附近,但急流强度和范围强过前一次过程,这也是此次雹暴天气过程更强的原因,500 hPa 槽前≥12 m/s 偏西急流几乎控制整个云南,大部分地区风速≥20 m/s,最大风速达 30 m/s 左右,700 hPa 槽前≥12 m/s 偏西急流控制除北部和南部边缘外的云南大部分地区,大部分地区风速达 18 m/s,最大风速超过 27 m/s 左右,同样 500 hPa高度上风速明显大于 700 hPa,两层间也存在明显垂直风切变。分析 500 hPa 环流形势还发现,两次过程北方青藏高原都有低槽活动,其中 2014 年 4 月 5 日 08:00 低槽已经东移到四川西部到云南西北边缘,2014 年 4 月 19 日 08:00 低槽位于西藏东部,随着低槽东南移引导北方冷空气入侵云南,这可能也是后一次过程雹暴发生时间偏晚的原因。

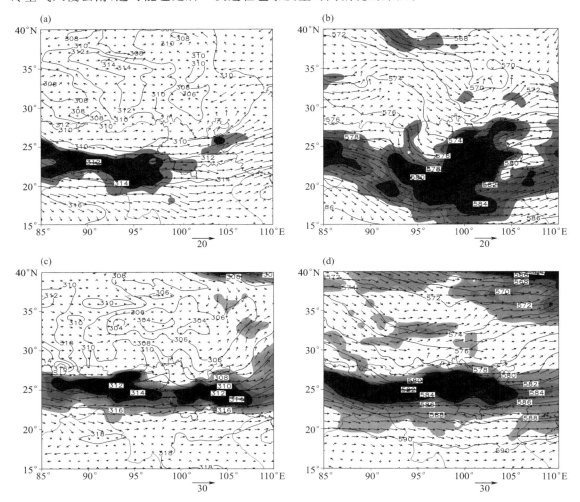

图 3.2.2　两次南支槽冰雹过程 08:00 环流形势
(单位:dagpm,阴影区表示风速≥12 m/s,由浅到深间隔 2 m/s)
(a)2014 年 4 月 5 日 700 hPa;(b)2014 年 4 月 5 日 500 hPa;(c)2016 年 4 月 19 日 700 hPa;
(d)2016 年 4 月 19 日 500 hPa

可见,雹暴天气发生在 500 hPa 和 700 hPa 两层南支槽前的偏西急流耦合区内,南支槽前高低空急流为强对流雹暴的形成提供水汽条件的同时,相互耦合导致强垂直风切变形成和高空急流右侧的辐散上升运动叠加在低空急流左侧的辐合上升运动上加强上升运动,为强对流雹暴提供动量条件,500 hPa 青藏高原低槽东南移引导北方冷空气入侵,为强对流雹暴的形成提供对流不稳定条件,而 500 hPa 南支槽超前于 700 hPa 会形成随高度向前进方向倾斜的前倾槽导致中层槽后的干冷空气叠置于低层槽前的暖湿空气之上,进一步加强对流不稳定条件。

3.2.3 垂直风切变作用

环境水平风方向和风速的垂直切变的大小往往与形成风暴的强弱密切相关,垂直风切变对对流性风暴组织和特征影响很大,垂直风切变的增强一般会导致风暴的进一步加强和发展。沿两次强对流雹暴过程的冰雹和大风区中心区(24.5 °N)作水平风垂直剖面(图 3.2.3a、b),经过 500 hPa 与 850 hPa 水平风矢量差的合成再除以两层高度差计算得到垂直风切变,并制作垂直风切变水平分布(图 3.2.3c、d)。

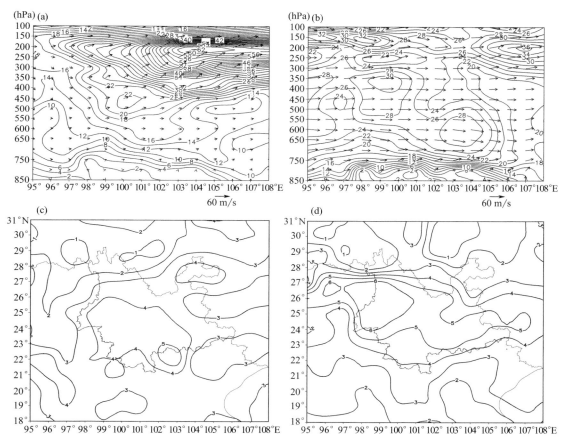

图 3.2.3 两次南支槽冰雹过程 08:00 沿 24.5 °N 水平风垂直剖面(单位:m/s)和
500 hPa 与 850 hPa 垂直风切变(单位:10^{-3} s^{-1})
(a)2014 年 4 月 5 日水平风垂直剖面;(b)2016 年 4 月 19 日水平风垂直剖面;(c)2014 年 4 月 5 日垂直风切变;
(d)2016 年 4 月 19 日垂直风切变

从雹暴天气发生前水平风垂直剖面上可以看出,2014 年 4 月 5 日 08:00(图 3.2.3a)在云南雹暴发生区域(100°—105°E)750 hPa 以下低层盛行偏南风,之后风向随高度顺转到600 hPa 附近的偏西风,再逐渐逆转到高层 200 hPa 附近的西南风,表明低层存在暖平流、高层存在冷平流,另外在 200 hPa 以下风速都随高度增加,由 850 hPa 附近风速小于 2 m/s 逐渐增加到 200 hPa 附近最大达 62 m/s,且低层 800～650 hPa 之间等风速线相对密集,风速由 4 m/s 增加到≥20 m/s,而 400～200 hPa 等风速线更加密集,风速迅速由 22 m/s 增加到最大 62 m/s,表明此次雹暴过程高层和低层都存在较大垂直风切变且高层更强。2016 年 4 月 19 日 08:00(图 3.2.3b)在云南雹暴发生区域(98°—105°E)750 hPa 以下盛行西南风随高度顺转到 700 hPa 以上一致的偏西风,表明低层存在暖平流,同时低层 800～750 hPa 等风速线相当密集,风速由 800 hPa 附近 4 m/s 到 750 hPa 迅速增大到≥18 m/s,且在 650～350 hPa 之间风速保持 24～30 m/s,表明雹暴区上空为深厚的强偏西风急流带控制且低层存在较强的垂直风切变。

进一步分析两次雹暴过程 850～500 hPa 垂直风切变分布发现,2014 年 4 月 5 日 08:00(图 3.2.3c)除滇西北边缘外云南区域内垂直风切变≥3×10^{-3} s^{-1},滇中以南地区达 4×10^{-3}～5×10^{-3} s^{-1},强的垂直风切变对雹暴的组织和发展非常有利,之后的雷暴、冰雹、大风、短时强降水等强雹暴天气正是在这些区域发生;2016 年 4 月 19 日 08:00(图 3.2.3d)云南区域内垂直风切变更大,除滇西北和滇东北边缘外云南垂直风切变≥5×10^{-3} s^{-1},也与发生的强雹暴区对应,最强垂直风切变出现在南支槽前缘滇西地区达 6×10^{-3} s^{-1},这也是导致此次雹暴过程更强的原因。

因此,风向随高度顺转或者先顺转再逆转,低层存在暖平流或者低层存在暖平流高层存在冷平流,利于强对流天气发生,且风速随高度增大,形成高空深厚强急流带和强垂直风切变,一方面动量下传作用会导致地面大风产生,另一方面导致中高层强斜压性加大和对流上升运动加强,会进一步促使强对流雹暴发展,而且中低层间强垂直风切变对雹暴的组织和发展影响更大,强对流雹暴天气与中低层垂直风切变强弱有较好对应关系,发生在垂直风切变≥3×10^{-3} s^{-1} 的区域。

3.2.4 冷暖空气作用

分析两次过程中层 500 hPa(图 3.2.4)温度发现,2014 年 4 月 5 日 08:00(图 3.2.4a)从青藏高原东部、四川西部到云南省西部形成一南北向冷区,冷中心在滇西北香格里拉和怒江一带,最低温度达 258 K,说明冷空气经过西藏东部和四川西部从滇西北南下影响云南,此时飑线形成前期对流积状云团开始在滇西发展,14:00(图 3.2.4b)冷区范围东扩,控制整个云南,这也是北方低槽东移引导北方冷空气东移的结果,对应弓形飑线的发展强盛阶段,在滇中产生大风、强烈雷暴和局地冰雹天气;2016 年 4 月 19 日 08:00(图 3.2.4c)冷区从西藏东南部伸向云南西部,呈西北—东南向分布,这与北方低槽还在西藏东部有关,冷空气经过西藏东南部从滇西北东南移影响云南,冷中心在滇西北怒江地区,最低温度为 263 K,14:00(图 3.2.4d)随着西藏东南部低槽东南移,引导冷区南移,冷中心到滇西德宏和保山地区,随后形成飑线前期的逗点云系多单体风暴影响滇西,产生强烈雷暴大风天气并在德宏州的盈江、潞西和保山市的腾冲、施甸等局部地区发生灾害性冰雹天气,20:00(图略)冷区继续东南移到云南省中部及以南地区,滇中到滇西南温度普遍低于 265 K,最低保持 263 K,与飑线发展影响造成滇中及以南的雹暴区域一致,中层冷空气影响飑线的形成和发展。

分析低层 850 hPa(图 3.2.5)温度发现,2014 年 4 月 5 日 08:00(图略)和 2016 年 4 月 19 日 08:00(图略)温度场分布非常相似,除滇东北和滇西北外,云南省大部受南方暖平流影响为温度暖脊控制,温度分别在 286 K 和 290 K 以上,滇西到滇西南为暖平流前缘,因此滇西中层

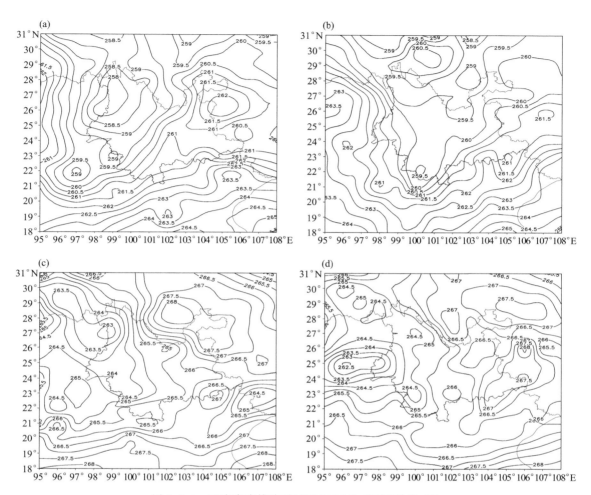

图 3.2.4　两次南支槽冰雹过程 500 hPa 温度(单位:K)

(a)2014 年 4 月 5 日 08:00;(b) 2014 年 4 月 5 日 14:00;(c)2016 年 4 月 19 日 08:00;

(d)2016 年 4 月 19 日 14:00

为北方冷空气入侵而低层为南方暖气团控制形成上冷下暖的大气层结强烈不稳定,导致滇西强对流云团首先发展;14:00(图 3.2.5a、b)低层暖平流加强,云南基本都是 294 K 以上暖区控制,范围扩大、强度加强,最高温度分别达 297 K 和 301 K,具有较高的能量条件,且上冷下暖的大气层结强烈不稳定加剧。进一步分析 850 hPa 与 500 hPa 温差($T_{(850-500)}$)分布发现,两次过程 08:00(图略)温差都具有西高东低的特征,除滇东北外云南 $T_{(850-500)}$ 分别为 26~29 K 和 24~27 K,其中前一次过程滇西到滇西南边缘达 27~29 K,较强的不稳定导致对流云团首先在滇西生成发展起来,14:00(图 3.2.5c、d)云南大部 $T_{(850-500)}$ 分别达 32~38 K 和 29~36 K,两层温度差加大,从而使大气层结不稳定度加大,导致飑线强烈发展和强对流雹暴天气产生。

因此,中层冷空气入侵和低层暖脊控制形成上冷下暖大气强烈不稳定是飑线发展和强对流雹暴发生的重要条件,雹暴天气主要发生在 $T_{(850-500)} \geqslant 27$ K 的强烈不稳定区域内,当 $T_{(850-500)} \geqslant 29$ K 时雹暴天气更强烈,且飑线雹暴与中层冷空气影响区密切相关,中层冷空气影响飑线的形成和发展。

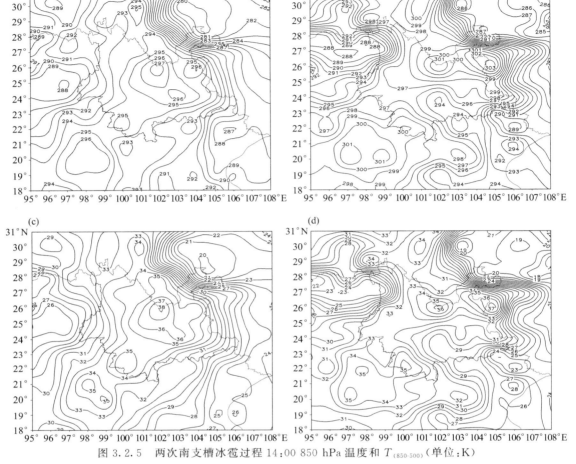

图 3.2.5 两次南支槽冰雹过程 14:00 850 hPa 温度和 $T_{(850-500)}$（单位:K）

(a)2014 年 4 月 5 日 850 hPa 温度；(b)2016 年 4 月 19 日 850 hPa 温度；(c)2014 年 4 月 5 日 $T_{(850-500)}$；

(d) 2016 年 4 月 19 日 $T_{(850-500)}$

3.2.5 小结

（1）南支槽前的高低空偏西急流不仅为强对流雹暴的形成提供水汽条件,而且相互耦合导致强垂直风切变和高空急流右侧的辐散上升运动叠加在低空急流左侧的辐合上升运动上加强上升运动,为强对流雹暴提供动量条件,雹暴发生在 500 hPa 和 700 hPa 两层南支槽前的偏西急流耦合区内。

（2）高空深厚强急流带以及风向随高度顺转或者先顺转再逆转和风速随高度增大的强垂直风切变一方面通过动量下传作用产生地面大风,另一方面导致中高层强斜压性加大和对流上升运动加强,促使雹暴发展,而中低层强垂直风切变影响雹暴的组织和发展,强对流雹暴发生在中低层垂直风切变≥$3×10^{-3}$ s^{-1} 的区域。

（3）中层 500 hPa 青藏高原低槽东南移和南支槽超前于低层 700 hPa 导致中层冷空气入侵和中层槽后冷空气叠置于低层槽前暖空气上,形成中层冷空气入侵和低层暖脊控制的上冷下暖大气强烈不稳定,为强对流雹暴发生发展提供重要的对流不稳定条件,雹暴发生在 $T_{(850-500)}$≥27 K 的强烈不稳定区域内,且与中层冷空气影响区密切相关。

3.3　切变线冰雹天气过程

川滇切变线是云南冰雹天气尤其在初夏和秋季的主要影响系统,切变线自东北向西南移动影响导致灾害性冰雹天气发生,2012—2018 年云南发生切变线冰雹天气过程 233 次,降雹的强度和范围差异大,大多数切变线冰雹天气过程强度弱、范围小,但有时也会产生范围广、强度强和致灾重的冰雹天气,其中 2013 年 5 月 22 日、2015 年 6 月 4 日和 2016 年 6 月 4—6 日为典型切变线冰雹天气过程。

3.3.1　天气概况

2013 年 5 月 22 日滇中以东以北的昭通、曲靖、丽江、大理、昆明、楚雄、玉溪、红河、文山等地区的鲁甸、昭阳、彝良、宣威、麒麟、罗平、沾益、富源、华坪、鹤庆、宾川、祥云、石林、南华、武定、通海、弥勒、广南 18 个区(县)局地发生强对流冰雹灾害。2015 年 6 月 4 日滇中以东的曲靖、昆明、红河、文山等地区的富源、罗平、麒麟、马龙、师宗、盘龙区、泸西、西畴等 9 个区(县)局地出现冰雹灾害,烤烟共计受灾 28478 亩[①],其中曲靖市麒麟区冰雹灾害最重,烤烟受灾 7720亩,其他作物受灾 8160 亩,最大冰雹直径 14 mm。2016 年 6 月 4—6 日滇中以东以北连续发生冰雹灾害,同时遭受局地性暴雨和短时大风等强对流天气,受灾烤烟 150721 亩,最大冰雹直径达 40 mm,其中 4 日冰雹灾害发生在昭通、曲靖、楚雄和丽江地区的永善县、昭阳区、巧家县、威信、彝良、宣威、沾益、鲁甸、永仁、宁蒗、华坪 11 县,尤其昭阳区北闸镇、布嘎乡、乐居镇、苏家院镇、盘河镇、大寨子乡、苏甲乡、大山包镇烤烟受灾就达 105698 亩,19:30 左右鲁甸县冰雹直径达 40 mm,23:30 左右永仁县维的乡冰雹直径达 20 mm;5 日冰雹灾害发生在昭通、楚雄、丽江和昆明地区的彝良、永善、昭阳区、永仁、玉龙、宁蒗、华坪、昆明市盘龙 8 县;6 日冰雹灾害发生在昭通、曲靖、楚雄、玉溪和红河地区的永善、大关、彝良、昭阳区、沾益、永仁、红塔区、江川、屏边、弥勒、蒙自、丘北 12 县,21:30 左右大关县木杆、寿山、天星等乡镇冰雹直径达15 mm,14:50 左右红塔高仓街道冰雹直径达 10 mm。

可见,3 次切变线天气冰雹过程都发生在初夏 5—6 月,以影响滇中及以东以北地区为主,虽然影响强度存在一定的差异,但都伴随出现局地短时强降水和大风等强对流灾害天气。

3.3.2　环流背景

图 3.3.1 给出 3 次切变线冰雹过程的环流场和相对湿度分布。从图 3.3.1 可以看出,2013 年 5 月 22 日 22:00 500 hPa(图 3.3.1a)上中高纬为两槽一脊形势,青藏高原到四川盆地为宽广脊区,为西北气流控制,在其前侧自北向南存在两个低槽而形成阶梯槽,其中有一低槽在甘肃南部武都到四川北部成都之间,低槽东移,槽后西北气流引导冷空气南下,同时孟加拉湾地区暖湿气流随着偏西气流向云南输送,前缘相对湿度≥60% 达到云南西北部;700 hPa(图3.3.1b)上武都、成都到巴塘有一切变线,后部为偏北气流而前侧为偏西气流,孟加拉湾水汽随偏西气流向云南输送,大部分地区相对湿度≥60%,具有较好的水汽条件,因此 500 hPa 低槽东南移,引导西北气流南下,携带冷空气触发 700 hPa 切变线加强和东南移,配合孟加拉湾水汽输送,导致强对流冰雹天气发生发展。

---

① 　1 亩 = 666.67 m^2。

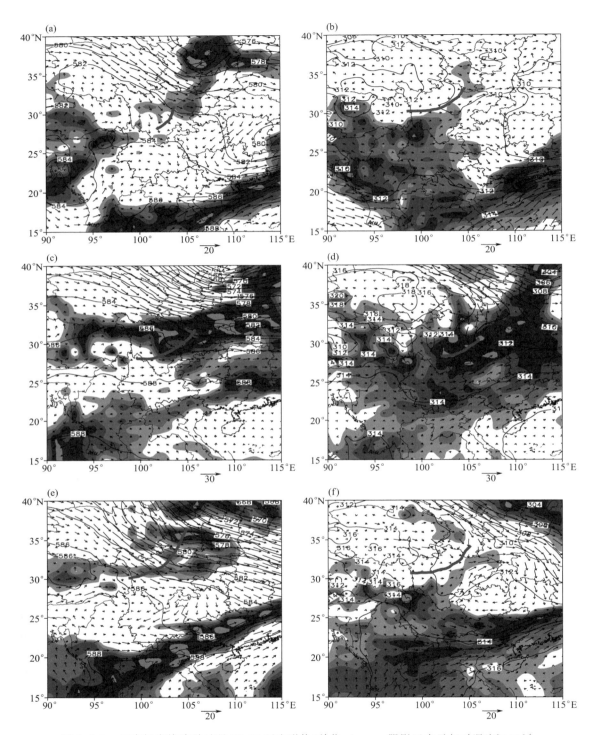

图 3.3.1　三次切变线冰雹过程 08:00 环流形势(单位:dagpm,阴影区表示相对湿度≥60%,
由浅到深间隔 10%,粗实线为低槽或切变线)

(a)2013 年 5 月 22 日 500 hPa;(b)2013 年 5 月 22 日 700 hPa;(c)2015 年 6 月 4 日 500 hPa;
(d)2015 年 6 月 4 日 700 hPa;(e)2016 年 6 月 4 日 500 hPa;(f)2016 年 6 月 4 日 700 hPa

　　在 2015 年 6 月 4 日 500 hPa 等压面(图 3.3.1c)上,从陕西南部、成都到滇西北有一低槽,槽后为西北气流,云南大部为偏西气流控制,随着低槽东移引导高层冷空气南下;在 700 hPa 等压面(图 3.3.1d)上,从安康、达县、宜宾到西昌有一切变,后部为偏北气流,且格尔木一带为 318 dagpm 高压中心,云南大部为偏西气流和≥80%的高相对湿度区控制,北高南低的环流形势有利于切变线南移,配合较好的水汽条件导致云南东部强对流冰雹天气发生,切变线位置偏东是导致冰雹主要发生在云南东部的原因。

　　2016 年 6 月 2 日开始中高纬不断有低槽东南移,槽后较强的西北气流不断引导北方冷空气南下,不断触发川滇切变生成南移,导致 3—7 日云南局地冰雹天气连续发生。其中 6 月 4 日 500 hPa(图 3.3.1e)上,前面影响的低槽已移到湖南、贵州和云南东南部,武都、马尔康到巴塘之间还有一低槽,后部西北风继续引导冷空气东南移;在 700 hPa(图 3.3.1f)上,前一切变东南移到江西、湖南、广西北部,从武都、成都到巴塘还存在一切变,后部为西北气流,且格尔木一带为 314 dagpm 高压中心,云南大部为偏西气流和≥70%的高相对湿度区控制,同样切变线南移配合较好的水汽条件导致云南强对流冰雹天气发生。

　　由此可见,高层 500 hPa 中纬度青藏高原东南部到四川之间的低槽东南移引导携带冷空气的偏北气流南下,有利于 700 hPa 川滇切变线加强和东南移,为强对流冰雹天气创造抬升动力条件,配合相对湿度≥60%的较好水汽条件,导致强对流冰雹天气发生发展。

3.3.3　垂直风切变作用

　　图 3.3.2 给出三次强对流冰雹过程沿 25 °N 降雹区附近的水平风垂直剖面。从降雹发生前水平风垂直剖面可以看出,2013 年 5 月 22 日 08:00(图 3.3.2a)在滇中及以东冰雹发生区(102°—105°E)低层 700 hPa 以下存在较大的垂直风切变,风向由近地层西偏南风随高度增加顺转到西偏北风,且风速由 2 m/s 逐渐增加到 10 m/s,表明低层存在暖平流,而在中层 450～650 hPa 之间虽然风速小,在低层为 2～8 m/s,但却存在明显的偏北风,说明中层存在冷平流入侵,另外 450 hPa 以上高层为一致西北气流,但风速随高度增加,由 6 m/s 逐渐增加到 200 hPa 附近 16 m/s,表明冰雹区上空低层和高层存在较强的垂直风切变且低层存在暖平流,而中层存在偏北气流引导的冷空气入侵,有利于强对流不稳定的形成及冰雹天气的组织和发展。

　　2015 年 6 月 4 日 08:00(图 3.3.2b)类似于前一次过程,在滇中及以东(101°—105°E)低层 650 hPa 以下风向由近地层西南风随高度增加顺转到西北风,风速由 2 m/s 以下逐渐增加到 10 m/s,表明低层存在较大的垂直风切变和暖平流,在中高层 200～450 hPa 之间存在 2～6 m/s 左右偏北风,表明中高层存在冷平流,同样说明降雹区上空低层存在较大的垂直风切变和暖平流而中高层存在冷平流,导致对流不稳定和有组织倾斜发展。

　　2016 年 6 月 4 日 08:00(图 3.3.2c)跟前两次稍有差别,在滇中及以东(101°—105°E)低层 650 hPa 以下由近地层西南风转到西北风,风速由 2 m/s 以下逐渐增加到 4 m/s,低层存在暖平流,垂直风切变不大,但在高层 200～350 hPa 之间等风速线密集,风速由 350 hPa 附近的 6～8 m/s 迅速增加到 200 hPa 附近 20 m/s,高层存在较大的垂直风切变,并且在 350～650 hPa 之间存在明显偏北风,存在偏北气流带来冷空气入侵,说明此次降雹区上空高层存在较大的垂直风切变、低层存在暖平流和中层有冷平流侵入。

　　因此,低层环境风随高度顺转和存在暖平流,中层有偏北风携带冷空气入侵,产生对流不稳定,而低层或高层较强垂直风切变的存在不仅能够使上升气流倾斜,而且能增强中层干冷空气的入侵,进一步加强强对流冰雹天气发展,其中强垂直风切变 1 次出现低层、1 次出现高层

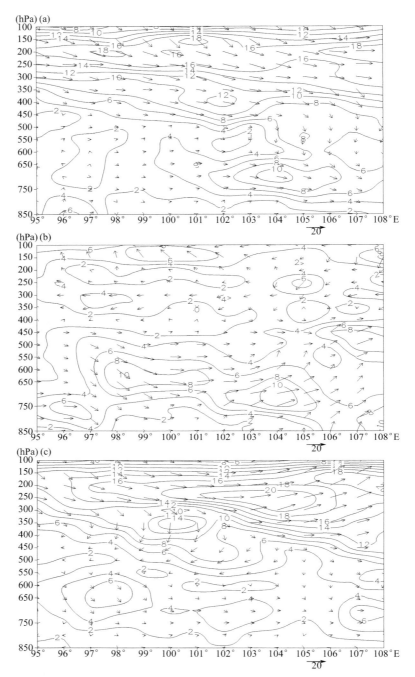

图 3.3.2 三次切变线冰雹过程 08:00 沿 25 °N 水平风垂直剖面(单位:m/s)
(a)2013 年 5 月 22 日;(b)2015 年 6 月 4 日;(c)2016 年 6 月 4 日

和 1 次高低层都存在。

3.3.4 冷暖空气作用

分析三次过程冰雹发生前 14:00 沿 25 °N 降雹区附近的温度垂直剖面(图 3.3.3)发现,三次过程存在共同的特点,云南境内(97°—106°E)低层 700 hPa 或 650 hPa 以下等温度线密集和

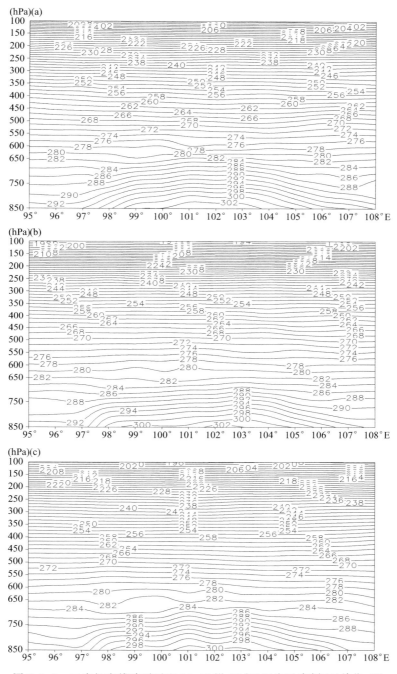

图 3.3.3　三次切变线冰雹过程 14:00 沿 25 °N 温度垂直剖面(单位:K)

(a)2013 年 5 月 22 日;(b)2015 年 6 月 4 日;(c)2016 年 6 月 4 日

上凸,尤其滇中附近近地层大气温度最高达 300～302 K,说明低层大气比周边温度高,而 450～650 hPa 之间等温线稍稀疏和略下凹,表明中层有冷空气侵入,相比周围环境强烈上冷下暖的大气温度垂直结构利于大气对流不稳定形成而触发强对流冰雹天气发生发展。

进一步分析 850 hPa 与 500 hPa 温差($T_{(850-500)}$)(图 3.3.4)分布发现,三次过程 08:00(图

3.3.4a、b、c)850 hPa 与 500 hPa 温差高值中心在四川盆地,几乎与切变线位置相对应,云南境内温差基本具有北高南低的特征,云南北部最大 $T_{(850-500)}$ 分别为 28 K、25 K 和 26 K。14:00

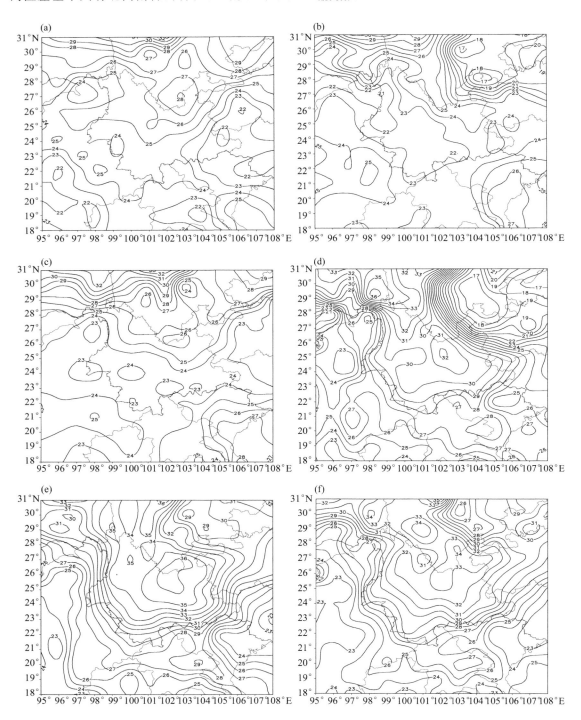

图 3.3.4　三次切变线冰雹过程 $T_{(850-500)}$(单位:K)

(a)2013 年 5 月 22 日 08:00;(b)2015 年 6 月 4 日 08:00;(c)2016 年 6 月 4 日 08:00;

(d)2013 年 5 月 22 日 14:00;(e)2015 年 6 月 4 日 14:00;(f)2016 年 6 月 4 日 14:00

(图 3.3.4d、e、f)随着切变线东南移动,云南大部 $T_{(850-500)}$ 增强,且逐渐成为高值中心,2013 年 5 月 22 日滇中以东以北的昭通、曲靖、丽江、大理、昆明、楚雄、玉溪、红河、文山等地区 $T_{(850-500)}$ 达 $30\sim36$ K;2015 年 6 月 4 日滇中以东的曲靖、昆明、红河、文山等地区 $T_{(850-500)}$ 达 $30\sim32$ K; 2016 年 6 月 4 日昭通、曲靖、楚雄和丽江地区 $T_{(850-500)}$ 达 $30\sim34$ K,其中昭通地区 $T_{(850-500)}$ 等值线密集,最大达 34 K,这也是随着切变线东南移动,冰雹天气自北向南逐渐发展起来的原因,同时强烈不稳定也是造成昭阳区大面积冰雹灾害和鲁甸县冰雹直径达 40 mm 的原因。

因此,随着高层低槽和低层切变线东南移,中层冷空气入侵和上冷下暖大气环境为冰雹天气发生提供强烈不稳定条件,强对流冰雹天气主要发生在 $T_{(850-500)} \geqslant 30$ K 的强烈不稳定区域内,且切变线冰雹天气强弱与 $T_{(850-500)}$ 大小密切相关。

3.3.5　大气稳定度作用

从上面分析发现,强对流天气的发生发展与大气稳定度密切相关,$\dfrac{\partial \theta_{se}}{\partial p}$ 往往出现在对流不稳定的层结中。假相当位温(θ_{se})是气块沿干绝热线上升到凝结高度后,再沿湿绝热上升, 直到所含的水汽全部凝结脱落后,再沿干绝热线下降到 1000 hPa 时所具有的温度。在假相当位温中,不仅考虑了气压对温度的影响,也考虑了水汽的凝结和蒸发对温度的影响,θ_{se} 是包括温度、气压、湿度的一个综合物理量。θ_{se} 随高度的变化可作为对流性不稳定的很好判据, $\dfrac{\partial \theta_{se}}{\partial p} < 0$ 大气为稳定,$\dfrac{\partial \theta_{se}}{\partial p} > 0$ 大气为不稳定。

进一步从三次过程冰雹发生前 14:00 沿 25 °N 降雹区附近的 θ_{se}(图 3.3.5)垂直剖面可以看出,三次过程存在共同特点,云南境内大约在 $450\sim500$ hPa 以下,θ_{se} 是高值区且等值线明显上凸,表明低层暖湿,且 θ_{se} 随高度降低,在 $450\sim500$ hPa 之间存在 θ_{se} 低值中心,进一步表明中层存在干冷空气入侵和温度低,$\dfrac{\partial \theta_{se}}{\partial p} > 0$,形成低层暖湿而中层干冷的大气对流不稳定,其中 2013 年 5 月 22 日滇中及以东(101°—105°E),850 hPa 附近 θ_{se} 为 350 K 左右, 500 hPa 附近 θ_{se} 为 330 K 左右,$\theta_{se850} - \theta_{se500} = 20$ K,大气强烈不稳定导致滇中及以东以北强对流天气发生;2015 年 6 月 4 日在滇中以东(103°—106°E)之间,850 hPa 附近 θ_{se} 为 360 K 左右,500 hPa 附近 θ_{se} 为 $334\sim340$ K 左右,$\theta_{se850} - \theta_{se500}$ 达 $20\sim26$ K,假相当位温垂直梯度大值区较前一次偏东,也是导致此次冰雹区偏东的主要原因之一;2016 年 6 月 4 日在云南境内(100°—105°E),850 hPa 附近 θ_{se} 为 358 K 左右,500 hPa 附近 θ_{se} 为 332 K 左右,$\theta_{se850} - \theta_{se500}$ 达 26 K,假相当位温垂直梯度强和大梯度区范围广,导致此次过程冰雹过程范围最广和强度最强。

因此,假相当位温低层是高值区且等值线明显上凸,并随高度降低,在 $450\sim500$ hPa 中层干冷空气入侵而形成低值区,从而形成低层暖湿而中层干冷的大气对流不稳定,$\dfrac{\partial \theta_{se}}{\partial p} > 0$,导致滇中及以东以北强对流天气发生,且冰雹范围和强弱与 $\dfrac{\partial \theta_{se}}{\partial p}$ 密切相关,冰雹天气主要发生在 $\theta_{se850} - \theta_{se500} \geqslant 20$ K 的区域。

3.3.6　小结

(1)发生在初夏 5—6 月的 3 次冰雹过程影响强度和范围存在一定的差异,但主要以影响

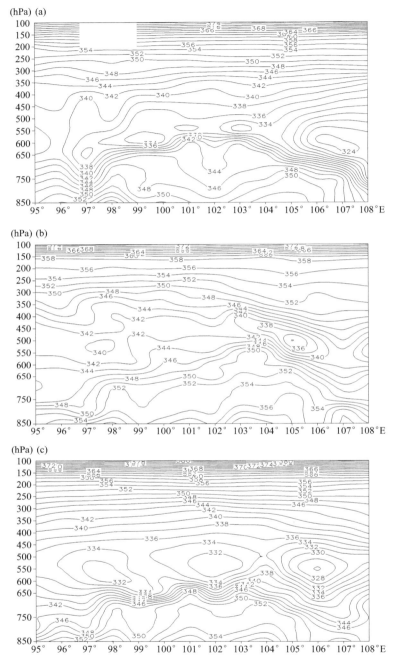

图 3.3.5　三次切变线冰雹过程 14:00 沿 25 °N 假相当位温垂直剖面(单位:K)
(a)2013 年 5 月 22 日;(b)2015 年 6 月 4 日;(c)2016 年 6 月 4 日

滇中及以东以北地区为主,且伴随局地短时强降水和大风等强对流灾害天气。

(2)高层 500 hPa 中纬度青藏高原东南部到四川之间的低槽东南移,引导偏北气流南下,携带冷空气有利于 700 hPa 川滇切变线加强和东南移,为强对流冰雹天气创造抬升动力条件,配合相对湿度≥60%的较好水汽条件,导致强对流冰雹天气发生发展。

　　(3)低层环境风随高度顺转、存在暖平流,中层存在偏北风携带冷空气入侵,产生对流不稳定,而低层或高层较强垂直风切变使上升气流倾斜的同时,能够增强中层干冷空气入侵,进一步加强强对流冰雹天气发展。

　　(4)随着高层低槽和低层切变线东南移,中层冷空气入侵和上冷下暖大气环境为冰雹天气发生提供强烈不稳定条件,强对流冰雹天气主要发生在 $T_{(850-500)} \geqslant 30$ K 的强烈不稳定区域内,且切变线冰雹天气强弱与 $T_{(850-500)}$ 大小密切相关。

　　(5)假相当位温随高度降低,到中层 $450 \sim 500$ hPa 由于干冷空气入侵而形成低值区, $\dfrac{\partial \theta_{se}}{\partial p} > 0$,形成低层暖湿而中层干冷的大气对流不稳定,冰雹天气主要发生在 $\theta_{se850} - \theta_{se500} \geqslant 20$ K 的区域,且冰雹范围和强弱与 $\dfrac{\partial \theta_{se}}{\partial p}$ 密切相关。

3.4　两高辐合冰雹天气过程

　　两高辐合是云南夏季强对流天气的主要影响系统之一,而且以影响滇中及以东地区为主。两高辐合表现为两种形式,一类为西太平洋副热带高压(简称"副高")与青藏高压之间辐合区,取决于副高和青藏高压的强度,自东南向西北或者自西北向东南影响云南,如果副高强则辐合区自东南向西北影响,反之自西北向东南影响,另一类滇缅高压与副高之间辐合区,同样取决于副高和滇缅高压的强度,自东向西或者自西向东影响云南,如果副高强则辐合区自东向西影响,反之自西向东影响。2012—2018 年云南发生两高辐合冰雹天气过程 75 次,主要发生在 6—9 月,而且以副高与青藏高压之间辐合区影响为主,其中 2013 年 6 月 18 日、2015 年 7 月 27—31 日和 2015 年 8 月 12 日为典型两高辐合冰雹天气过程。

3.4.1　天气概况

　　受两高辐合区影响 2013 年 6 月 18 日、2015 年 7 月 27 日和 8 月 12 日午后到夜间出现三次强对流冰雹天气过程,冰雹灾害主要发生在滇中及以东地区,其次发生在滇西北局部地区,伴有局地短时强降水和大风灾害。2013 年 6 月 18 日冰雹灾害发生在昭通、曲靖、昆明、玉溪、丽江等地区的镇雄、彝良、大关、宣威、寻甸、昆明、红塔区、华宁、玉龙 9 个县,最大冰雹直径为 8 mm;2015 年 7 月 27 日主要发生在曲靖、丽江、昆明、楚雄等地区的罗平、师宗、沾益、富源、玉龙、盘龙区、元谋 7 个县,最大冰雹直径 15 mm,其中 16:00 左右罗平境内老厂、马街、阿岗镇发生大面积风雹灾害,具有风大、雹粒密集的特点,农作物受灾 35014 亩,烤烟受灾 14134 亩;2016 年 8 月 12 日昆明、昭通、曲靖、楚雄、玉溪、文山、红河、大理等地区的盘龙、寻甸、嵩明、石林、鲁甸、昭阳、宣威、马龙、武定、姚安、红塔、江川、峨山、通海、广南、丘北、砚山、弥勒、鹤庆 19 区(县)发生冰雹灾害 29 次,烤烟受灾面积达 49398 亩,最大冰雹直径达 20 mm,也是 2012—2018 年最强的一次两高辐合造成的冰雹天气过程,其中昭通昭阳区守望乡 14:40 左右遭受风灾及冰雹灾害袭击时间持续 20 min 左右,烤烟、水果、蔬菜等作物大面积绝收,尤其是烤烟受灾较为严重,受灾约 24760 亩。

3.4.2　环流背景

　　图 3.4.1 给出 3 次两高辐合冰雹过程的环流场和相对湿度分布。从图 3.4.1 可以看出,在 2013 年 6 月 18 日 08:00 500 hPa(图 3.4.1a)上,缅甸东部到云南西部存在 584 dagpm 的滇

缅高压,同时贵州以东也为 584 dagpm 高压控制,在云南中部形成两高之间的辐合区,辐合区以东盛行偏南气流且相对湿度≥60%,辐合区以西为偏北气流,相应在 700 hPa(图略)上,云南中部也存在低槽辐合区,以西为西北或偏西气流而以东为西南气流,全省大部相对湿度≥80%,强对流冰雹天气正是发生在辐合区附近及其以东地区的偏南高湿气流区域内;20:00 500 hPa(图 3.4.1b)上,滇缅高压与副高之间的辐合区减弱,两高压合并,全省为副高外围的西南气流控制,降雹结束。因此高低层辐合作用和较高相对湿度为冰雹天气发生提供有利的抬升动力条件和充足水汽条件。

在 2015 年 7 月 27 日 08:00 500 hPa(图 3.4.1c)上,青藏高原到四川西北部为 586 dagpm 的高压环流,588 dagpm 高压中心在青海,另外 588 dagpm 副高脊线在湖北、湖南东部、广东一线,几乎呈东西向,586 dagpm 到达湖南西部、广西东部,在四川东部、贵州西部到云南东部边缘为两高之间的低压辐合区,且孟加拉湾地区存在 580 dagpm 低压环流,前侧西南暖湿气流输送到达滇西地区,滇西相对湿度≥60%,14:00(图略)西南暖湿气流逐渐向云南中东部扩展和加强,云南大部相对湿度≥60%;20:00 500 hPa(图 3.4.1d)上,随着 588 dagpm 副高脊线西伸北抬,两高辐合区西北移到四川至云南北部,且孟加拉湾低压前西南暖湿气流继续东扩,云南大部相对湿度≥70%,冰雹天气发生在辐合区西北移动过程中和影响区域。因此,副高增强西伸,青藏高压和副高之间的辐合区自东南向北移动,提供动力抬升条件,配合孟加拉湾低压前西南气流提供较好水汽条件导致局地强对流冰雹天气发生。

2015 年 8 月 12 日类似于第二个过程受青藏高压与副高两高辐合区影响导致冰雹天气发生,08:00 500 hPa(图 3.4.1e)上,青藏高原到四川和云南西北部为 588 dagpm 的青藏高压环流控制,另外 588 dagpm 副高脊线西伸到云南东南部(图中与青藏高压 588 dagpm 线相连),呈东北—西南向,从陕西、四川东部、贵州到云南北部为两高之间的低压辐合区,且云南大部相对湿度≥60%,相应 700 hPa(图略)上全省为副高外围偏西气流控制,相对湿度≥60%,其中滇中及以东以北地区相对湿度≥80%;20:00 500 hPa(图 3.4.1f)上,588 dagpm 副高脊线位置变化不大,青藏高压和副高强度稳定少变,两高辐合区位置稳定少动,云南大部相对湿度保持≥60%,700 hPa 上继续在 80% 以上,期间冰雹天气正是发生在辐合区附近及南侧具有较好水汽条件的区域内,且辐合区长时间维持和稳定少动是导致冰雹天气强和影响范围广的直接原因。

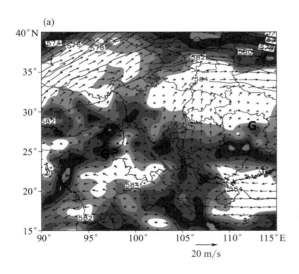
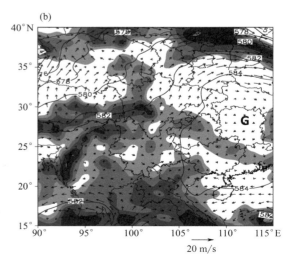

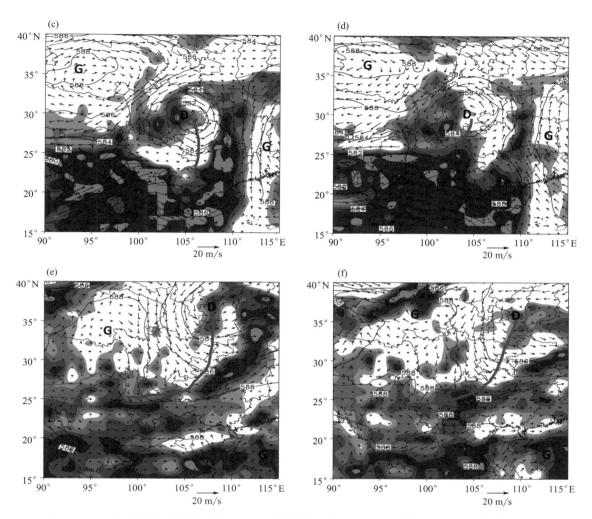

图 3.4.1　三次两高辐合冰雹过程 500 hPa 环流形势(单位:dagpm,阴影区表示相对湿度≥60%,
由浅到深间隔 10%,粗实线为两高辐合线)

(a)2013 年 6 月 18 日 08:00;(b)2013 年 6 月 18 日 20:00;(c)2015 年 7 月 27 日 08:00;
(d)2015 年 7 月 27 日 20:00;(e)2015 年 8 月 12 日 08:00;(f)2015 年 8 月 12 日 20:00

由此可见,高低层辐合区附近风场不连续导致产生辐合上升运动且大气具有较高相对湿度为冰雹天气发生发展提供有利抬升动力条件和充足水汽条件,强对流冰雹天气发生在辐合区附近及其以东和以南地区的高湿环境内,500 hPa 相对湿度≥60%和 700 hPa 相对湿度≥80%的环境内,其中 2 次受青藏高压与副高辐合区影响(1 次自东南向西北移、1 次少动)、1 次滇缅高压与副高辐合区影响。

3.4.3　垂直风切变作用

从三次两高辐合强对流降雹发生前沿 25°N 降雹区附近的水平风垂直剖面(图 3.4.2)可以看出,2013 年 6 月 18 日 08:00(图 3.4.2a)在云南境内(100°—105°E)低层大约 700 hPa 以下风向由近地层西偏南风随高度顺转到偏西风,且风速由 2 m/s 逐渐增加到 6~8 m/s,表明低层存在暖平流和垂直风切变,尤其在滇东地区(103°—105°E)由风速近地层 0 m/s 逐渐增加

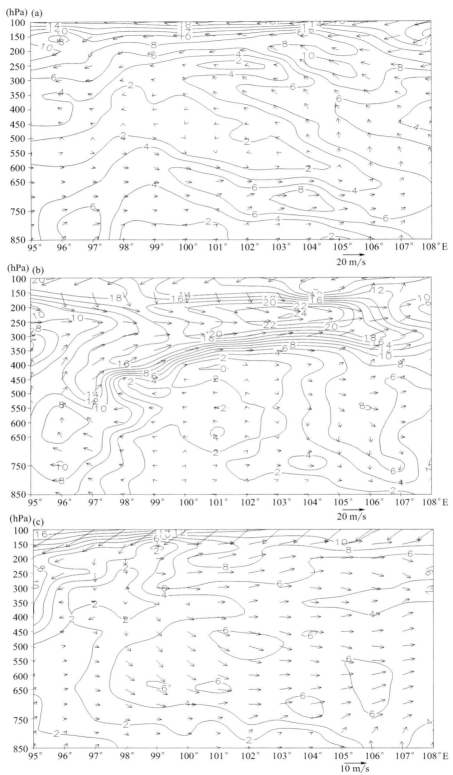

图 3.4.2　三次两高辐合冰雹过程 08:00 沿 25°N 水平风垂直剖面(单位:m/s)

(a)2013 年 6 月 18 日;(b)2015 年 7 月 27 日;(c)2015 年 8 月 12 日

到 8 m/s,低层垂直风切变相对较大,与主要降雹区滇东对应;在 700 hPa 以上风向随高度增加而出现逆转,由偏西风逆转到 600 hPa 以上的东南风,存在暖平流,尤其滇中以西(100°—102°E)在中层(400~600 hPa)还存在偏北风。因此,强对流冰雹正是发生在低层风随高度顺转存在暖平流而高层风随高度逆转存在冷平流且低层具有较大的垂直风切变大气环境中。

2015 年 7 月 27 日 08:00(图 3.4.2b)不同于前一次过程,主要在滇东(103°—105°E)低层大约 700 hPa 以下风向以偏西为主,400~700 hPa 为偏北风,说明中层存在干冷空气入侵,而在高层 250~400 hPa 等风速线密集,表明高层存在较大垂直风切变,由 400 hPa 附近 4 m/s 增加到 250 hPa 附近的 20~24 m/s,高层强垂直风切变会形成对流层顶的强烈辐散,进一步加强低层辐合和垂直倾斜结构而导致强对流天气的进一步发展,因此中层干冷空气入侵存在冷平流和高层较大垂直风切变导致此次滇东地区冰雹天气发生,也是此次强对流冰雹天气区域偏东的原因。

2015 年 8 月 12 日 08:00(图 3.4.2c)与前两次过程也不同,虽然风速随高度逐渐增加,由近地层 2 m/s 以下逐渐增加到 650 hPa 附近的 6 m/s,在低层和高层没有较大的垂直风速切变,但存在明显的垂直风向变化,在云南境内(100°—105°E)低层大约 700 hPa 以下风向为西南风,逐渐顺转到 450~700 hPa 的西北风,一方面也表明低层为暖平流,另一方面也说明中层西北气流携带冷空气入侵,之后随高度增加再逆转至 200 hPa 附近的西南风,表明高层存在冷平流。因此,低层存在暖平流而高层存在冷平流且中层西北气流携带冷空气入侵,风向先顺转再逆转利于形成对流不稳定而导致强对流冰雹天气发展。

因此,低层风随高度顺转存在暖平流而高层风随高度逆转或有冷空气入侵存在冷平流促使大气对流不稳定,导致强对流天气的产生,而低层或高层风切变进一步导致对流不稳定和有组织倾斜发展,对冰雹的组织和形成起到重要作用。

3.4.4　冷暖空气作用

同样从三次两高辐合过程冰雹发生前 14:00 沿 25°N 降雹区附近的温度垂直剖面(图 3.4.3)可以看出,三次过程云南境内(97°—106°E)低层 700 hPa 或 650 hPa 以下等温度线密集和上凸,低层大气明显比相邻区域温度高,分别在滇中以东(101°—103°E、102°—105°E、102°—103°E)近地层大气温度最高达 302 K,298 K 和 300 K,而 400~650 hPa 之间等风速线稍稀疏和略下凹,温度比周围环境略低,表明中层存在冷空气侵入。

同样分析 850 hPa 与 500 hPa 温差($T_{(850-500)}$)(图 3.4.4)分布发现,三次过程 08:00(图 3.4.4a、b、c)从云南、四川到青藏高原 850 hPa 与 500 hPa 温差为高值区,高值中心在四川盆地到青藏高原,云南境内温差也基本具有北高南低的特征,云南北部最大 $T_{(850-500)}$ 分别为 26 K,30 K 和 25 K。14:00(图 3.4.4d、e、f)云南大部 $T_{(850-500)}$ 增强,且逐渐成为高值中心,其中 2013 年 6 月 18 日滇中以东以北地区 $T_{(850-500)}$ 为 29~34 K;2015 年 7 月 27 日除滇南边缘和滇西外,全省大部 $T_{(850-500)}$ 为 30~34 K;2015 年 8 月 12 日虽然云南 $T_{(850-500)}$ 较前两次弱,但昆明、昭通、曲靖、楚雄、玉溪、文山、红河、大理等地降雹区 $T_{(850-500)}$ 也达 28~31 K 左右。

因此,低层大气温度比相邻区域高,低层为暖湿环境有利于水汽抬升凝结增长,同时强烈的上冷下暖温度垂直结构形成大气对流不稳定而导致强对流冰雹天气发生发展,两高辐合强对流冰雹天气主要发生在 $T_{(850-500)} \geqslant 28$ K 的强烈不稳定区域内。

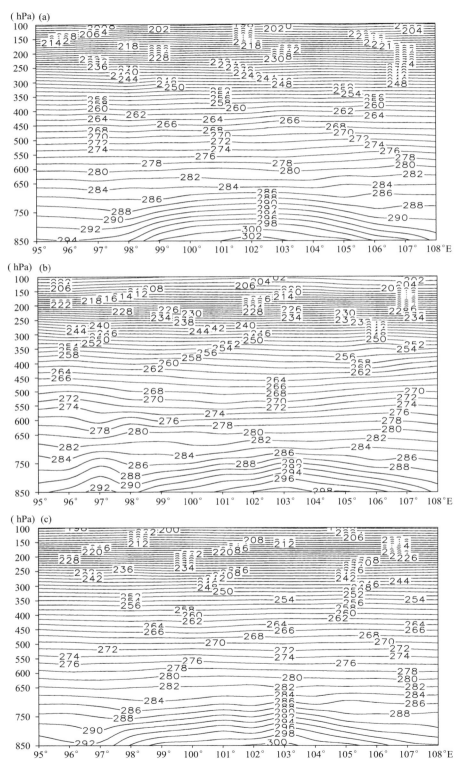

图 3.4.3　三次两高辐合冰雹过程 14：00 沿 25°N 温度垂直剖面(单位：K)

(a)2013 年 6 月 18 日；(b)2015 年 7 月 27 日；(c)2015 年 8 月 12 日

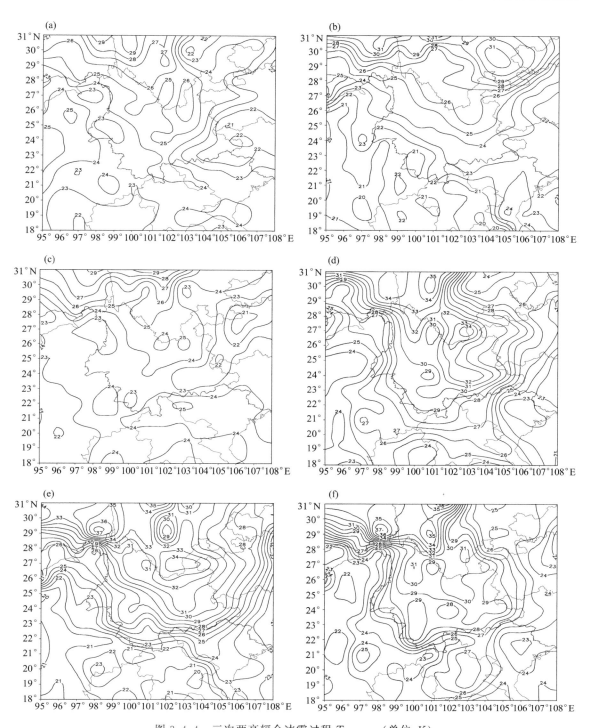

图 3.4.4　三次两高辐合冰雹过程 $T_{(850-500)}$（单位：K）

(a)2013 年 6 月 18 日 08:00；(b)2015 年 7 月 27 日 08:00；(c)2015 年 8 月 12 日 08:00

(d)2013 年 6 月 18 日 14:00；(e)2015 年 7 月 27 日 14:00；(f)2015 年 8 月 12 日 14:00

3.4.5 大气稳定度作用

图 3.4.5 给出三次过程冰雹发生前 14:00 沿 25°N 降雹区附近的 θ_{se} 垂直剖面。2013 年 6 月 18 日(图 3.4.5a)云南境内(97°—106°E)在 450 hPa 以下, θ_{se} 随高度降低,且 600 hPa 以下 θ_{se} 是高值区、等值线密集和明显上凸,表征低层为暖湿空气,在 300~550 hPa 为 θ_{se} 低值中心,表示中层存在干冷空气入侵,θ_{se} 由近地层 364 K 随高度逐渐减小到 450 hPa 附近的 344~350 K,$\theta_{se850} - \theta_{se500}$ 达 14~20 K,低层暖湿和中层干冷形成较大的对流不稳定而导致强对流冰雹天气发生。

2015 年 7 月 27 日(图 3.4.5b)滇中及以东地区(101°—105°E),在低层 600 hPa 以下 θ_{se} 随高度降低,且 650 hPa 以下 θ_{se} 是高值区、等值线密集和明显上凸,在中层 550~650 hPa 之间为低值中心,θ_{se} 由近地层 352~354 K 随高度逐渐减小到 600 hPa 附近的 336 K 左右,$\theta_{se850} - \theta_{se600}$ 达 14~18 K,同样表明低层为暖湿空气控制而中层干冷空气导致对流不稳定的形成。

2015 年 8 月 12 日(图 3.4.5c)云南境内(100°—105°E)在 450 hPa 以下,θ_{se} 随高度降低,且 600 hPa 以下 θ_{se} 是高值区、等值线密集和明显上凸,为暖湿空气控制,在 400~600 hPa 之间为 θ_{se} 低值中心,存在干冷空气入侵,θ_{se} 由近地层 360~368 K 随高度逐渐减小到 450 hPa 附近的 342~344 K,$\theta_{se850} - \theta_{se500}$ 达 18~24 K,$\frac{\partial \theta_{se}}{\partial p}$ 大于前两次过程,也是导致此次冰雹天气过程最强的原因之一。

θ_{se} 是包含温度、气压、湿度的综合物理量,随高度的变化更能全面反映对流性不稳定状况,θ_{se} 低层是高值区且随高度降低,在 300~600 hPa 有低值区存在,$\frac{\partial \theta_{se}}{\partial p} > 0$,表明低层暖湿和中层干冷,存在较大的对流不稳定而导致强对流冰雹天气发生,两高辐合冰雹天气主要发生在 $\theta_{se850} - \theta_{se500} \geqslant 14$ K 或 $\theta_{se850} - \theta_{se600} \geqslant 14$ K 的区域,且 $\frac{\partial \theta_{se}}{\partial p}$ 越大,冰雹天气越强。

3.4.6 小结

(1)强对流冰雹天气发生在青藏高压与副高辐合或滇缅高压与副高辐合区附近及其以东和以南地区的高湿环境内,即 500 hPa 相对湿度 $\geqslant 60\%$ 和 700 hPa 相对湿度 $\geqslant 80\%$ 的环境内,其中 2 次受青藏高压与副高辐合区影响(1 次自东南向西北移、1 次少动)、1 次滇缅高压与副高辐合区影响,两高辐合区能产生辐合上升运动且大气具有较高相对湿度为冰雹天气发生发展提供有利的抬升动力条件和充足水汽条件。

(2)低层风随高度顺转存在暖平流而高层风随高度逆转或有冷空气入侵存在冷平流促使大气对流不稳定,导致强对流天气的产生,而低层或高层风切变进一步导致对流不稳定和有组织倾斜发展,对冰雹的组织和形成起到重要作用。

(3)强烈的上冷下暖温度垂直结构不仅使低层具有暖湿大气环境有利于水汽抬升凝结增长,同时能提供大气对流不稳定条件,导致强对流冰雹天气发生发展,两高辐合强对流冰雹天气发生在 $T_{(850-500)} \geqslant 28$ K 的强烈不稳定区域内。

(4)θ_{se} 随高度的变化更能全面反映对流性不稳定状况,θ_{se} 低层是高值区且随高度降低,在 300~600 hPa 存在低值区,低层暖湿和中层干冷产生较大的对流不稳定,两高辐合冰雹天气主要发生在 $\theta_{se850} - \theta_{se500} \geqslant 14$ K 或 $\theta_{se850} - \theta_{se600} \geqslant 14$ K 的区域,且 $\frac{\partial \theta_{se}}{\partial p}$ 越大,冰雹天气越强。

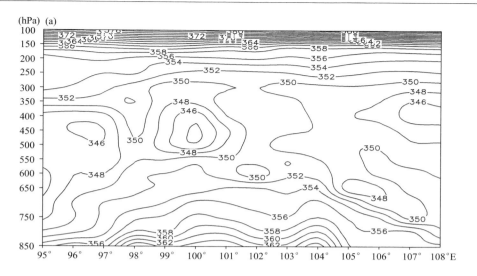

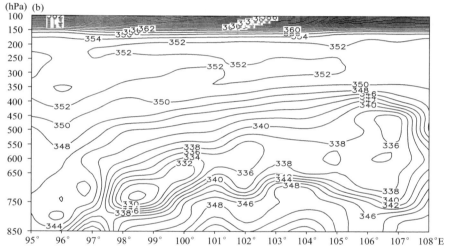

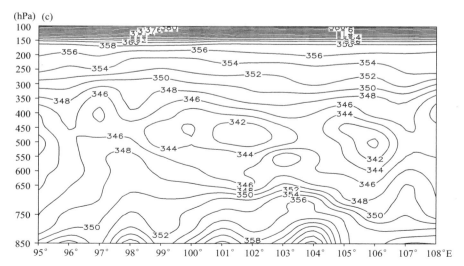

图 3.4.5　三次两高辐合冰雹过程 14:00 沿 25°N 假相当位温垂直剖面(单位:K)

(a)2013 年 6 月 18 日;(b)2015 年 7 月 27 日;(c)2015 年 8 月 12 日

3.5　南海低压和东风波冰雹天气过程

南海低压（台风）和东风波是云南盛夏和初秋强对流冰雹天气过程的主要热带影响系统，产生的冰雹天气范围广、强度强，而此时正是云南烤烟旺长和成熟期，给冰雹防御带来极大挑战。南海低压（台风）在南海附近形成后逐渐偏西或者西北移，其外围偏东气流影响云南导致冰雹天气发生，或者副热带高压南侧东风气流自东向西运动，云南大部处于偏东气流控制下，同时在南海、广西到滇东南一带存在倒槽或气旋性弯曲随偏东气流自东向西移动（东风波），导致云南冰雹天气，2012—2018 年云南发生南海低压和东风波冰雹天气过程 92 次，其中 2013 年 7 月 25 日、2014 年 7 月 29 日、2016 年 7 月 27 日、2017 年 7 月 27 日是 4 次典型南海低压和东风波冰雹天气过程。

3.5.1　天气概况

2013 年 7 月 25 日滇中以东曲靖、昭通、昆明、玉溪、红河、文山等地区的麒麟、师宗、陆良、宣威、马龙、富源、沾益、会泽、寻甸、大关、威信、石林、西山、嵩明、宜良、禄劝、峨山、新平、澄江、红塔、弥勒、广南 22 县（市、区）局部地区发生冰雹灾害，最大冰雹直径达 10 mm，伴有大风、短时强降水等强对流天气。2014 年 7 月 29 日曲靖、昭通、玉溪、大理、保山、文山等地区宣威、会泽、麒麟、昭阳、红塔、巍山、南涧、腾冲、昌宁、隆阳区、砚山 11 县（区）局地出现冰雹灾害，最大冰雹直径 20 mm，其中 2014 年 7 月 29 日 13:25 左右，麒麟区越州镇烤烟严重受灾，受灾面积 3386 亩。2016 年 7 月 27 日昭通、曲靖、楚雄、丽江、大理、昆明、玉溪、红河、文山、临沧 10 个地区昭阳、鲁甸、巧家、宣威、陆良、马龙、麒麟、巧家、元谋、武定、牟定、双柏、南华、丽江古城区、永胜、玉龙、鹤庆、宾川、石林、江川、新平、澄江、红塔区、易门、弥勒、蒙自、石屏、开远、丘北、临翔 30 县（市、区）降雹，冰雹灾害分布范围广，最大冰雹直径 20 mm，烤烟受灾 35103 亩。2017 年 7 月 27 日昭通、曲靖、昆明、玉溪、丽江、大理、红河、普洱、临沧 9 个地区巧家、彝良、威信、宣威、麒麟、沾益、富源、寻甸、陆良、罗平、马龙、盘龙、禄劝、石林、富民、安宁、红塔、江川、新平、易门、丽江古城区、宁蒗、玉龙、鹤庆、弥勒、石屏、墨江、临翔 28 县（市、区）降雹 42 次，最大冰雹直径 8 mm，烤烟受灾 32449 亩，这是南海低压和东风波影响最强的一次降雹过程，也是 2012—2018 年降雹范围最广的一次过程。

可见，发生在盛夏 7 月的 3 次南海低压和 1 次东风波影响冰雹天气过程分布范围广，冰雹灾害发生在全省大部分地区，但以影响烤烟主产区的滇中以东为主，此时正值烤烟的旺长和成熟期，造成的灾害严重。

3.5.2　环流背景

图 3.5.1 给出了 4 次南海低压和东风波冰雹过程的环流场和相对湿度分布。在 2013 年 7 月 25 日 08:00 500 hPa（图 3.5.1a）上，南海低压影响到广西和滇东南边缘，同时从南海到孟加拉湾在 16°—20°N 之间为热带辐合带，588 dagpm 副高北抬至湖南、湖北、江苏一线，滇东和滇南为南海低压北侧和副高外围的偏东和偏南气流控制，并与滇西到滇西北的偏西气流之间在滇中形成辐合区，随着南海低压西移，冰雹天气发生在辐合区以东的偏东和偏南气流影响区域，相对湿度≥60%，最高达 80%。

2014 年 7 月 29 日 08:00 500 hPa（图 3.5.1b）热带辐合带在 10°—15°N 之间，副高南侧、

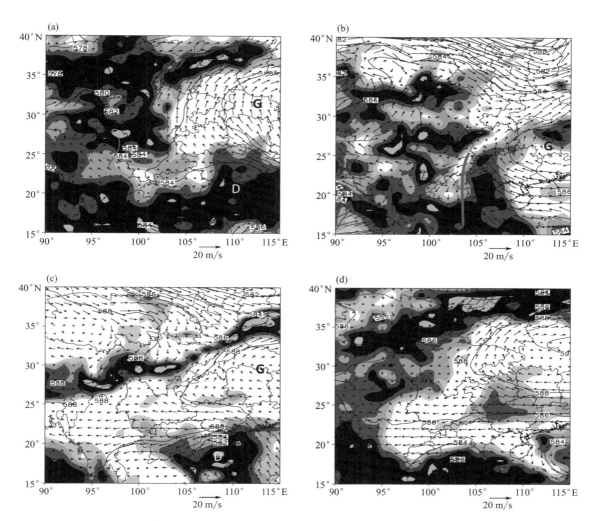

图 3.5.1　四次南海低压和东风波冰雹天气过程 08:00 500 hPa 环流形势（单位:dagpm,
阴影区表示相对湿度≥60%,由浅到深间隔 10%,粗实线为槽线）

(a)2013 年 7 月 25 日;(b)2014 年 7 月 29 日;

(c)2016 年 7 月 27 日;(d)2017 年 7 月 27 日

热带辐合带北侧的东风气流自东向西运动影响云南,且在云南东南部存在一倒槽,倒槽随偏东气流西移形成的东风波导致冰雹天气发生,冰雹发生区相对湿度≥60%。

2016 年 3 号台风"银河"于 7 月 26 日 22:20 在海南省万宁市东澳镇登陆减弱形成热带低压,27 日 08:00 500 hPa(图 3.5.1c)云南大部受热带低压北侧偏东气流影响,随着南海热带低压继续偏西移,降雹前云南相对湿度增加,14:00(图略)大部分地区相对湿度在 60% 以上,南海低压北侧偏东气流为冰雹天气发生提供充足的水汽和能量条件。

2017 年 7 月 27 日 08:00 500 hPa(图 3.5.1d)南海热带低压西移到越南境内,中心为 582 dagpm,逐渐减弱但位置少动,588 dagpm 副高脊线西伸到四川东部,云南大部受热带低压北侧和 588 dagpm 副高西南侧偏东气流影响,低层 700 hPa 上相对湿度≥60%,14:00(图略)副高继续增强西伸,588 dagpm 脊线控制云南北部地区,处于副高与南海低压之间的云南大部偏东气流加强,提供充足水汽和能量条件产生 2017 年最强冰雹天气过程。

因此,受南海热带低压(台风)、赤道辐合带以及副高南侧南海、广西到滇东南一带东风波西移影响,云南大部受其外围热带偏东气流控制,具有高能高湿条件,相对湿度可达 60%,尤其低层 700 hPa 相对湿度均在 60% 以上,利于冰雹天气发生。

3.5.3 垂直风切变作用

图 3.5.2 给出四次过程 08:00 沿 25°N 降雹区附近的水平风垂直剖面。2013 年 7 月 25 日(图 3.5.2a)滇中及以东(101°—105°E)550 hPa 以下以偏西风为主,且大约 650 hPa 以下偏西风随高度增加,风速由 2 m/s 逐渐增加到 5~10 m/s,表明低层存在偏西风垂直风切变,而在 500~550 hPa 附近风向突转为偏东风到东南风,存在垂直风向切变,之后随高度增加逆转为东北风,且风速随高度迅速增加,200 hPa 附近风速达 20 m/s 以上,高层存在冷平流和较大垂直切变。

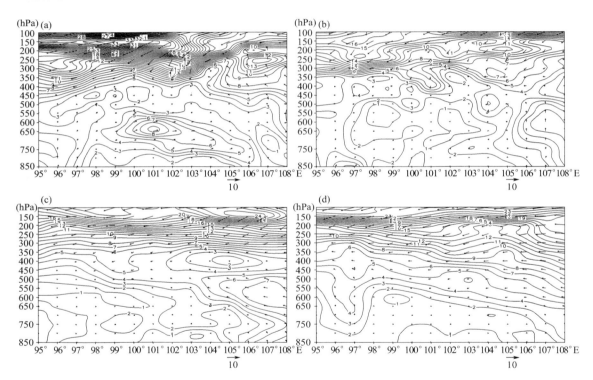

图 3.5.2 四次南海低压和东风波冰雹过程 08:00 沿 25°N 水平风垂直剖面(单位:m/s)

(a)2013 年 7 月 25 日;(b)2014 年 7 月 29 日;(c)2016 年 7 月 27 日;(d)2017 年 7 月 27 日

2014 年 7 月 29 日(图 3.5.2b)云南境内 600 hPa 以下盛行偏西风或偏南风且风速小于 2 m/s,在中层 500~600 hPa 突转为偏东风,存在明显风向切变,在 500 hPa 以上随高度增加逆转为东北风且风速随高度增加,在高层 200 hPa 附近风速达 10 m/s 以上,表明高空存在冷平流和较大垂直风切变。

2016 年 7 月 27 日(图 3.5.2c)和 2017 年 7 月 27 日(图 3.5.2d)同样低层云南境内盛行偏西风或偏南风且风速小于 2 m/s,分别在中层 550~650 hPa 和 650~700 hPa 之间突转为偏东风,存在明显垂直风向切变,而分别在 550 hPa 和 650 hPa 以上随高度增加风向都逆转为东北风和风速增大,在 200 hPa 附近风速分别增大达 13 m/s 和 18 m/s 以上,高层也存在明显垂直风切变和冷平流。

因此,低层盛行偏西风和偏南风且风速小或随高度增加,中层 500~700 hPa 之间突转为偏东风,高层随高度增加风速增大和风向由偏东风逆转为东北风,表明高空不仅存在风向垂直风切变而且存在风速垂直风切变,同时还存在冷平流,有利于对流不稳定和倾斜上升气流的形成,导致冰雹天气组织、发展和产生。

3.5.4　冷暖空气作用

在四次南海低压和东风波影响冰雹天气过程 14:00 沿 25°N 温度垂直剖面也存在相似特征(图 3.5.3),云南境内(97°—106°E)低层 700 hPa 以下等温度线密集和上凸,低层大气温度明显高过相邻区域,都在滇中附近(101°—104°E)近地层大气温度最高,达 298~300 K,而 400~700 hPa 之间等风速线稍稀疏和略下凹,温度比周围环境略低,表明中层冷而低层暖。

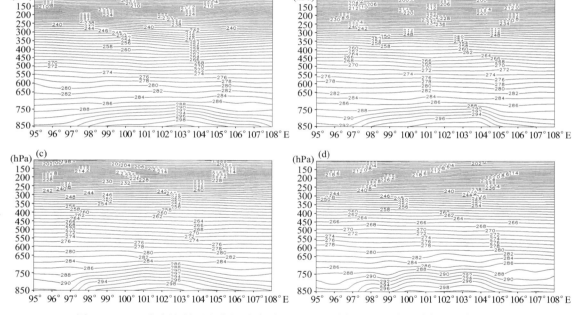

图 3.5.3　四次南海低压和东风波冰雹过程 14:00 沿 25°N 温度垂直剖面(单位:K)
(a)2013 年 7 月 25 日;(b)2014 年 7 月 29 日;(c)2016 年 7 月 27 日;(d)2017 年 7 月 26 日

分析 850 hPa 与 500 hPa 温差 $T_{(850-500)}$(图 3.5.4)分布发现,云南大部 $T_{(850-500)}$ 处于 29~33 K 的高值中心,其中 2013 年 7 月 25 日高值中心在滇中及以东地区,与降雹区集中在滇中以东相吻合,而其他三次过程 ≥29 K 的高值中心分布在除云南边缘的大部分地区,相应降雹区分布范围广,而且 2016 年 7 月 27 日和 2017 年 7 月 27 日两次过程全省 $T_{(850-500)}$ 更大,最大分别达 33 K 和 32 K,造成的冰雹天气范围更广、强度更强。

因此,低层大气温度暖而中层冷有利于形成上冷下暖的温度垂直结构,导致大气对流不稳定和强对流冰雹天气发生,南海低压和东风波强对流冰雹天气发生在 $T_{(850-500)} \geq 29$ K 的强烈不稳定区域内,且 850 hPa 与 500 hPa 温差越大,产生的冰雹天气越强。

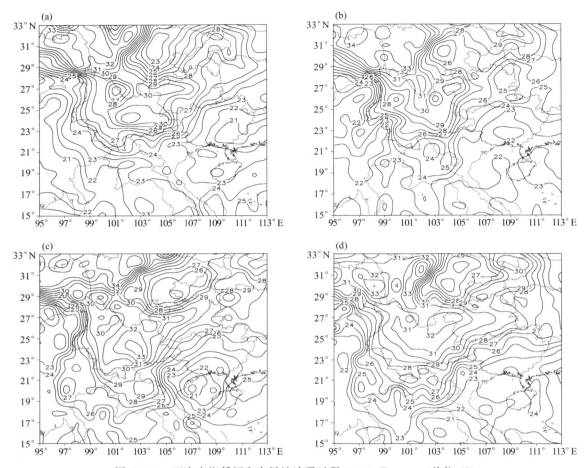

图 3.5.4　四次南海低压和东风波冰雹过程 14:00 $T_{(850-500)}$(单位:K)

(a)2013 年 7 月 25 日;(b)2014 年 7 月 29 日;(c)2016 年 7 月 27 日;(d)2017 年 7 月 27 日

3.5.5　大气稳定度作用

从四次冰雹天气过程 14:00 沿 25°N 降雹区附近 θ_{se} 垂直剖面(图 3.5.5)可以看出,云南境内(97°—105°E)的 θ_{se} 垂直分布存在共同特点,在低层大约 650～700 hPa 以下,θ_{se} 是高值区,等值线密集和明显上凸,且 θ_{se} 随高度降低,表明低层为暖湿空气控制,到 450～550 hPa 之间 θ_{se} 减小到最低值,且等值线稀疏,表示中层存在干冷空气入侵,其中 2013 年 7 月 25 日在滇中及以东地区(101°—104°E)θ_{se} 由近地层 360～364 K 随高度逐渐减小到 500 hPa 附近的 342～346 K,$\theta_{se850}-\theta_{se500}$ 达 14～22 K;2014 年 7 月 29 日云南大部 θ_{se} 由近地层 362～366 K 随高度逐渐减小到 450 hPa 附近的 342～348 K,$\theta_{se850}-\theta_{se450}$ 达 14～20 K;2016 年 7 月 27 日云南大部 θ_{se} 由近地层 352～360 K 随高度逐渐减小到 550 hPa 附近的 336～340 K,$\theta_{se850}-\theta_{se550}$ 达 16～22 K;2017 年 7 月 27 日云南大部 θ_{se} 由近地层 354～360 K 随高度逐渐减小到 500 hPa 附近的 334～342 K,$\theta_{se850}-\theta_{se500}$ 达 14～20 K,低层暖湿和中层干冷为强对流冰雹天气提供强烈对流不稳定条件。

因此,低层 θ_{se} 是高值区且随高度降低,在 450～550 hPa 形成低值中心,中层干冷的对流

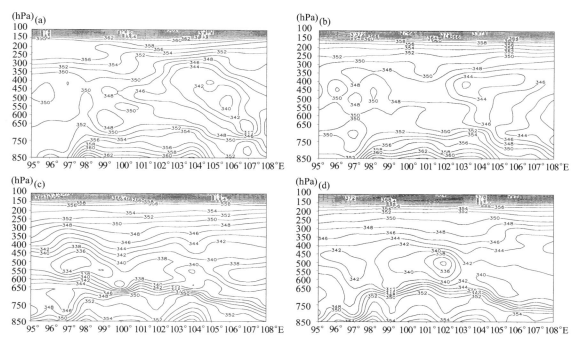

图 3.5.5　四次南海低压和东风波冰雹过程 14:00 沿 25°N 假相当位温垂直剖面(单位:K)

(a)2013 年 7 月 25 日;(b)2014 年 7 月 29 日;(c)2016 年 7 月 27 日;(d)2017 年 7 月 27 日

不稳定有利于冰雹天气发生,南海低压和东风波冰雹天气发生在近地层 850 hPa 与中层 450~550 hPa 之间假相当位温差在 14~22 K 的区域。

3.5.6　小结

(1)在南海附近生成的热带低压(台风)或者处于副高南侧南海、广西到滇东南一带的东风波偏西或者西北移(3 次南海低压、1 次东风波个例),在高层 500 hPa 偏东气流影响下导致冰雹天气发生,具有较好水汽条件,尤其低层 700 hPa 相对湿度在 60% 以上。

(2)低层偏西风和偏南风且风速小或风随高度增加,中层 500~700 hPa 风向突转为偏东风,且高层随高度增加风速增大,风向由偏东风逆转为东北风,高空不仅存在垂直风切变还存在冷平流,导致对流不稳定和倾斜上升气流形成而促使冰雹天气发生发展。

(3)上冷下暖大气温度垂直结构导致大气对流不稳定和强对流冰雹天气发生,南海低压和东风波强对流冰雹天气发生在 $T_{(850-500)} \geqslant 29$ K 的强烈不稳定区域内,且 850 hPa 与 500 hPa 温差越大,产生的冰雹天气越强。

(4)低层 θ_{se} 是高值区且随高度降低,在 450~550 hPa 形成低值中心,低层暖湿和中层干冷导致对流不稳定,南海低压和东风波冰雹天气发生在近地层 850 hPa 与中层 450~550 hPa 之间假相当位温差在 14~22 K 的区域。

3.6　西太平洋台风冰雹天气过程

西太平洋台风也是云南盛夏和初秋强对流冰雹天气过程的主要影响形势之一。西太平洋台风在沿海地区登陆后,一般偏西移到广西附近,500 hPa 上云南受外围偏东或东北气流控制,具备高能高湿条件,产生的冰雹天气范围广、强度强。2012—2018 年云南发生西行台风冰雹天气过程 50 次,其中 2012 年 8 月 5 日、2012 年 8 月 13 日、2013 年 8 月 15 日和 2017 年 8 月 23 日是其中 4 次典型过程。

3.6.1　天气概况

2012 年 8 月 5 日红河、曲靖、昆明、楚雄、玉溪、大理、丽江等地区的弥勒、马龙、麒麟、沾益、宣威、师宗、晋宁、双柏、大姚、禄丰、元谋、楚雄、易门、红塔、澄江、峨山、通海、鹤庆、宾川、玉龙 20 个县(市、区)出现冰雹灾害,冰雹主要分布在滇东、滇中和滇西北,仅曲靖烤烟受灾约 10 万亩。2012 年 8 月 13 日普洱、玉溪、大理、丽江、楚雄、曲靖等地区的墨江、红塔、云龙、宾川、南涧、丽江古城、玉龙、永仁、姚安、师宗 10 县(区)出现冰雹灾害。2013 年 8 月 15 日滇中以东红河、玉溪、昆明、曲靖、昭通、楚雄等地区蒙自、泸西、弥勒、华宁、通海、澄江、易门、红塔、江川、峨山、马龙、寻甸、禄劝、宣威、昭阳、镇雄、姚安、楚雄、元谋、大姚 20 县(区)出现冰雹灾害,最大直径约 15 mm。2017 年 8 月 23 日红河、玉溪、昆明、曲靖、楚雄、大理、丽江、保山、普洱等地区石屏、泸西、弥勒、建水、红塔、易门、峨山、元江、江川、通海、新平、石林、嵩明、寻甸、盘龙、罗平、陆良、永仁、元谋、大姚、云龙、南涧、玉龙、隆阳、墨江 25 县(区)出现冰雹灾害,其中 13:50 峨山县双江街道的桃李、高平、总果、富泉、宝山、新村 6 个村委会、塔甸镇的瓦哨宗、塔甸、嘿腻 3 个村委会及小街街道乐德旧、雨来救 2 个村委会降雹持续 40 min,最大冰雹直径达 15 mm,烤烟受灾约 11640 亩;15:48 泸西县金马镇、中枢镇、永宁乡降雹持续 17 min,烤烟受灾 11676 亩,其他经济作物受灾 15110 亩;15:01 石屏县异龙镇、宝秀镇、龙朋镇、龙武镇、哨冲镇、牛街镇、大桥乡、新城乡 8 个乡镇降雹持续 16 min,冰雹直径达 10 mm,烤烟受灾 10297 亩,其他经济作物受灾 14477 亩。

3.6.2　环流背景

图 3.6.1 给出四次西行台风冰雹天气过程的环流场和相对湿度分布。2012 年第 9 号台风"苏拉"在福建登陆后减弱形成热带低压,8 月 5 日 08:00 500 hPa(图 3.6.1a)和 700 hPa(图 3.6.1b)上热带低压偏西移到湖南、广西、广东,中心分别为 580 dagpm 和 304 dagpm,云南高层 500 hPa 上受低压外围东北气流影响而低层 700 hPa 上受偏西或偏北气流影响,高低层间风随高度顺转,且 500 hPa 上相对湿度≥50%,700 hPa 上相对湿度≥60%,台风西移形成暖平流和提供较好水汽条件导致冰雹天气发生。

2012 年第 10 号台风"达维"在江苏登陆后减弱形成的热带低压偏西移,8 月 13 日 08:00 500 hPa(图 3.6.1c)和 700 hPa(图 3.6.1d)移到广西,中心分别为 584 dagpm 和 310 dagpm,云南高层 500 hPa 上受低压外围偏东气流影响而低层 700 hPa 上大部受偏西北气流影响,高低层间风随高度顺转,且两层相对湿度≥60%,导致冰雹天气产生。

2013 年第 13 号台风"尤特"在广东登陆后减弱形成的热带低压偏西移,8 月 15 日 08:00 500 hPa(图 3.6.1e)和 700 hPa(图 3.6.1f)深厚热带低压移到广西,中心分别为 578 dagpm 和 302 dagpm,高层 500 hPa 上云南受低压外围东北气流控制,而低层 700 hPa 上云南大部受西北气流控制,两层相对湿度≥60%,不仅提供充足水汽,而且风随高度顺转具有暖平流结构,导致冰雹天气产生。

2017 年 8 月 23 日 08:00 500 hPa(图 3.6.1g)和 700 hPa(图 3.6.1 h)第 13 号台风"天鸽"

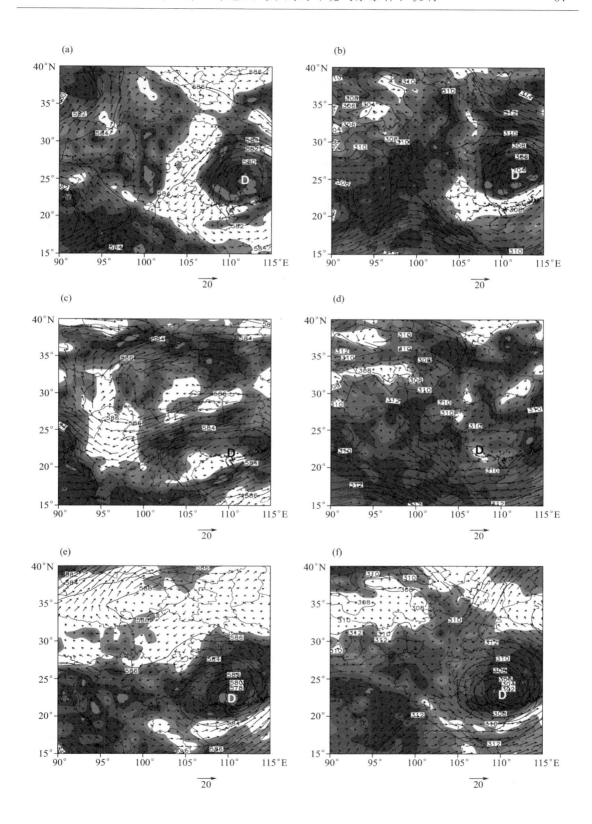

(a)

(b)

(c)

(d)

(e)

(f)

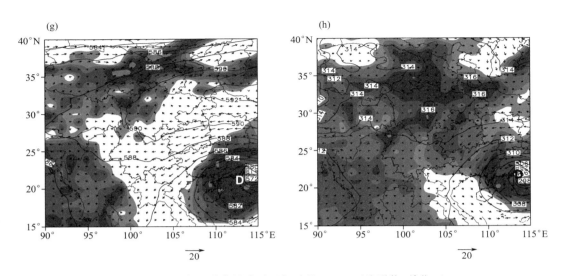

图 3.6.1　四次西太平洋台风冰雹天气过程 08:00 环流形势(单位:dagpm,
阴影区表示相对湿度≥60%,由浅到深间隔 10%)

(a)2012 年 8 月 5 日 500 hPa;(b)2012 年 8 月 5 日 700 hPa;(c)2012 年 8 月 13 日 500 hPa;
(d)2012 年 8 月 13 日 700 hPa;(e)2013 年 8 月 15 日 500 hPa;(f)2013 年 8 月 15 日 700 hPa;
(g)2017 年 8 月 23 日 500 hPa;(h)2017 年 8 月 23 日 700 hPa

在广东沿海附近,中心分别达 572 dagpm 和 296 dagpm,副高强盛,500 hPa 上东西向 588 dagpm 副高带控制云南大部分地区,云南受台风外围偏东气流影响,而低层 700 hPa 上云南受偏北气流影响,且低层相对湿度≥60%,存在风随高度顺转的暖平流形势和低层较好的水汽条件,有利于强对流冰雹天气发生。

因此,西太平洋台风在沿海地区登陆后减弱西移,高层 500 hPa 受台风外围偏东气流而低层 700 hPa 受偏西到偏北气流影响,具有风随高度顺转的暖平流形势和较好的水汽条件,有利于冰雹天气产生。

3.6.3　垂直风切变作用

图 3.6.2 给出四次西行台风冰雹过程降雹前 08:00 沿 25°N 水平风垂直剖面。2012 年 8 月 5 日(图 3.6.2a)在 600 hPa 以下 103°E 以东地区为台风外围东北气流控制,且风速自东向西减小,在滇东地区形成风速辐合,而在 103°E 以西地区为偏西气流控制,从而在 103°E 附近形成偏西风与东北风的风向切变,东北风风速辐合及其与偏西风之间的风向切变随着台风西移影响云南,辐合抬升作用导致强对流天气发生,同时在中层 550~600 hPa 之间风向突转,550 hPa 以上盛行偏东风,且风速也随高度逐渐增加,形成明显风向和风速垂直切变,进一步加强冰雹天气的组织和发展。

2012 年 8 月 13 日(图 3.6.2b)云南境内(98°—105°E)低层盛行西北风到偏北风,且风速小,基本小于 3 m/s,到 600 hPa 之后突转为偏东风且风速随高度增加,具有垂直风向和风速切变特征,尤其在 350~500 hPa 风速等值线密集,由 4 m/s 增加到 13 m/s,垂直风切变很大。

2013 年 8 月 15 日类似于 2012 年 8 月 5 日(图 3.6.2c),600 hPa 以下 102°—103°E 以东地区为台风外围偏北到东北气流控制,且风速自东向西减小,在滇东地区形成偏北风的风速辐

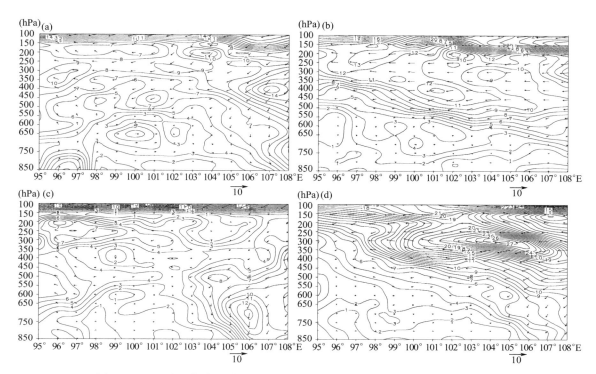

图 3.6.2　四次西行台风冰雹过程 08:00 沿 25°N 水平风垂直剖面(单位:m/s)

(a)2012 年 8 月 5 日;(b)2012 年 8 月 13 日;(c)2013 年 8 月 15 日;(d)2017 年 8 月 23 日

合,并与滇中以西地区的偏西风之间形成随高度向西倾斜的风向切变,有利于产生辐合抬升作用,随着台风西移影响云南导致强对流天气发生,同时到中层 600 hPa 之后风向突转为偏东风,在 550~600 hPa 之间形成偏西风和偏东风的垂直风向切变,进一步加强强对流冰雹天气的发展。

同样 2017 年 8 月 23 日(图 3.6.2d)在 700 hPa 以下云南境内风速小,在 3 m/s 以下,但在 102°—105°E 之间存在随高度向西倾斜的风向切变,以东地区为台风外围东北气流控制,且在滇东形成风速辐合区,以西地区为偏西和偏北气流控制,而到中层 650~700 hPa 之后风突转为偏东风,且偏东风随高度迅速增加,到 300 hPa 附近增加到 12 m/s 以上,风水平辐合切变和垂直切变的存在有利于强对流天气的形成发展。

因此,西行太平洋台风减弱西移,其外围东北气流在低层自东向西减小形成风速辐合,并与控制云南的偏西或偏北气流形成风向切变,产生辐合抬升作用有利强对流天气发生,而中层风向由偏西或偏北风突转偏东风以及风速随高度增加的强烈垂直风切变进一步有利于冰雹天气组织和发展。

3.6.4　冷暖空气作用

从四次西行台风影响冰雹天气过程 14:00 沿 25°N 温度垂直剖面同样也存在相似特征(图 3.6.3),云南境内(97°—106°E)低层 700 hPa 以下等温度线密集和上凸,低层大气温度高过相邻区域,滇中及以东(101°—105°E)近地层大气温度最高达 300~302 K,而 400~700 hPa 之间等温线稍稀疏和略下凹,比周围环境温度略低,存在中层冷而低层暖的不稳定结构。

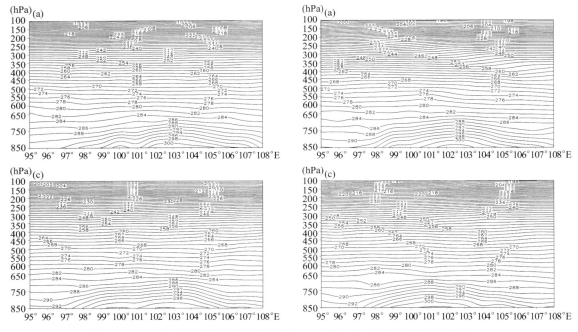

图 3.6.3　四次西太平洋台风冰雹过程 14:00 沿 25°N 温度垂直剖面(单位:K)

(a)2012 年 8 月 5 日;(b)2012 年 8 月 13 日;(c)2013 年 8 月 15 日;(c)2017 年 8 月 23 日

850 hPa 与 500 hPa 温差 $T_{(850-500)}$ (图 3.6.4)分布也存在共同特征,除滇西和滇东北边缘外云南大部 $T_{(850-500)}$ 处于 29~32 K 的高值中心,其中 2013 年 8 月 15 日和 2017 年 8 月 23 日两次过程 850 hPa 与 500 hPa 温差≥29 K 的高值中心范围更广,相应降雹也更强一些,且 2017 年 8 月 23 日 $T_{(850-500)}$≥31 K 区域比 2013 年 8 月 15 日偏西一些,降雹范围也偏西。

因此,低层大气温度暖而中层冷形成的上冷下暖垂直不稳定结构导致西行台风强对流冰雹天气发生,冰雹发生在 $T_{(850-500)}$≥29 K 的不稳定区域内,且降雹强度与 $T_{(850-500)}$ 的大小有较好的相关性。

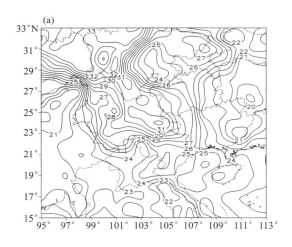

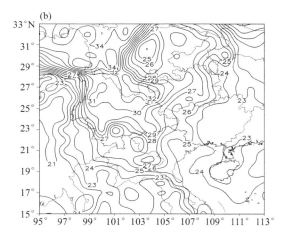

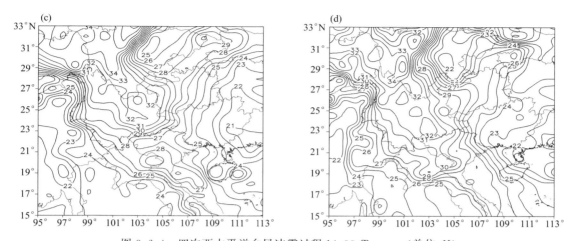

图 3.6.4　四次西太平洋台风冰雹过程 14:00 $T_{(850-500)}$（单位:K）

(a)2012 年 8 月 5 日;(b)2012 年 8 月 13 日;(c)2013 年 8 月 15 日;(d)2017 年 8 月 23 日

3.6.5　大气稳定度作用

从四次西太平洋影响冰雹天气过程 14:00 沿 25°N 降雹区附近 θ_{se} 垂直剖面(图 3.6.5)可以看出,在云南境内(97°—105°E)的 θ_{se} 垂直分布也存在共同特点,在低层大约 600~650 hPa以下,θ_{se} 是高值区、等值线密集和明显上凸,且 θ_{se} 随高度降低,低层暖湿空气控制,到 400~500 hPa θ_{se} 减小到最低值且等值线稀疏,表示中层存在干冷空气入侵,其中 2012 年 8 月 5 日在 99°—104°E 之间 θ_{se} 由近地层 364~368 K 随高度逐渐减小到 400 hPa 附近的 340~346 K,

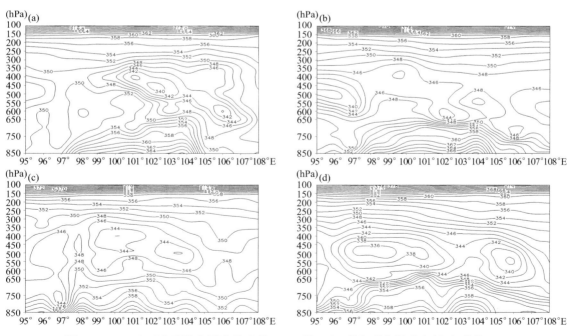

图 3.6.5　四次西太平洋台风冰雹过程 14:00 沿 25°N 假相当位温垂直剖面(单位:K)

(a)2012 年 8 月 5 日;(b)2012 年 8 月 13 日;(c)2013 年 8 月 15 日;(c)2017 年 8 月 23 日

$\theta_{se850}-\theta_{se400}$ 达 $18\sim26$ K;2012 年 8 月 13 日云南大部 θ_{se} 由近地层 $362\sim372$ K 随高度逐渐减小到 450 hPa 附近的 $346\sim348$ K,$\theta_{se850}-\theta_{se450}$ 达 $18\sim24$ K;2013 年 8 月 15 日云南大部 θ_{se} 由近地层 $358\sim364$ K 随高度逐渐减小到 400 hPa 附近的 344 K,$\theta_{se850}-\theta_{se400}$ 达 $14\sim20$ K;2017 年 8 月 23 日云南大部 θ_{se} 由近地层 $360\sim366$ K 随高度逐渐减小到 500 hPa 附近的 $342\sim336$ K,$\theta_{se850}-\theta_{se500}$ 达 $18\sim22$ K,低层暖湿和中层干冷为强对流冰雹天气提供强烈对流不稳定条件。

因此,西移太平洋台风冰雹天气主要发生在近地层 850 hPa 与中层 $400\sim500$ hPa θ_{se} 差在 $14\sim26$ K 的区域,低层 θ_{se} 是高值区且随高度降低,在 $400\sim500$ hPa 形成低值中心,低层暖湿和中层干冷的强烈对流不稳定导致强对流冰雹天气发生。

3.6.6 小结

(1)西太平洋台风在沿海地区登陆后减弱西移,高层 500 hPa 受台风外围偏东气流而低层 700 hPa 受偏西到偏北气流影响,具有风随高度顺转的暖平流形势和较好的水汽条件,低层 700 hPa 相对湿度在 60% 以上,有利于冰雹天气产生。

(2)低层减弱西移西行太平洋台风外围东北气流自东向西减小形成风速辐合,并与控制云南的偏西或偏北气流形成风向切变,产生辐合抬升作用,配合中层风向由偏西或偏北风突转偏东风以及风速随高度增加强烈垂直风切变有利于冰雹天气组织和发展。

(3)低层大气温度暖而中层冷形成的上冷下暖垂直不稳定结构导致西行台风强对流冰雹天气发生,冰雹发生在 $T_{(850-500)}\geqslant29$ K 的不稳定区域内,且降雹强度与 $T_{(850-500)}$ 的大小有较好的相关性。

(4)低层 θ_{se} 是高值区且随高度降低,到 $400\sim500$ hPa 为低值中心,形成上干冷下暖湿的强烈对流促使强对流冰雹天气进一步发展,西太平洋台风冰雹天气正是发生在近地层 850 hPa 与中层 $400\sim500$ hPa 假相当位温差值在 $14\sim26$ K 的区域。

第 4 章 冰雹云卫星云图中尺度特征和识别方法

由于冰雹天气是在一定的条件下由中尺度强对流系统直接产生的,而中尺度强对流系统具有尺度小、生命史短、突发性强等特点,常规天气图、数值预报及其他一些图表较难捕捉这类中尺度强对流系统,从而给强对流冰雹天气的预警预报增加了较大的难度。气象卫星监测资料时空分辨率高,比常规天气图能够更直观、准确、及时地识别中尺度对流系统的位置、强度、大小、结构、形状等信息及其发生发展和演变规律,同时闪电又可提前指示强对流系统的发生和发展。

本章利用 FY-2E 气象卫星结合地闪、地面自动站和灾情等资料对 5 种不同类型天气系统影响下强对流冰雹云系特征进行分析,探讨其共性特征,以期增强对中尺度强对流雹暴系统演变规律的认识,为做好低纬高原强对流冰雹天气的监测预警预报提供参考。

4.1 南支槽冰雹云系

分析 135 次南支槽冰雹天气过程卫星云图冰雹云系特征发现,它们存在许多共性特征,下面重点对 2014 年 4 月 5 日、2015 年 3 月 25 日和 2016 年 4 月 19 日 3 次南支槽冰雹云系卫星云图和叠加的前 1 h 地闪演变特征进行分析。

4.1.1 2014 年 4 月 5 日

2014 年 4 月 5 日 08:00—20:00 受南支槽影响滇中及以东以南地区自西向东出现了强对流雷暴天气过程,发生负地闪 5325 次、正地闪 761 次,伴随勐海、普洱市翠云区、墨江、易门、江川、屏边等县(区)发生冰雹灾害,最大冰雹直径达 18 mm,局地出现短时强降水,晋宁 13:00—14:00 降水 11.0 mm、墨江 13:00—14:00 降水 15.6 mm、红河 15:00—16:00 降水 12.5 mm、河口 19:00—20:00 降水 31.6 mm。

5 日 08:00(图 4.1.1a)南支槽云系影响滇西德宏、保山和临沧地区,主要表现为型式不规范、中低云组成对流积状云区,临沧西部对流云 TBB 最低达一36 ℃,伴有雷暴天气,1 h 发生正地闪 16 次、负地闪 25 次,12:00(图略)南支槽云系快速东移到楚雄和普洱,局部对流云发展快,TBB 达一42 ℃,雷暴活动增加,1 h 发生正地闪 44 次、负地闪 247 次,13:00(图 4.1.1b)东移到楚雄东部、昆明南部、玉溪和普洱,强对流区增加,TBB 达一43 ℃,发展形成逗点云系 A,14:00(图 4.1.1c)南支槽云系继续东移和不断加强,形成结构密实和不均匀、对流强盛的弓形飑线 A,伴随强烈地闪活动,1 h 发生正地闪 95 次、负地闪 655 次,15:00(图 4.1.1d)—16:00 A 东移到曲靖、红河北部和普洱东部,具有带状飑线特征,TBB 最低达一47 ℃,雷暴天气达最强盛,1 h 发生正地闪 145 次、负地闪 1011 次,沿途在普洱市翠云区、墨江、易门、江川等县(区)局部降冰雹和局地产生短时强降水,17:00(图 4.1.1e)南支槽云系 A 东移经过曲靖和红河过程中,飑线宽度增大且逐渐分裂减弱,TBB 上升至一45 ℃,雷暴天气逐渐减弱,1 h 发生正地闪 119 次、负地闪 826 次,19:00(图 4.1.1f)分裂减弱的南支槽云系 A 失去飑线特征,但在红河和文山一带最低 TBB 仍达−43 ℃,继续产生雷暴天气、局地短时强降水和屏边县局地冰雹,1 h 发生正地闪 93 次、负地闪 398 次。

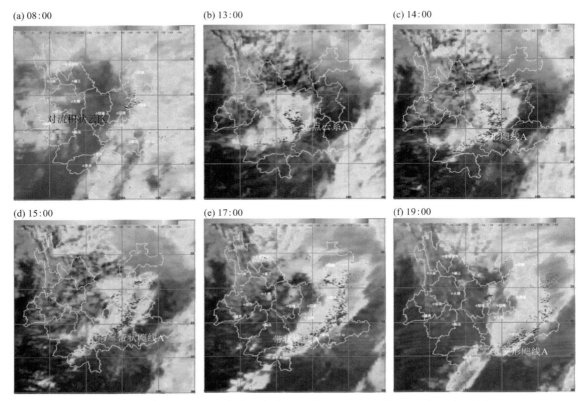

图 4.1.1　2014 年 4 月 5 日南支槽飑线降雹云系卫星云图和前 1 h 地闪叠加(单位:℃)
红色"+"和蓝色"−"分别表示正、负地闪

　　由此可见,南支槽云系自西向东影响云南省历时 12 h,平均移速达 55 km/h,前期在滇西表现为中低云组成的对流积状云区,局地发展强盛的对流云产生雷暴天气,东移翻过(移出)滇西高山(山区)进入滇中后,南支槽云系迅速发展形成结构密实和强对流区扩大的逗点云系、弓形飑线到带状飑线,TBB 在−47～−43 ℃,产生强烈雷暴天气,局地伴随冰雹天气和短时强降水,随着南支槽飑线逐渐分裂减弱,强对流天气以短时强降水为主,只在局部维持较强对流发展的地区产生冰雹天气。雹暴云系发展期间 TBB 下降快和地闪迅速增加,而减弱阶段地闪迅速减少,但由于高层云砧作用 TBB 上升缓慢。

4.1.2　2015 年 3 月 25 日

　　2015 年 3 月 24 日 20:00—25 日 20:00 受南支槽影响云南中部及以西以南发生强对流雷暴天气过程,全省发生负地闪 2247 次、正地闪 2721 次,正地闪具有较高比例,超过负地闪,伴随冰雹大风和短时强降水等强对流天气,如禄丰 06:00—08:00 降水 14.2 mm、昆明 08:00—09:00 降水 13.4 mm。

　　24 日 23:00 开始南支槽前不断产生 TBB 为−51 ℃左右的中尺度对流云团东移进入云南省西南部,1 h 发生 7 个正地闪,25 日 03:00(图 4.1.2a)在滇西的临沧和保山合并发展生成多单体对流云团 B,TBB 达−62 ℃,1 h 发生 167 次负地闪和 212 次正地闪,04:00(图 4.1.2b)多单体对流云团 B 明显向北扩展至大理,具有逗点形状和存在对流积状云区,导致强烈雷暴天气发生和昌宁、龙陵、施甸、腾冲、南涧、澜沧等滇西局地灾害性冰雹天气,1 h 发生 142 次负地闪和 242 次正地闪,且地闪主要发生在多单体对流云团后侧,这可能与倾斜上升气流的存在和南支槽前高空气流导致高层云砧随环境风向东伸展有关,07:00(图 4.1.2c)飑线 B 东移到中部地区楚雄、昆明、玉溪、普洱东部和红河西部等之后发展演变为飑线,结构变得均匀,TBB 有所上升至−59 ℃,1 h 发生 146 次负地闪和 236 次正地闪,地闪逐步位于飑线中部,10:00(图 4.1.2d)飑线东移至曲靖、文山和红河后分裂减弱,TBB 上升至−55 ℃,1 h 发生 33 次负地闪和 157 次正地闪,地闪逐渐减弱,尤其负地闪迅速减少,14:00 飑线 TBB 上升至−47 ℃,地闪活动结束。

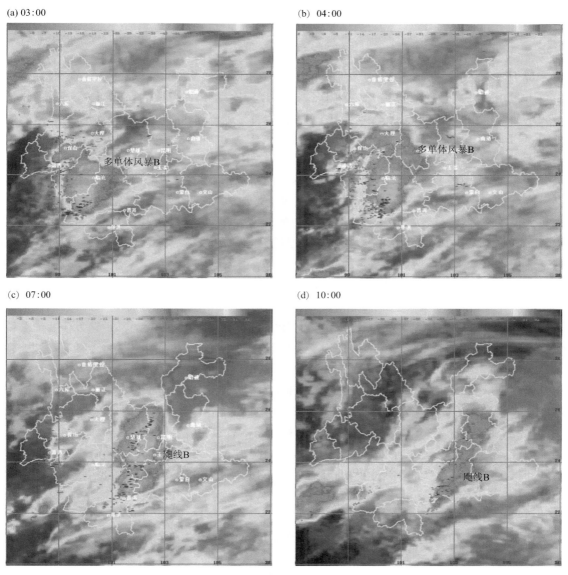

图 4.1.2　2015 年 3 月 25 日南支槽飑线降雹云系卫星云图和前 1 h 地闪叠加(单位:℃)
红色"＋"和蓝色"−"分别表示正、负地闪

　　因此,南支槽前中尺度对流云团西移,首先合并发展生成多单体中尺度对流云团,然后逐渐发展成具有逗点形状和存在对流积状云区的成熟中尺度多单体风暴,TBB达-62 ℃,地闪分布在后侧(西部),再发展演变为具有均匀结构的飑线,TBB在-59 ℃左右,地闪位于飑线中部,最后飑线分裂减弱消失,历时近15 h,自西向东快速东移影响云南,前期在滇西局地产生灾害性冰雹天气,后期在滇中以东产生短时强降水。

4.1.3　2016 年 4 月 19 日

　　2016 年 4 月 19 日 08:00—20 日 08:00 受南支槽影响除北部地区外全省自西向东出现了一次强对流雷暴天气过程,全省发生负地闪 13349 次、正地闪 1653 次,正地闪占总地闪的 11%,伴随盈江、潞西、腾冲、施甸、西盟、澜沧、孟连、红塔区、峨山等局部地区先后出现冰雹大风强对流灾害天气及梁河 14:00—15:00 降水 12.2 mm、安宁 19:00—20:00 降水 16.1 mm、玉溪 19:00—20:00 降水 10.4 mm 和屏边 22:00—23:00 降水 22.8 mm 等局部地区的短时强降水。

　　19 日 14:30 南支槽前生成的一个单单体对流云团已经东移进入滇西德宏州,TBB达-57 ℃,1 h 发生 219 次负地闪和 9 次正地闪,15:30(图 4.1.3a)快速东移到保山和临沧,具有南支槽云系的对流积状云区和逗点云系特征,产生强烈雷暴天气,1 h 发生 387 次负地闪和 43 次正地闪,导致德宏州的盈江、潞西和保山的腾冲、施甸灾害性冰雹发生,并在梁河 14:00—15:00 产生 12.2 mm 短时强降水;16:30—18:30(图 4.1.3b、c、d)逗点云系南段的对流云团不断生成和合并,形成中段向前凸起由多个对流单体云团组成的弓形飑线 C,飑线逐渐扩大,TBB逐渐下降至-62 ℃,且具有不均匀结构,说明飑线上各单体云团发展不一致且移速不一,容易产生大风冰雹等强对流灾害天气,地闪逐渐增加,1 h 发生负地闪分别为 238 次、431 次和 937 次,正地闪分别为 55 次、60 次和 87 次,东南移过大理南部和临沧到达楚雄南部、普洱和玉溪西部造成临沧地区的西盟、澜沧、孟连等局部发生冰雹大风灾害;19:30(图 4.1.3e)在玉溪地区境内飑线中段的弓形部位对流云团合并发展强盛,TBB达-68 ℃,1 h 发生 3697 次负地闪和 146 次正地闪,雷暴天气达最强盛阶段,红塔区、峨山等局部地区出现冰雹大风天气,同时安宁 19:00—20:00 降水 16.1 mm、玉溪 19:00—20:00 降水 10.4 mm 等局部地区发生短时强降水;20:30—23:30(图 4.1.3f、g、h、i)逐渐失去飑线特征,对流云团之间相互弥合以及对流云团与高层云砧的相互融合,先后发展演变出两个 MCC,TBB保持在较低值-72～-68 ℃之间,但地闪逐渐减少,由 1 h 发生 1178 次负地闪和 156 次正地闪减少到 1 h 发生 192 次负地闪和 219 次正地闪,影响文山和红河地区主要产生短时强降水,如屏边 22:00—23:00 降水 22.8 mm,20 日 03:30(图略)之后 MCC 减弱移出云南省东南部。

　　因此,南支槽前逗点云系发展演变为飑线再演变为 MCC 历时 13 h,前期南支槽前具有对流积状云区和逗点云系的多单体云团逐渐发展为弓形飑线,TBB下降至-68 ℃,并具有不均匀结构,各对流单体云团发展不一致且移速不一,产生强烈雷暴天气和地闪增加,并产生大风冰雹等强对流灾害天气和局地短时强降水天气,后期飑线上对流云团之间相互弥合以及对流云团与高层云砧的相互融合发展演变出两个 MCC,TBB保持在较低值-72～-68 ℃之间,地闪逐渐减少,沿途局部地区以发生短时强降水为主。

4.1.4　小结

　　三次南支槽云系经过不断发展演变成飑线自西向东影响云南历时约 12～15 h,首先上冷

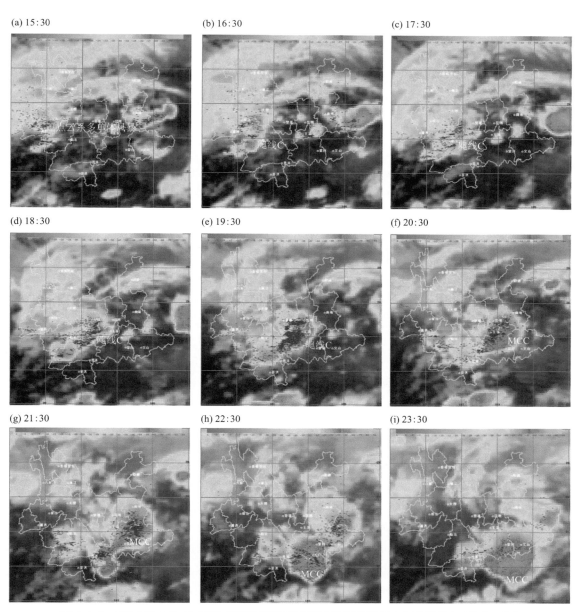

图 4.1.3　2016 年 4 月 19 日南支槽飑线降雹云系卫星云图和前 1 h 地闪叠加(单位：℃)
红色"＋"和蓝色"－"分别表示正、负地闪

下暖的强烈不稳定和强烈垂直风切变导致南支槽云系局部对流快速发展形成对流积状云区，其次由于后侧中层冷平流的侵入和高空急流的动力下传作用进一步导致飑线形成和发展，其上对流单体发展和移速不一致，逐渐发展形成逗点状对流云系和弓形飑线，具有结构密实、不均匀、对流强盛、向下风方凸起等特征，TBB 降低和地闪增加，沿途产生风向突转、相对湿度突增和温度突降现象，这可能与中尺度湿绝热下沉运动的发展和小尺度的下击暴流有关，且雷暴、大风、冰雹、短时强降水等强对流雹暴天气发展且越来越激烈，最后随着飑线上对流云团之间相互弥合以及对流云团与高层卷云砧的相互融合演变为 MCC 或扩散分裂减弱，TBB 上升

和地闪减少,以产生短时强降水主。

4.2 切变线冰雹天气过程

在普查和分析 233 次切变线冰雹云系的卫星云图及其前 1 h 地闪的演变基础上,重点对 2013 年 5 月 22—23 日和 2016 年 6 月 4—5 日影响滇中以东以北的切变线冰雹云系卫星云图 中尺度特征进行分析。

4.2.1 2013 年 5 月 22—23 日

2013 年 5 月 22—23 日滇中以东以北昭通、曲靖、丽江、大理、昆明、楚雄、玉溪、红河、文山 等州(市)20 个县局地发生强对流冰雹灾害,下面主要对其中造成曲靖市、昆明市、玉溪市部分 县(区)局地出现冰雹灾害的切变线云系进行分析。

2013 年 5 月 22 日受切变线影响,午后(14:00)(图 4.2.1a)开始青藏高原东南侧、四川西 部到云南西北部切变线附近的对流云团开始发展,迪庆州对流云团 TBB 达－36 ℃。19:00 (图 4.2.1b)切变线云系逐渐东南移,发展旺盛的对流云团移到四川南部、云南北部和贵州西 部,其中昆明、曲靖境内不断有对流单体云团发展东移,TBB 为－34 ℃,1 h 发生 129 次负地 闪,20:00(图 4.2.1c)曲靖地区对流单体云团 A 发展至 TBB 达－46 ℃,地闪增加,1 h 发生 379 次负地闪和 3 次正地闪,21:00(图 4.2.1d)昆明和曲靖对流单体 A 合并扩大,形成长约 100 km 的 β 中尺度对流云团,TBB 下降至－50 ℃,1 h 伴随 521 次强烈地闪,其中正地闪 7 次,南移产生曲靖各县局地降雹,22:00—23:00(图 4.2.1e)虽然 β 中尺度对流云团 A 南移过 程中出现扩散分裂减弱,但强中心 TBB 始终在－51～－50 ℃左右,且其前侧(南侧和西侧)存 在新对流单体 A1 和 A2 生成发展,地闪短暂减弱后再次增加,由 21:00—22:00 发生 320 次负 地闪和 35 次正地闪增加到 22:00—23:00 发生 586 次负地闪和 22 次正地闪,且存在减弱过程 中具有正地闪增加的特征,23 日 00:00(图 4.2.1f)由于 A 前侧新对流单体补充并入导致 β 中 尺度对流云团 A 再度合并发展起来,TBB 达－57 ℃,1 h 地闪达 1079 次,其中正地闪 46 次, 继续南移影响曲靖南部、昆明东南部石林县和红河北部弥勒县产生局地降雹。23 日 01:00(图 4.2.1g)—02:00(图 4.2.1 h)对流云团 A 主体扩散分裂,TBB 上升至－50 ℃左右,地闪开始 减弱,但其西部昆明与玉溪之间对流云团 A3 逐渐发展起来促使整个中尺度云团 A 维持,TBB 达－54 ℃,1 h 发生 865 次负地闪和 79 次正地闪,东南移产生玉溪东部峨山、江川、红塔区局 部降雹,04:00(图 4.2.1i)整个中尺度对流云团 A 分裂减弱,地闪活动减弱,1 h 发生 257 次负 地闪和 48 次正地闪,之后逐渐减弱消失。

因此,切变线周围对流云团不断生成,多个单体对流合并发展形成 β 中尺度对流云团, TBB 低于－50 ℃,南移影响伴随强烈地闪和局地降雹,且由于后侧降水或降雹下沉气流的作 用,不断触发前侧(南侧和西侧)新对流单体云团形成补充导致中尺度云团持续发展,对应地闪 主要活动区,降雹持续。

4.2.2 2016 年 6 月 4—5 日

2016 年 6 月 4—5 日滇中以东以北昭通、曲靖、楚雄、丽江和昆明地区的永善、昭阳、巧家、 威信、彝良、鲁甸、宣威、沾益、永仁、宁蒗、华坪、盘龙等县(区)连续发生严重冰雹灾害,尤其 4 日 19:30 左右鲁甸县冰雹直径达 40 mm,23:30 左右永仁维的乡冰雹直径达 20 mm。

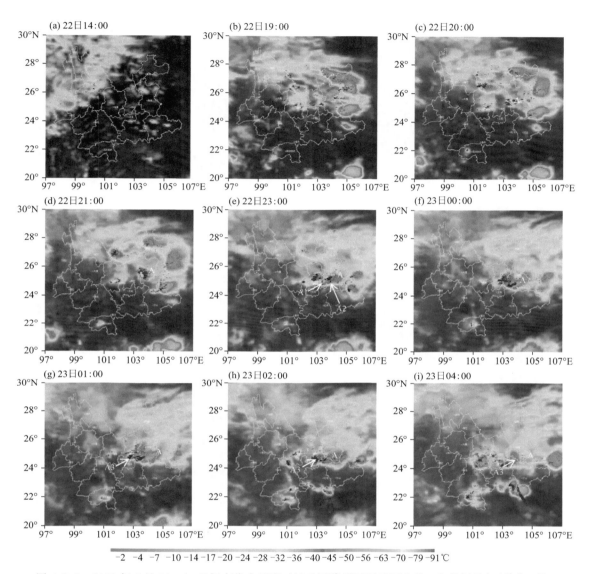

图 4.2.1　2013 年 5 月 22—23 日切变线中尺度对流云团降雹卫星云图和前 1 h 地闪叠加(单位:℃)
红色"＋"和蓝色"－"分别表示正、负地闪

　　4 日 12:00(图 4.2.2a)青藏高原东南侧到四川西部对流单体云团生成,逐渐发展东南移, 14:00(图 4.2.2b)从四川盆地到云南西北部发展成为东西向对流云带,其中处于前侧四川境内的 B1、B2 和 B3 3 个对流单体发展强盛,TBB 达－50 ℃,并存在相互合并的趋势,16:00(图 4.2.2c) 3 个强对流单体完全合并后发展更加迅速,TBB 达－61 ℃,形成≤－32 ℃云区面积约 40000 km² (长约 270 km、宽约 150 km)的东西向 α 中尺度对流云团 B,前缘到达昭通北部, 后侧(西部)新生对流云团 B4 和 B5 发展也非常迅速,且具有不断与 B 靠近合并的趋势,17: 00—18:00(图 4.2.2d)B4 和 B5 逐渐与 B 合并,B 发展至 TBB 下降到－65 ℃,≤－32 ℃的云区面积逐渐扩大到 80000 km²,其中≤－52 ℃的冷云区面积达 50000 km²,B 发展形成近似椭圆的中尺度对流复合体(MCC),但具有不均匀结构,南部 TBB 梯度大而北部和

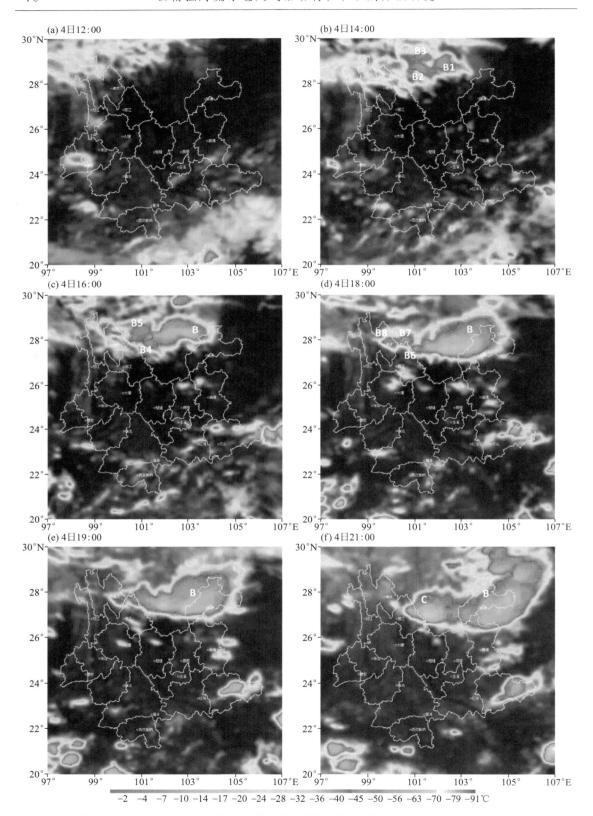

图 4.2.2　2016 年 6 月 4 日切变线中尺度对流复合体 B 降雹卫星云图演变（单位：℃）

东部梯度小,且其西侧仍存在对流单体生成发展(B6、B7 和 B8),主体云系东南移影响昭通地区,19:00(图 4.2.2e)MCC 主体云系控制昭通,且其西侧 B6、B7 和 B8 逐渐与 MCC 合并,保障 MCC 持续发展,TBB 持续≤－60 ℃,沿途产生昭通永善、昭阳、巧家、威信、彝良、鲁甸等县(区)局地降雹,19:30 左右鲁甸县冰雹直径达 40 mm,20:00—21:00(图 4.2.2f)MCC 主体逐渐东南移出昭通和进入贵州省,并开始分裂扩散减弱,但西段云体继续发展,形成另一个 β 中尺度云团 C,TBB 达－65 ℃,影响丽江宁蒗县降雹。

22:30(图 4.2.3a)β 中尺度对流云团 C 扩展至≤－52 ℃的冷云区面积约达 30000 km²,具有近似圆形和不均匀结构特征,同样南部 TBB 梯度大而北侧小,东南移影响丽江东部,导致华坪县降雹,同时中尺度对流复合体 B 继续分裂扩散呈弧状,但其西南端分裂出来的对流云团 B9 东南移到曲靖市北部宣威市附近再度发展起来,TBB 达－58 ℃,产生宣威市降雹,23:30(图 4.2.3b)C 东南移到楚雄和昆明北部,导致楚雄市永仁县降雹,而 B9 分裂减弱的同时,其西部与云团 C 之间新对流单体 B10 在 1 h 内迅速形成发展,TBB 达－65 ℃,5 日 00:00(图 4.2.3c)随着 C 南移和 B10 发展,两者逐渐靠近和相互合并,00:30(图 4.2.3d)C 与 B10 完全合并演变成一个形状不规则的中尺度对流复合体,≤－32 ℃的云区面积达 100000 km²,主体位于昆明和曲靖,02:00(图 4.2.3e)中尺度对流复合体 C 维持 TBB≤－60 ℃,在昆明和曲靖境内东南移,逐渐演变为类似圆形,沿途造成昆明盘龙区和曲靖宣威、沾益等县(区)降雹,直至 03:30(图 4.2.3f)之后 MCC 主体到曲靖,进入贵州,开始出现分裂减弱,05:00(图略)主体到达贵州省进一步减弱,逐渐失去 MCC 特征。

因此,青藏高原东南侧对流云团生成发展东南移,相互合并后进一步发展形成具有不均匀结构的 MCC,TBB 低于－60 ℃,南侧对流发展更为旺盛,产生局地强烈降雹,由于后侧(西部)不断有对流单体云团生成补充,形成列车效应,促使旧 MCC 减弱后新 MCC 形成和发展,导致强对流冰雹天气持续。

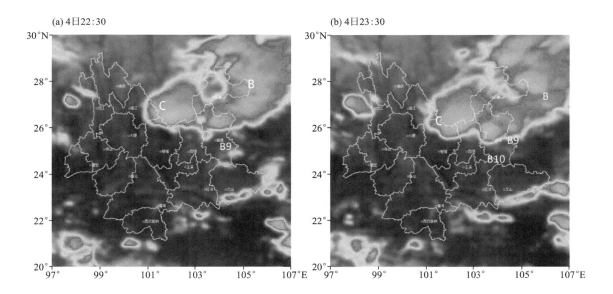

(a) 4日22:30　　　　　　　　　　　　　(b) 4日23:30

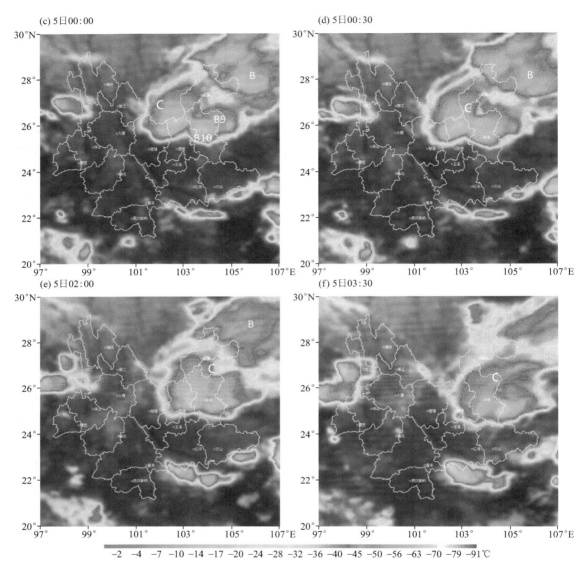

图 4.2.3　2016 年 6 月 4—5 日切变线中尺度对流复合体 C 降雹卫星云图演变(单位:℃)

4.2.3　小结

通过对 233 次切变线冰雹云系卫星云图及其叠加地闪特征研究表明,青藏高原东南侧切变线云系午后开始发展,生成对流云团东南移,多个单体对流合并发展形成中尺度对流云团,TBB 低于−50 ℃,甚至强烈发展形成 MCC,TBB 低于−60 ℃,由于后侧(西侧)不断有新单体对流云团生成发展补充或由于下沉气流触发前侧(南侧和西侧)新对流单体云团形成补充,形成列车效应,导致中尺度对流云团(MCC)持续发展,导致持续降雹,且中尺度对流云团(MCC)结构不均匀,南侧结构密实、TBB 梯度大,对流发展更加强盛,对应主要降雹区。

4.3　两高辐合冰雹云系

在普查分析 75 次两高辐合冰雹云系卫星云图及其前 1 h 地闪演变基础上,重点对其中的 2013 年 6 月 18 日和 2015 年 8 月 12 日午后出现的两次强对流冰雹云系卫星云图中尺度特征进行分析。

4.3.1　2013 年 6 月 18 日

2013 年 6 月 18 日 12:00(图 4.3.1a)云南东部曲靖市境内对流单体云团 A 开始生成,处于初生发展阶段,此时 TBB 为−16 ℃,13:00(图 4.3.1b)1 h 内迅速发展和偏北移,TBB 下降至−50 ℃,伴随频繁负地闪,1 h 发生 123 个负地闪,但负地闪主要发生在云区南侧,15:00(图 4.3.1c)A 不断发展和主体偏东移到昭通市南部,尤其≤−32 ℃的云区面积迅速扩大 10 倍以上,TBB 达−63 ℃,仍然在云区南侧 1 h 产生 390 个负地闪,17:00(图 4.3.1d)进入强烈发展至成熟阶段,A 又扩展 1 倍,几乎覆盖整个昭通市,具有椭圆形结构特征,≤−52 ℃的冷云区面积达 30000 km²,在昭通市彝良县、大关县和昭阳区之间为冷云中心,TBB 下降至−74 ℃,并在靠近冷云中心附近及南侧 1 h 发生 29 个正地闪,而周边发生 33 个负地闪,此时冷云中心对应雷达回波发展强盛,强度达 60 dBz、顶高超过 16 km、50 dBz 强回波高度超过 13 km,相应产生地面降雹,18:00—19:00(图 4.3.1e,f)A 继续不断发展至成熟阶段,≤−52 ℃的冷云区面积达 60000 km²,发展成为中尺度对流复合体(MCC),且冷中心向东北扩大,TBB 最低下降至−78 ℃,在冷中心附近产生少量正地闪(2 个/h)而在冷中心东北部产生负地闪(274 个/h);20:00—22:00(图 4.3.1g,h)继续偏北移和扩大至≤−52 ℃的冷云区面积达约 80000 km²,但冷中心开始扩散分裂后逐渐缩小,TBB 上升至−72 ℃,地闪活动减弱,1 h 发生 46 个负地闪,MCC 处于减弱阶段,23:00(图 4.3.1i)之后继续偏北移进入四川,TBB 继续上升;19 日 01:00 MCC 进入消亡阶段(图略),A 完全分裂减弱,失去 MCC 椭圆形特征,TBB 上升至−59 ℃。

因此,受两高辐合区影响一个对流单体云团生成后,在偏北移过程中迅速发展壮大,面积迅速扩大和 TBB 迅速降低,逐渐发展形成椭圆形 MCC,TBB 降低到−78 ℃,发展初期伴随负地闪发生,发展至强盛阶段冷云中心附近发生正地闪,表明对流发展异常强盛,相应地面降雹,进入减弱阶段虽然 MCC 继续扩大,但冷中心分裂扩散面积逐渐减少,正地闪消失,最后整个 MCC 分裂减弱,TBB 上升,逐渐减弱变形而消亡。

4.3.2　2015 年 8 月 12 日

2015 年 8 月 12 日 12:00 以后滇中以东对流云团开始不断生成,发展演变复杂,下面对对流单体云团发展或合并发展降雹和对流单体有规律排列形成飑线降雹进行分析。

（1）对流单体云团发展或合并发展降雹

12:45(图 4.3.2a)玉溪市和红河州 B1 和 B2 对流单体云团生成,TBB 分别为−28 ℃和−45 ℃,并产生频繁负地闪,1 h 发生 128 个,13:45(图 4.3.2b)偏东移并快速发展,面积迅速扩大,TBB 下降到−56～−52 ℃,1 h 产生 550 个负地闪和 2 个正地闪,同时文山境内存在多个对流单体云团生成,14:15(图 4.3.2c)B1 和 B2 发展至 TBB 达−57 ℃和−64 ℃,表明存在有利对流发展的环境条件,同时由于对流云团之间的相互作用,在两者之间新生对流单体 B3,它们之间逐渐扩展靠近,1 h 发生 444 个负地闪和 3 个正地闪,另外文山境内对流云团继续生

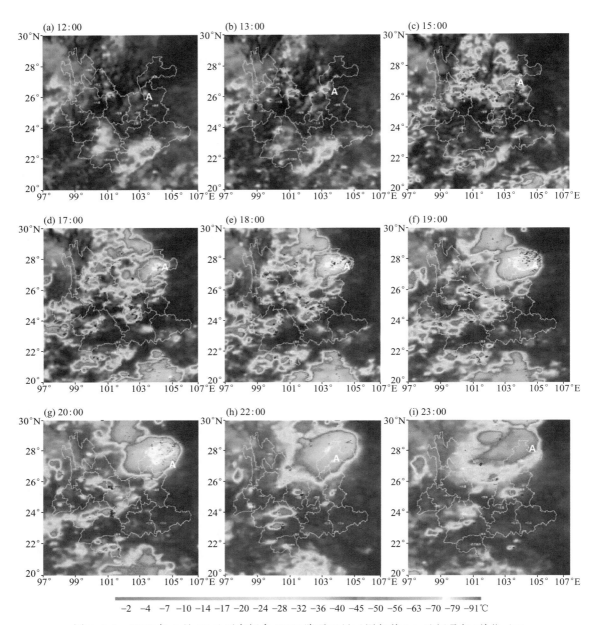

图 4.3.1　2013 年 6 月 18 日两高辐合 MCC 降雹卫星云图与前 1 h 地闪叠加(单位:℃)

红色"＋"和蓝色"－"分别表示正、负地闪

成发展,1 h 发生 151 个负地闪,15:15(图 4.3.2d) B1、B2 和 B3 扩展合并形成 β 中尺度云团 B,TBB 在 －55～－62 ℃,1 h 发生 325 个负地闪和 3 个正地闪,在 B1、B2 单体对流快速发展 和合并发展过程中产生玉溪市红塔、江川、通海以及红河州弥勒等县(区)降雹,且 B2 发展更 强,相应弥勒县发生的冰雹灾害也更重,此时文山境内经过小对流单体之间相互合并发展形成 2 个强对流云团 C1、C2,TBB≤－55 ℃,1 h 发生 377 个负地闪和 2 个正地闪,其中广南附近 C1 TBB 达－64 ℃。

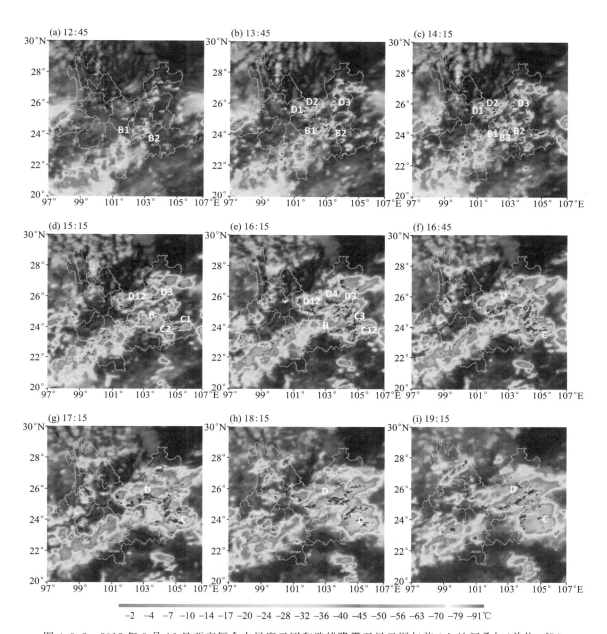

图 4.3.2　2015 年 8 月 12 日两高辐合中尺度云团和飑线降雹卫星云图与前 1 h 地闪叠加(单位：℃)
红色"＋"和蓝色"－"分别表示正、负地闪

　　16:15(图 4.3.2e)B 偏东移减弱,而在其前方(东侧)曲靖南部触发对流云团 C3 快速发展,同时 C1 和 C2 合并形成 β 中尺度对流云团 C12 后也快速发展,面积扩大明显和 TBB 下降至 −71 ℃,伴随的地闪激烈,1 h 发生 858 个负地闪和 3 个正地闪,16:45(图 4.3.2f)—17:15(图 4.3.2g)C3 与 C12 合并形成 α 中尺度对流云团 C,促使 C 进一步发展形成 ≤ −32 ℃的云区面积达 40000 km² ,其中 ≤ −52 ℃的冷云区面积约 25000 km² ,TBB 达 −76 ℃,1 h 发生 1299 个负地闪和 6 个正地闪,对流云团在不断合并加强过程中产生文山州砚山、丘北和广南等县局地降雹,17:45—18:15(图 4.3.2g)虽然 C 面积继续扩大,但处于减弱阶段,TBB 开始上

升至−73 ℃,云团结构变得均匀,1 h发生9正地闪和638个负地闪,地闪明显减少,对流强度减弱和降雹结束,19:15(图4.3.2h)整个α中尺度对流云团C开始进一步分裂减弱,面积缩小,TBB继续上升至−69 ℃,1 h发生10个正地闪和293个负地闪。

（2）对流单体有规律排列形成飑线降雹

与上面中尺度对流云团B和C发展演变降雹的同时,12:45(图4.3.2a)楚雄、昆明、曲靖境内也存在对流单体云团生成,TBB分别在−33～−30 ℃之间,1 h开始有1个正地闪和57个负地闪出现,13:45(图4.3.2b)整体发展东南移,其中楚雄境内D1、D2和曲靖境内D3对流云团发展快,TBB下降至−42～−47 ℃,地闪活动逐渐增强,1 h发生222个负地闪,14:15(图4.3.2c)三个对流云团面积进一步扩大和发展,TBB为−47～−50 ℃,1 h发生422个负地闪和1个正地闪,其中D2东南移至昆明境内,15:15(图4.3.2d)D1和D2合并发展形成β中尺度云团D12,TBB达−57 ℃,D3扩展TBB达−52 ℃,1 h发生720个负地闪和6个正地闪,15:45—16:15(图4.3.2e)在D12和D3之间触发新对流单体D4生成且发展迅速,导致3个对流云团线性排列,逐渐形成飑线D,TBB迅速下降至−60 ℃,1 h发生1081个负地闪和6个正地闪,16:45—17:15(图4.3.2f)飑线中的对流云团逐渐相互连接和合并,促使飑线D进一步发展,长约250 km、宽约100 km,TBB达−65 ℃,且飑线移动前侧（南侧）光滑而后侧（北侧）模糊,地闪活动达到高峰,1 h发生1288个负地闪和10个正地闪,17:45—18:15(图4.3.2g)飑线进一步东南移,且逐渐与贵州境内对流云带相连,长度达500 km左右,云南境内飑线1 h发生1120个负地闪和19个正地闪,地闪开始减弱,对流单体云团在发展之间有规律形成飑线过程中沿途产生楚雄、昆明和曲靖等地区局部降雹,18:45—19:15(图4.3.2h)之后飑线向宽度扩展,长宽比缩小,逐渐演变为结构均匀的椭圆形结构,强对流区进入贵州,主要由于高层云砧的作用导致昆明、曲靖一带TBB维持但逐渐变得均匀,云南境内飑线对流活动减弱,1 h发生700个负地闪和10个正地闪,降雹结束。

因此,在两高辐合内对流异常活跃,对流单体云团不断生成发展和东南移,其中快速发展的中尺度对流单体云团,伴随频繁地闪,TBB迅速降低到−52 ℃以下,产生降雹;对流单体云团合并后进一步发展,面积迅速扩大和TBB进一步降低,同时单体对流云团之间相互作用导致周边或两者之间新对流单体形成发展,有规律排列形成结构不均匀飑线也会产生降雹,TBB可下降至−70 ℃以下,而当中尺度云团或飑线扩散减弱,结构逐渐变得均匀和TBB上升,对流减弱和降雹结束。

4.3.3　小结

通过对75次两高辐合冰雹云系卫星云图和地闪特征的研究发现,两高辐合区由于强烈的辐合抬升作用,对流单体云团发展旺盛或不断生成发展,当对流单体云团快速发展,面积迅速扩大,形成β中尺度对流云团或α中尺度对流云团,TBB迅速降低至−52 ℃以下,产生冰雹天气,同时伴随强烈地闪尤其是负地闪活动;对流单体云团发展过程中相互连接合并后面积迅速扩大和TBB进一步降低,导致中尺度对流云团进一步发展,甚至发展形成结构不均匀MCC,TBB可达−78 ℃,继续产生降雹和频繁地闪;单体对流云团之间相互作用导致周边或两者之间新对流单体形成发展,有规律排列形成结构不均匀飑线,TBB可下降至−70 ℃以下,产生强烈地闪和降雹。而当中尺度云团（MCC）或飑线扩散减弱,结构逐渐变得均匀和TBB上升,地闪减弱,降雹结束。

4.4　南海低压和东风波冰雹云系

普查分析了 92 次南海低压和东风波冰雹云卫星云图演变,重点分析其中 2016 年 7 月 27 日和 2017 年 7 月 27 日冰雹云系卫星云图中尺度特征。

4.4.1　2016 年 7 月 27 日

受南海热带低压北侧偏东气流影响,2016 年 7 月 27 日 14:45(图 4.4.1a)离散对流云团 A1、A2、A3、A4、A5、A6 等陆续在云南各地生成发展,偏西移,TBB 在 $-60 \sim -40$ ℃,尤其滇东地区昭通市和曲靖市对流云团发展快,其中昭通市东部与贵州省交界 β 中尺度对流云团 A1 发展至 TBB 达 -56 ℃,且面积扩大迅速,曲靖市北部对流云团 A2 快速生成后发展至 TBB 达 -61 ℃,另外昆明南部和红河北部交界 β 中尺度对流云团 A3 TBB 为 -55 ℃、普洱西北部生成对流云团 A4 TBB 为 -51 ℃。15:15(图 4.4.1b)A1 与前侧对流云团 A5 合并而进一步扩展,TBB 下降至 -61 ℃;A2 不断扩展导致宣威县局地降雹,A3 西移至玉溪东北部沿途造成澄江县局地降雹,降雹后 TBB 上升至 -52 ℃;A4 快速发展 TBB 下降达 -57 ℃,其西移造成临沧临翔区降雹,同时曲靖境内到贵州省之间 α 中尺度弧状对流云带 A7 发展迅速,TBB 达 -55 ℃,开始产生马龙县降雹。16:15(图 4.4.1c)A1 继续与南侧对流云团 A6 合并而继续发展为 α 中尺度对流云团,TBB 下降至 -67 ℃,其合并发展过程中导致昭通昭阳、鲁甸、巧家等

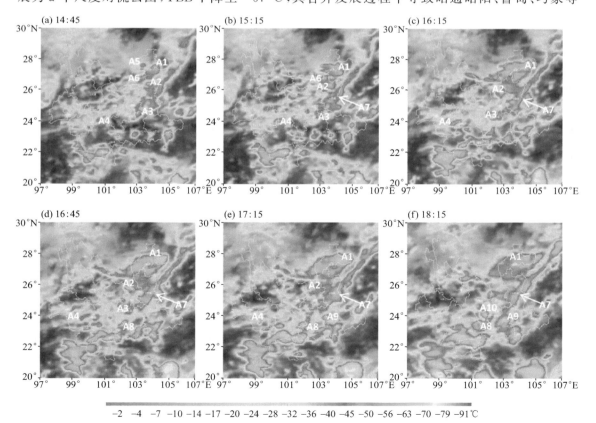

-2　-4　-7　-10　-14　-17　-20　-24　-28　-32　-36　-40　-45　-50　-56　-63　-70　-79　-91℃

图 4.4.1　2016 年 7 月 27 日南海低压和东风波 β 中尺度对流云团卫星云图演变(单位:℃)

县区局地降雹;A2 西移扩散减弱,TBB 上升至 -55 ℃;A3 维持 TBB 为 -52 ℃ 密实团状结构,继续西移造成江川、红塔等县区局地降雹;A4 主体西移到临沧境内,长度扩大和 TBB 上升至 -55 ℃,α 中尺度弧状对流云带 A7 继续发展,TBB 下降 -60 ℃ 和结构更加密实,造成麒麟区严重雹灾。

16:45(图 4.4.1d)β 中尺度对流云团 A2、A3、A4 西移减弱,α 中尺度对流云团 A1 和弧状对流云带 A7 由于成熟云体高层云砧的作用虽然 TBB 分别维持 -68 ℃ 和 -64 ℃,也开始分裂扩散,但又有新对流单体云团生成发展,其中红河西部椭圆形结构的对流云团 A8 快速发展,TBB 达 -62 ℃,造成石屏县降雹,同时文山境内新生成对流云团 A9,TBB 达 -44 ℃。17:15(图 4.4.1e)β 中尺度对流云团 A8 扩展西移,TBB 继续下降至 -64 ℃,同时 A9 迅速发展成具有圆形结构的 β 中尺度对流云团,TBB 下降至 -64 ℃。18:15(图 4.4.1f)β 中尺度对流云团 A8 降雹后逐渐分裂扩散,TBB 上升至 -60 ℃,而其北侧有新生对流云团 A10 又迅速起来,TBB 达 -64 ℃,产生玉溪新平县局地降雹;A9 扩展 3~4 倍,主体西移进入红河州,TBB 继续下降至 -68 ℃,沿途导致开远、蒙自、石屏等县降雹,20:15(图略)之后各中尺度对流云团逐渐分裂扩散和逐渐减弱。

因此,在热带偏东气流影响下,β 中尺度离散对流云团会不断生成发展,偏西移,TBB 迅速降低到 -50 ℃ 以下,甚至有序排列成 α 中尺度对流云带,导致冰雹天气发生且分布范围广和离散性强。

4.4.2　2017 年 7 月 27 日

受热带低压北侧和副高西南侧偏东气流影响,2017 年 7 月 27 日上午(如 09:15)(图 4.4.2a)云南省境内基本为无云区,14:15(图 4.4.2b)爆米花式的不同大小单体对流云团在全省逐渐生成发展起来,对流云团整体偏西移,尤其滇中及以东的楚雄、昆明、玉溪、曲靖、昭通、红河等市(州)对流云团发展快速,TBB 在 -47~-38 ℃ 之间,开始有地闪发生;15:15(图 4.4.2c)对流云团发展和相互合并,在昭通、曲靖、玉溪、楚雄形成 B1、B2、B3、B4、B5 5 个主要对流云区,TBB 下降至 -59~-51 ℃;16:15(图 4.4.2d)对流云区内云团进一步合并发展形成 5 个 β 中尺度对流云团,TBB 下降至 -61~-54 ℃,在 β 中尺度对流云团发展演变西南移过程中产生昭通、曲靖、玉溪、昆明和红河等局地降雹,同时在昆明市和楚雄州交界新生对流单体 A6;17:15(图 4.4.2e)β 中尺度对流云团 B1 继续发展,B3、B4、B5 西移减弱,新生对流云团 B6 发展至 TBB 达 -58 ℃,且逐渐与西移进入昆明境内的 B2 靠近,同时曲靖市东部及其与贵州省相邻区域对流云团不断生成西移,其中 B7 和 B8 发展迅速,TBB 分别达 -53 ℃ 和 -60 ℃;18:15(图 4.4.2f)β 中尺度对流云团 B1 分裂减弱,但其东侧新生对流云团 B9,B2 与处于前侧新生成发展的 B6 合并而导致再次发展,TBB 达 -61 ℃,继续产生昆明市局地降雹,同时 B8 西移进入曲靖市,前侧对流云团 B7 产生强天气减弱而其继续扩展,TBB 也达 -61 ℃,其西移造成曲靖市局地再次降雹,B4、B5 继续西移减弱而 B3 减弱消失,另外丽江市西部和北部也有对流单体云团发展,TBB 在 -55~-53 ℃;18:45(图 4.4.2g)β 中尺度对流云团 A9 快速发展,TBB 达 -65 ℃,产生昭通市彝良、威信等县局地降雹,B4 西南移到哀牢山附近普洱市东部再度发展至 TBB 达 -60 ℃,继续产生普洱市墨江县局部降雹,丽江市对流云团快速发展形成 β 中尺度对流短带 B10,TBB 达 -59 ℃,对流短带形成发展过程造成丽江市玉龙和宁蒗县局地降雹,其他中尺度云团逐渐减弱和减弱消失;19:45(图 4.4.2h)β 中尺度对流云团 B9 继续扩展,TBB 达 -68 ℃,继续产生昭通市局地降雹,其他中尺度云团逐渐减弱或减弱消失,直至

21:15(图 4.4.2i)对流云团 B9 逐渐扩散减弱,TBB 上升至−61 ℃,全省强对流冰雹天气结束。

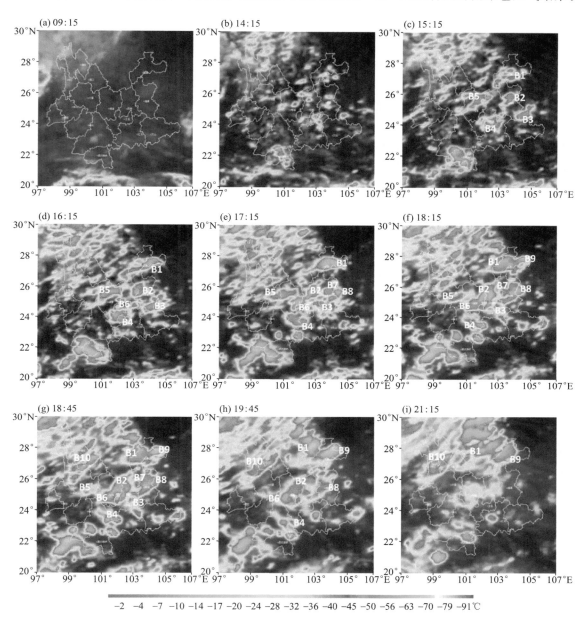

图 4.4.2　2017 年 7 月 27 日南海低压和东风波 β 中尺度对流云团卫星云图演变(单位:℃)

因此,受热带偏东气流高能高湿条件影响,午后开始云南境内离散对流单体云团不断生成和偏西移,其快速发展、合并发展或有序排列形成 β 中尺度对流系统导致冰雹天气发生,TBB 迅速降低到−50 ℃以下,其至达−68 ℃,且由于云南特殊的地形影响,对流云团存在减弱后再次发展的现象,因而导致冰雹天气范围广和局地性强,同时存在前侧(西部)中尺度对流云团减弱而后侧(东部)新对流云团生成发展和补充的列车效应,导致强天气持续发生。

4.4.3　小结

通过对 92 次南海低压和东风波冰雹云卫星云图中尺度特征研究,得出以下结论。

(1)受热带南海低压北侧偏东气流和东风波偏东气流影响,具有较高的暖湿条件,加之云南地处低纬高原,午后太阳直射地面加热作用,离散对流云团相继不断生成发展,其快速发展、合并发展或有序排列不同大小 β 中尺度甚至 α 中尺度对流系统偏西移,TBB 迅速降低到 −50 ℃ 以下,导致冰雹天气发生且分布范围广。

(2)由于云南特殊地形地貌影响,对流云团生成发展快和局地性强,且存在减弱后再次发展和新对流云团补充列车效应等现象,导致冰雹天气具有离散性和持续性等特征,这是低纬高原盛夏人工防雹的重点系统之一,但由于 β 中尺度对流云团生成发展快和离散性强,产生的冰雹天气预警难度大,防范难度也很大。

4.5　西行台风冰雹云系

在普查分析 50 次西太平洋台风冰雹云系卫星云图及其前 1 h 地闪演变基础上,重点对其中的 2012 年 8 月 5—6 日、2012 年 8 月 12—13 日和 2017 年 8 月 23—24 冰雹云系卫星云图中尺度特征进行分析。

4.5.1　2012 年 8 月 5—6 日

受 2012 年第 9 号台风"苏拉"在福建登陆后减弱形成热带低压西移影响,2012 年 8 月 5 日 14:00 开始滇中以东以北地区不断有单体对流云团生成发展,并不断合并发展成许多个 β 中尺度、α 中尺度强对流风暴云团,整体云系偏西移,造成云南哀牢山以东地区强烈地闪活动(图 4.5.1),8 月 5 日 08:00 至 6 日 08:00 全省发生负地闪 108346 次、正地闪 2643 次,是一次最强的强对流天气过程,地闪活动之强烈是历史上少有的,伴随冰雹大风和短时强降水等强对流天气,其中 8 月 5—6 日双柏、大姚、禄丰、元谋、马龙、麒麟、沾益、宣威、师宗、易门、红塔、峨山、澄江、玉龙县、楚雄、晋宁、弥勒、通海、鹤庆、宾川 20 县(市、州)出现冰雹灾害,与强烈地闪活动区域具有较好对应关系,也是 2012 年冰雹灾情最重的一天。

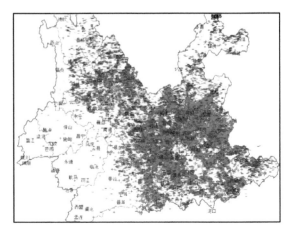

图 4.5.1　2012 年 8 月 5 日 08:00—6 日 08:00 地闪分布

红色"＋"和蓝色"－"分别表示正、负地闪

下面对其中先后生成的 4 个中尺度对流云团演变和地闪活动特征进行分析。

（1）中尺度对流云团 A、B、C 发展演变

2012 年 8 月 5 日 14：00（图 4.5.2a）左右开始滇中及以东以北地区不断有单体对流云团生成发展，偏西移，尤其云南东南部玉溪、红河和文山等地区对流单体发展快，其中红河州东北部与曲靖市南部交界两个对流单体 A1 和 A2 TBB 在 −44 ℃ 左右，伴随 1 h 发生 552 个负地闪和 1 个正地闪，15：00（图 4.5.2b）云南东南部对流相互合并快速发展成 5 个 β 中尺度对流云团，其中 A1 和 A2 合并发展形成 β 中尺度对流云团 A，TBB 下降至 −65 ℃，1 h 发生 2129 个负地闪和 10 个正地闪，16：00—17：00（图 4.5.2c）β 中尺度对流云团 A 不断扩展西南移到红河州境内，TBB 下降至 −74 ℃，伴随 1 h 发生 3113 个负地闪和 30 个正地闪的强烈雷暴同时，导致弥勒县局地发生冰雹灾害，并产生建水县坡头乡 25.3 mm/h 的短时强降水（强降水发生在前侧西南部而冰雹发生在后侧东北部，地闪发生在偏东一侧，表明主要对流区在东侧与降雹区对应，前侧可能是降水引起的云砧），同时中尺度对流云团 A 北部昆明市南部和曲靖市境内（尤其曲靖）多个新对流单体生成发展，与 A 排列形成南北向对流云带 A—B，整体偏西移，东部为无云区，其中对流单体 B1 和 B2 发展强烈，TBB 由 1 h 前 −42 ℃ 迅速下降至 −63 ℃，地闪频增，由 1 h 发生 264 个负地闪和 3 个正地闪增加到 1 h 发生 1686 个负地闪和 14 个正地闪，18：00（图 4.5.2d）A—B 对流云带特征更明显，地闪主要出现在东侧，其中 A 扩散增大并

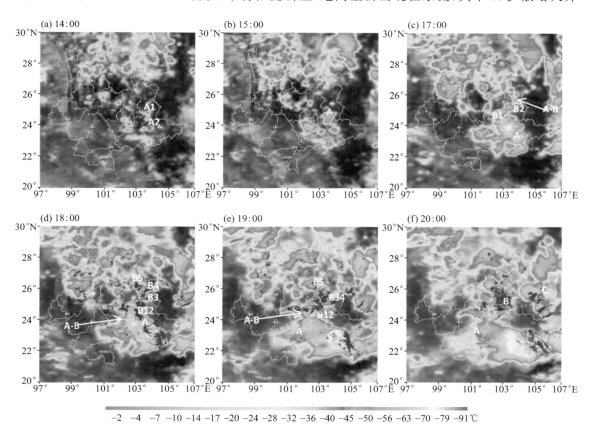

图 4.5.2　2012 年 8 月 5 日西行台风中尺度对流云团 A、B、C 卫星云图演变与前 1 h 地闪叠加（单位：℃）

红色"＋"和蓝色"－"分别表示正、负地闪

与周边对流云团合并,强中心 TBB 维持但面积减小,1 h 发生 1395 个负地闪和 27 个正地闪,地闪活动减弱,表明中尺度对流云团 A 处于减弱阶段,而 B1 和 B2 合并发展形成 β 中尺度对流云团 B12,TBB 达−71 ℃,同时其北部对流单体经过合并发展后也形成 β 中尺度对流云团 B3、B4 和 B5,TBB 为−65～−55 ℃,地闪逐渐增加,共产生 3108 个负地闪和 16 个正地闪。

19:00(图 4.5.2e)之后 A 逐渐缩小减弱,TBB 上升至−68 ℃,地闪活动减弱停止,而 B3 和 B4 合并形成 B34 且与 B12 和 B5 靠近相互连接成弧形对流云带,偏西移至曲靖西部、昆明东部和玉溪北部,TBB 维持−71 ℃,1 h 产生 3985 个负地闪和 58 个正地闪,20:00 (图 4.5.2f)B34 逐渐与 B12 和 B5 合并发展形成弧状 α 中尺度对流云团 B,主体偏西移到昆明和玉溪地区境内,≤−52 ℃冷云区面积扩大到近 50000 km²,地闪增加,1 h 发生 5465 个负地闪和 92 个正地闪,尤其地闪主要出现在弧形中部向东突出的部位,中尺度对流云团 B 在不断合并发展偏西移过程中伴随强烈雷暴天气,沿途产生曲靖、昆明和玉溪等地区局地冰雹天气和短时强降水,如 19:00—20:00 寻甸县降水 67.3 mm,此时贵州境内对流单体合并发展形成另一个 α 中尺度对流云团 C,偏西移逐渐靠近云南境内,并与 B 平行,也呈近似南北向带状分布,TBB 为−71 ℃。

(2)中尺度对流复合体 B 和 C 形成及相互作用

21:00(图 4.5.3a)α 中尺度对流云团 B 和 C 并行西移,其中 B 维持(开始减弱,TBB 上升至−68 ℃),1 h 发生 3136 个负地闪和 73 个正地闪,而 C 继续发展 TBB 下降至−73 ℃,1 h 发生 1758 个负地闪和 8 个正地闪,另外在两者之间在曲靖境内新生 2 个对流单体 C1 和 C2,22:00(图 4.5.3b)α 中尺度对流云团 B 继续维持西移进入楚雄,1 h 发生 3103 个负地闪和 103 个正地闪,C 则合并 C1 和 C2 继续发展,形成近似椭圆≤−52 ℃冷云区面积扩大到 70000 km² 的 MCC,主体进入曲靖,TBB 下降至−74 ℃,1 h 发生 5802 个负地闪和 33 个正地闪,22:30 (图 4.5.3c)MCC C 继续扩展至成熟阶段,TBB 为−74 ℃的强中心西移到曲靖南部,1 h 产生 7531 个负地闪和 46 个正地闪的强烈雷暴天气,弧状 α 中尺度对流云团 B 变形和面积逐渐缩小但强度维持,TBB 维持−71～−70 ℃左右,1 h 发生 3790 个负地闪和 76 个正地闪,但由于云南地形东低西高导致中尺度云团在向西移动过程中受到高山阻挡移速减慢,所以后者 C 移速快而前者 B 移速慢造成两者逐渐接近,B 和 C 产生强烈雷暴天气的同时,沿途分别产生楚雄州双柏、大姚、禄丰、元谋等县和曲靖市马龙、麒麟、沾益、宣威、师宗等县局地冰雹天气。

6 日 00:00—01:00(图 4.5.3d)中尺度对流辐合体 C 西南移进入昆明、文山和红河开始减弱,TBB 上升至−68 ℃,地闪迅速减少,1 h 发生 308 个负地闪和 93 个正地闪,而由于 C 减弱阶段下沉气流的作用触发前侧暖湿气流抬升叠加哀牢山地形抬升作用,导致在前方楚雄和玉溪地区西南移的 α 中尺度对流云团 B 再度发展,TBB 再次下降到−74 ℃,地闪也再次增加且集中在强中心附近,1 h 发生 5745 个负地闪和 111 个正地闪,02:00(图 4.5.3e)C 继续减弱,而 B 继续发展形成近似椭圆的 MCC,并逐渐与减弱的 C 连接合并,≤−52 ℃冷云区面积扩大到约 70000 km²,强中心在楚雄和玉溪地区,TBB 下降到−76 ℃,但地闪减弱,1 h 发生 4451 个负地闪和 81 个正地闪,产生这些地区局部冰雹、短时强降水等强天气,03:00(图 4.5.3f)—04:00(图 4.5.3g)MCC B 扩散逐渐与减弱的 C 合并,且前侧西部还不断有新生对流单体补充进入云体,合并处对流发展强盛和地闪依然活跃,TBB 达−78 ℃,≤−52 ℃冷云区面积扩大到 100000 km²,但云团北部对流和地闪逐渐减弱,整个云团 1 h 发生 2079 个负地闪和 133 个正地闪,在红河、普洱沿线以产生局地短时强降水为主,如建水县 02:00—03:00 降水 32.4 mm、红河县 03:00—04:00 降水 22.6 mm,05:00(图 4.5.3h)MCC B 继续西南移进入普洱和西双版纳地区,虽然 TBB 保持−76 ℃左右,但 1 h 发生 766 个负地闪和 102 个正地闪,地闪进一步减弱,说明对流开始减弱和高层云砧逐渐增加,高层云系弥合导致较低 TBB,强天气减弱,05:00—06:00 镇源县降水 21.8 mm,07:00(图 4.5.3i)MCC B 开始分离减弱,面积缩小,TBB 上升至−74 ℃,强对流减弱为 1 h 发生 192 个负地闪和 66 个正地闪,继续造成如江城县 06:00—07:00 降水 19.6 mm 短时强降水,直至 12:00 B 才完全减弱消失。

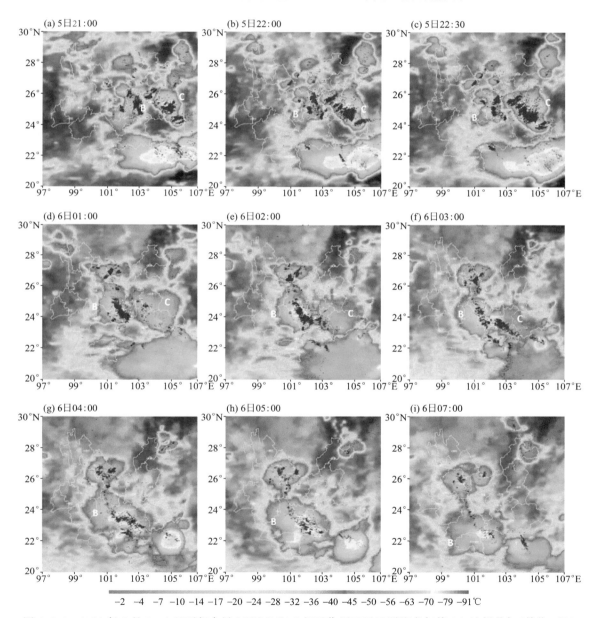

图 4.5.3　2012 年 8 月 5—6 日西行台风 MCC B 和 C 相互作用卫星云图演变与前 1 h 地闪叠加(单位:℃)

红色"＋"和蓝色"−"分别表示正、负地闪

　　可见,台风外围偏东气流影响下具有高能高湿和对流不稳定条件,不断有对流单体云团快速生成和相互合并导致 β 中尺度对流云团和弧状对流云带形成发展,进一步扩展或者合并发展形成 α 中尺度对流云团甚至中尺度对流复合体(MCC)偏西移,产生剧烈地闪活动的同时,伴随沿途地区局地冰雹天气和短时强降水;由于受到云南西高东低地形影响,一方面地形抬升作用触发对流发展和对流单体不断生成补充导致中尺度对流云团减弱后再次发展,另一方面西部哀牢山等高山阻挡作用导致中尺度对流云团(MCC)西移速度减缓,后部中尺度对流云团(MCC)移速比前面云团快而使两者逐渐接近和产生相互作用,后部中尺度对流云团(MCC)减弱下沉气流触发前侧暖湿气流抬升进一步导致前部中尺度对流云团(MCC)组织结构明显和持续发展,从生成发展至减弱消亡持续影响近 20 h,6 h 内 TBB 保持在 −78～−76 ℃;中尺度对流云团(MCC)快速发展和合并发展期间地闪频增且以负地闪为主,发展到成熟阶段后地闪活动减弱,但正地闪逐渐增加,减弱阶段地闪活动迅速减少,但正地闪比例逐渐变大,说明对流发展产生负地闪且成熟至减弱阶段高层云砧出现且逐渐增加产生正地闪,也说明低纬高原雷暴云的三极性结构特征;中尺度对流云团(MCC)在前期发展阶段对流发展旺盛,产生局地冰雹天气和短时强降水,后期对流减弱主要产生局地短时强降水。

4.5.2　2012 年 8 月 12—14 日

　　受 2012 年 10 号台风"达维"在江苏登陆后减弱形成的热带低压偏西移影响,不断发生中尺度对流系统活动偏西移,造成 12 日 08:00—14 日 08:00 云南自东向西强烈雷暴天气过程,其中 12 日 08:00—13 日 08:00(图 4.5.4a)全省发生负地闪 27511 次、正地闪 718 次,主要分布在滇中以东;13 日 08:00—14 日 08:00(图 4.5.4b)地闪西扩和增加,全省发生负地闪 57218 次、正地闪 1221 次,最强时段出现在 12 日 20:00—13 日 20:00,全省发生负地闪 62733 次、正地闪 1252 次,墨江、安宁、红塔、江川、易门、丽江古城、玉龙、云龙、宾川、南涧、永仁、姚安、寻甸、

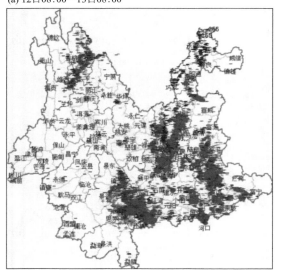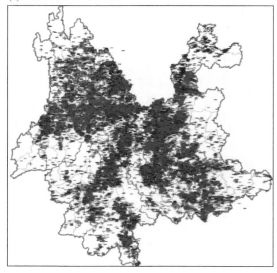

(a) 12日08:00—13日08:00　　　　　　　　　　　(a) 13日08:00—14日08:00

图 4.5.4　2012 年 8 月 12—14 日地闪分布

红色"+"和蓝色"−"分别表示正、负地闪

师宗、砚山、丘北、弥勒 17 县（区）局部地区出现冰雹大风灾害天气,局部地区伴随短时强降水等强对流天气,其中 13 日 04:00—05:00 呈贡降水 38.5 mm、05:00—06:00 澄江降水 29.8 mm、07:00—08:00 玉溪降水 26.3 mm、16:00—18:00 峨山降水 54.9 mm、16:00—17:00 宁洱降水 21.6 mm、17:00—18:00 新平降水 31.2 mm、18:00—19:00 景东降水 24.7 mm、21:00—22:00 华坪降水 20.5 mm、鹤庆 13 日 23:00—14 日 00:00 降水 30.6 mm。

下面对其中主要的 3 个 α 中尺度对流系统进行分析,一个 α 中尺度对流云团西移影响滇南地区历时 17 h,一条 α 中尺度飑线影响滇中及以西地区历时 15 h,一个中尺度对流复合体影响滇西北历时近 12 h。

(1)β 中尺度对流云团(D)新陈代谢降雹

8 月 12 日 13:00—15:00(图 4.5.5a)登陆减弱的台风外围云系进入云南东部,尤其云南东南部的曲靖市南部、文山州、红河州对流云团发展快,其中文山境内对流云团 D1 在 1 h 内快速发展起来,TBB 为 −45 ℃,1 h 发生 157 个负地闪,但主要分布在云团东侧,16:00(图 4.5.5b)D1 发展西移至文山市和砚山县,TBB 下降至 −59 ℃,1 h 发生 390 个负地闪,17:00 (图 4.5.5c)D1 继续扩展成结构密实的圆形 β 中尺度对流云团,西移至红河州边界,TBB 达 −66 ℃,1 h 发生 656 个负地闪和 3 个正地闪,D1 发展过程中产生砚山县降雹,且北部新的对流云团 D2 生成,TBB 为 −43 ℃,1 h 发生 209 个负地闪和 1 个正地闪,18:00(图 4.5.5d)D1 主体进入红河州且变形减弱,TBB 上升至 −62 ℃,地闪减弱,1 h 发生 38 个负地闪,但北部的 β 中尺度对流云团 D2 快速发展也西移至红河州弥勒县附近产生降雹,TBB 下降至 −61 ℃,

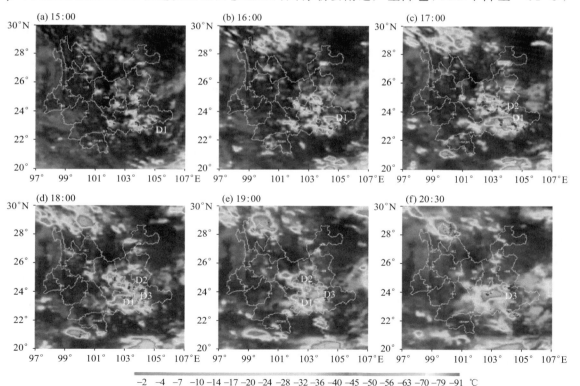

图 4.5.5　2012 年 8 月 12 日西行台风 β 中尺度对流云团新陈代谢卫星云图演变与前 1 h 地闪叠加(单位:℃)
红色"＋"和蓝色"－"分别表示正、负地闪

1 h 发生 265 个负地闪和 1 个正地闪,且在 D1 和 D2 之间 β 中尺度对流云团 D3 快速发展起来,TBB 达-66 ℃,1 h 产生 223 个负地闪和 3 个正地闪,19:00(图 4.5.5e)南、北中尺度云团 D1 和 D2 缩小减弱,TBB 均上升至-61 ℃,地闪减弱消失,而处于中间的 β 中尺度对流云团 D3 西移的同时,迅速向东扩展,TBB 维持-66 ℃,地闪增加至 1 h 发生 1730 个负地闪和 22 个正地闪,且主要集中在云团的东侧,说明东部为主要对流发展区,对应东侧地闪密集区丘北县发生冰雹灾害,西部可能为高层云砧增加引起的,20:30(图 4.5.5f)D3 西移至红河州,TBB 上升至-59 ℃,逐渐缩小减弱,地闪迅速减少,1 h 产生 79 个负地闪和 1 个正地闪。

因此,由于减弱台风外围偏东气流携带的高能高湿环境条件,β 中尺度对流云团快速发展形成密实圆形结构产生强天气后减弱,而其周边 β 中尺度对流云团新陈代谢和不断发展,导致强天气持续发生,持续近 8 h,且强烈地闪和对应强天气出现在 β 中尺度对流云团东侧,表明东部为对流发展区,中西部持续低 TBB 是随着云体发展由逐步增加的高层云砧造成。

(2)β 中尺度对流云团(E)发展—减弱—发展降雹

第一阶段:13 日 01:00(图 4.5.6a)昆明北部 β 中尺度对流云团 E 在 1 h 内快速发展起来,TBB 为-54 ℃,伴随 1 h 产生 645 个负地闪和 27 正地闪的雷暴天气,地闪也主要分布在 E 东侧,01:30(图 4.5.6b)快速西南移且扩展 3 倍,形成椭圆形结构,TBB 下降至-58 ℃,1 h 产生 756 个负地闪和 37 个正地闪,E 东侧出现密集地闪区并产生昆明市寻甸县降雹,云团中心及其西侧可能是由于高层偏东风的作用使高层云砧向西伸展而导致较低 TBB,02:30(图 4.5.6c)云团出现变形减弱现象,TBB 有所上升至-55 ℃,1 h 产生 595 个负地闪和 6 个正地闪,02:00—03:00 嵩明县降水 18.5 mm,短时强降水也出现在 E 东侧。

第二阶段:03:30—04:30(用 04:00(图 4.5.6d))β 中尺度对流云团 E 西南移到昆明中部到楚雄东部又发展起来,形成长椭圆形结构,TBB 下降至-62 ℃,地闪也增加,1 h 地闪达 1445 个负地闪和 63 个正地闪,云团东侧影响呈贡区,04:00—05:00 降水 38.5 mm,05:00—06:00(图 4.5.6e)E 逐渐减弱,TBB 上升至-53 ℃,1 h 出现 412 个负地闪和 34 个正地闪。

第三阶段:06:30—07:00(图 4.5.6f)减弱的 β 中尺度对流云团 E 西南移到与玉溪交界,E 东侧云团再次发展,TBB 再次下降-61 ℃,1 h 出现 897 个负地闪和 20 个正地闪,08:00(图 4.5.6g)继续不断扩展成分布密实的圆形结构影响玉溪地区,TBB 达-62 ℃,1 h 出现 1326 个负地闪和 7 个正地闪,东侧地闪密集部位造成红塔、江川、易门等县(区)冰雹、大风灾害,07:00—08:00 玉溪降水 26.3 mm,09:00—10:00(图 4.5.6h)β 中尺度对流云团 E 继续西南移到玉溪西部和普洱东部边界,并逐渐减弱,TBB 上升至-51 ℃,1 h 出现 384 个负地闪和 14 个正地闪,11:00—12:00(图 4.5.6i)翻过哀牢山在普洱境内很快减弱消失,地闪结束。

因此,快速发展的 β 中尺度单单体对流云团东侧产生强烈地闪活动的同时伴随局地降雹和短时强降水,而云团中部和西部强天气不明显,可能是高层偏东气流作用形成的高层云砧,且 β 中尺度对流云团快速发展产生强天气之后出现减弱,但其西南移到合适环境中再次发展和继续产生强天气,先后经过 3 次发展过程,历时 12 h。

(3)对流单体规律排列形成飑线降雹 F—G

13 日 13:00 大理、楚雄和昆明开始有小对流单体生成,14:00(图 4.5.7a)对流单体在发展的同时逐渐有规律排列,初具飑线的雏形,但单体之间还比较独立,最强对流单体 TBB 达-54 ℃,1 h 发生 1153 次负地闪和 1 次正地闪,15:00(图 4.5.7b)各对流单体迅速发展,形成由多个 β

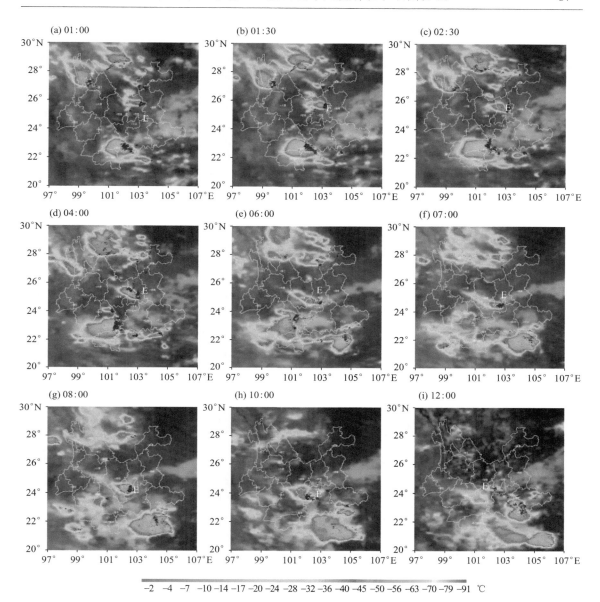

图 4.5.6　2012 年 8 月 13 日西行台风 β 中尺度对流云团发展减弱再发展
卫星云图演变与前 1 h 地闪叠加(单位:℃)
红色"+"和蓝色"-"分别表示正、负地闪

中尺度对流云团相互连接组成的呈西北—东南走向的飑线 F—G 西南移,TBB 下降至−71 ℃,地闪频增,1 h 发生 6716 次负地闪和 36 次正地闪,16:00(图 4.5.7c)飑线 F—G 上 β 中尺度对流云团相互合并发展成 4 个更大的 β 中尺度单体风暴,主要分布在大理、楚雄、昆明、玉溪到红河,TBB 继续下降至−74 ℃,地闪继续增加,1 h 发生 6816 次负地闪和 43 次正地闪,并且后侧有一条新生飑线 H—I,与其平行和相互作用,17:00(图 4.5.7d)—18:00(图 4.5.7e)两条平行飑线一起西南移,其中 F—G 到达玉溪、楚雄南部、大理南部和保山北部,其上 β 中尺度对流云团进一步靠近和逐步相互弥合连接在一起,飑线宽度逐渐增加,TBB 保持−75～−74 ℃的较低值,1 h 发生 5800 次负地闪和 119 次正地闪,在两条飑线发展过程中导致姚安、云龙、宾川、

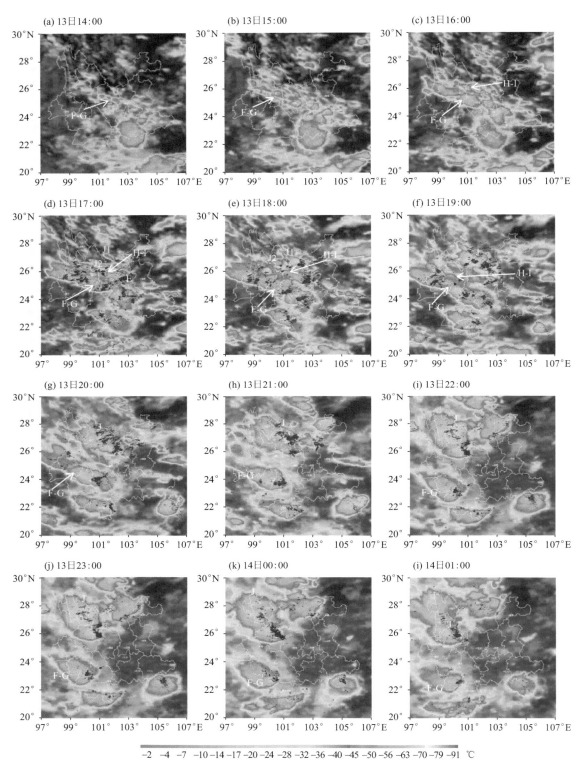

图 4.5.7　8 月 13—14 日西行台风飑线和 MCC 发展演变卫星云图演变与前 1 h 地闪叠加（单位：℃）
红色"＋"和蓝色"－"分别表示正、负地闪

南涧、红塔、易门等县出现冰雹灾害,并产生局地短时强降水,其中峨山县 16:00—18:00 降水 54.9 mm、新平县 17:00—18:00 降水 31.2 mm、景东县 18:00—19:00 降水 24.7 mm,19:00 (图 4.5.7f)后侧新生成的飑线 H—I 逐渐减弱变形,而飑线 F—G 前缘达到保山、临沧和普洱 TBB 保持−74 ℃,但地闪迅速减少,1 h 发生 2485 次负地闪和 57 次正地闪,说明对流减弱和高层云砧逐渐增加,对流云、层状云和高云混合共存,短时强降水仍在发生,20:00(图 4.5.7g) 飑线 F—G 西段减弱,东段合并为一个较大的 α 中尺度对流云团,TBB 维持−73 ℃,1 h 发生 1038 次负地闪和 22 次正地闪,之后 21:00—14 日 00:00(图 4.5.7h—k)在西南移影响临沧和普洱过程中面积逐渐缩小,但 TBB 一直保持在−72 ℃以下,14 日 01:00(图 4.5.7i)开始分离减弱直至 04:00 消失,减弱阶段沿途继续产生地闪和局地短时强降水,如耿马县 14 日 02:00— 03:00 降水 22.2 mm。

因此,飑线形成发展阶段对流单体相互独立且结构不均匀,飑线狭窄,TBB 逐渐降低,地闪频增且以负地闪为主,并产生冰雹大风和短时强降水天气;成熟阶段飑线上对流单体云团相互合并连接、变宽、结构均匀,TBB 保持最低,对流开始减弱,高层云砧逐渐增加,对流云、层状云和高云混合共同存在,地闪开始减弱但正地闪持续增加,以产生短时强降水天气为主;减弱阶段,飑线上中尺度对流云团进一步相互弥合并扩大后逐步分离减弱,长宽比逐渐变小,演变为结构均匀的 α 中尺度对流云团,TBB 上升,地闪减弱,仍会产生短时强降水。

(4)对流单体合并发展形成中尺度对流复合体(MCC)降雹

同时 17:00(图 4.5.7d)—18:00(图 4.5.7e)四川南部和云南省西北部丽江到楚雄交界处 2 个对流云团 J1 和 J2 生成发展,TBB 为−66 ℃,1 h 发生 267 次负地闪,分别扩展并逐渐靠近,19:00(图 4.5.7f)合并为长约 270 km、宽 130 km 的 α 中尺度对流云团 J,此时形状不规则,开始具有 MCC 雏形,TBB 下降至−76 ℃,1 h 发生 1758 次负地闪和 9 次正地闪,20:00 (图 4.5.7g)继续与周边新生对流单体合并发展形成具有近似椭圆结构的 MCC,≤−52 ℃冷云区面积达 55000 km^2,TBB 继续下降为−77 ℃,1 h 发生 1678 次负地闪和 29 次正地闪,地闪密集分布在 MCC 偏东一侧,这与高空环境盛行偏东风导致高层云砧向西伸展密切相关, 21:00(图 4.5.7h)J 继续扩展进入 MCC 发展鼎盛阶段,主体偏西移到丽江和迪庆地区,TBB 下降到−82 ℃,≤−52 ℃冷云区面积达 70000 km^2,1 h 发生 2122 次负地闪和 53 次正地闪, 22:00(图 4.5.7i)J 面积继续扩大,发展至 MCC 发展成熟阶段,TBB 开始上升至−78 ℃,但低云顶亮温区(强中心面积)扩大且移向几何中心,1 h 发生 2696 次负地闪和 62 次正地闪,23:00 (图 4.5.7j)—14 日 00:00(图 4.5.7k)MCC 面积进一步扩大,但 TBB 逐步上升至−71 ℃,地闪开始减弱且中心正地闪增加,1 h 发生 1701 次负地闪和 102 次正地闪,说明 MCC 对流虽然减弱但高层云砧逐渐增加导致 MCC TBB 仍保持较低值,01:00(图 4.5.7i)开始 MCC 变形分裂,TBB 继续上升,3 h 后才完全减弱消失。

可见,两个对流单体合并后继续与周边对流单体合并发展形成 MCC,先后经历发展、成熟到减弱消失的过程,历时近 12 h 消失,MCC 西南移影响丽江、大理、楚雄等地区,导致丽江古城、玉龙、永仁等县(区)出现冰雹灾害以及华坪 21:00—22:00 降水 20.5 mm、鹤庆 13 日 23:00— 14 日 00:00 降水 30.6 mm 的短时强降水,但由于高层偏东气流导致高层云砧向西伸展,强对流天气主要发生在 MCC 东侧。在 MCC 发展阶段地闪频增且初期以负地闪为主,TBB 下降,发展到一定阶段后开始出现正地闪;发展到强盛阶段 TBB 达最低,具有典型的椭圆结构,地闪最频繁;MCC 到成熟阶段后,主要由于逐渐增加的高层云砧导致 TBB 仍保持较低值,地闪活动减弱但正地闪仍增加;减弱阶段 MCC 逐渐分裂,TBB 上升,地闪减弱消失。

4.5.3　2017 年 8 月 23—24 日

受 2017 年 13 号台风"天鸽"在广东登陆减弱形成热带低压外围两条中尺度对流云带偏西移影响,7 月 23—24 日云南自西向东出现雷暴天气并产生局地冰雹大风和短时强降水,其中 23 日 08:00—24 日 08:00(图 4.5.8)全省发生负地闪 35717 次、正地闪 1398 次,正闪比例 3.9%;红河、玉溪、昆明、曲靖、楚雄、大理、丽江、普洱、保山等地区 25 县(区)出现冰雹灾害。下面对造成强天气的两条 α 中尺度对流云带发展演变进行分析。

图 4.5.8　2017 年 8 月 23 日 08:00—24 日 08:00 地闪分布

红色"+"和蓝色"-"分别表示正、负地闪

11:00(图 4.5.9a)滇中以东地区对流云团开始发展,而其他大部为无云区,表明台风外围云系逐渐偏西移影响云南,其中前缘云系到达滇中昆明市和楚雄市东部发展形成西北—东南向短对流云带 K—L,TBB 为 -47 ℃,1 h 发生 299 次负地闪;12:30(图 4.5.9b)对流云带 K—L 快速发展和快速偏西移到达滇中楚雄和昆明地区,TBB 下降至 -55 ℃,地闪频增,1 h 发生 804 次负地闪;13:30(图 4.5.9c)对流云带 K—L 主体西南移到楚雄市和玉溪市北部,快速发展至长度约 200 km 以上,TBB 继续下降至 -59 ℃,1 h 发生 1764 次负地闪和 21 次正地闪,同时其后部(东部和北部)新对流云团 M1、M2、M3 生成发展,TBB 为 -55～-48 ℃,并产生 468 次负地闪;14:30(图 4.5.9d)对流云带 K—L 宽度和长度迅速扩展 2～3 倍,形成 α 中尺度飑线,TBB 达 -67 ℃,1 h 发生 2459 次负地闪和 37 次正地闪,发展至鼎盛阶段,随着飑线西南移沿途玉溪、大理、红河等地区出现局地冰雹天气,并产生 13:00—14:00 红塔 32.0 mm、15:00—16:00 泸西 21.3 mm 的短时强降水,同时后部 M1、M2、M3 发展相当迅速,1 h 发生 821 次负地闪和 5 次正地闪,其中 β 中尺度对流云团 M1 西南移逐渐进入曲靖南部,M2 在楚雄境内扩展西南移,TBB 均下降至 -66 ℃;15:30(图 4.5.9e)飑线 K—L 主体西南移到玉溪、楚雄南部和大理东部,进一步发展尤其宽度扩展,TBB 下降至 -72 ℃,1 h 发生 2485 次负地闪和 86 次正地闪,发展至成熟阶段,同时 M1、M2、M3 扩展和相互靠近形成对流云带 M,3 个 β 中尺度对流

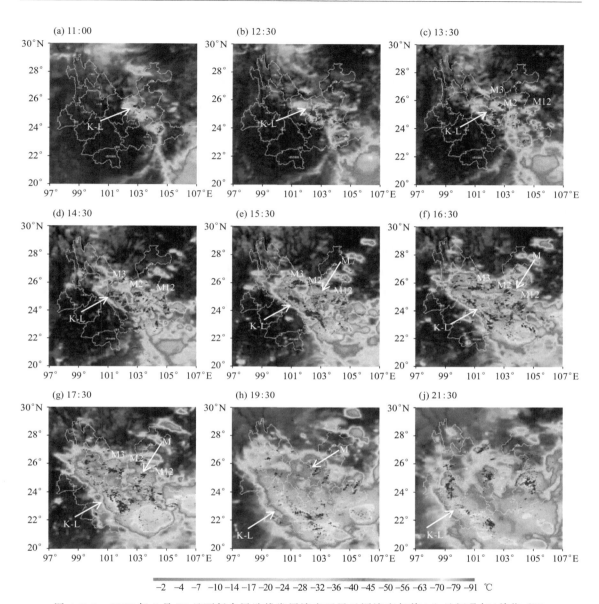

图 4.5.9　2017 年 8 月 23 日西行台风飑线发展演变卫星云图演变与前 1 h 地闪叠加(单位:℃)

红色"+"和蓝色"−"分别表示正、负地闪

云团也基本呈西北—东南带状排列,平行于飑线 K—L,TBB 分别达−73 ℃、−66 ℃和−70 ℃,地闪增加,1 h 发生 1838 次负地闪和 14 次正地闪,随着对流云带 M 形成和发展,导致曲靖、昆明、红河、楚雄、大理、丽江等地区局地降雹;16:30(图 4.5.9f)飑线 K—L 上对流云团相互弥合和进一步扩展,进入普洱、临沧和保山地区,云系逐渐变得均匀,并与东南部西移的中尺度对流复合体 N 合并,高层云砧增加导致 TBB 较低,达−75 ℃,但地闪减弱,1 h 发生 2006 次负地闪和 116 次正地闪,同时对流带 M 上 M1、M2、M3 进一步扩大和相互连接,与飑线 K—L 并行西南移,TBB 维持,地闪继续增加,1 h 发生 2500 次负地闪和 42 次正地闪;17:30(图 4.5.9g)两条对流云带并行西南移过程中,后侧对流云带 M 开始分裂变形,而前侧飑线 K—L 南段由于

与 N(MCC)合并和相互作用继续发展,TBB 下降至 −79 ℃,1 h 发生 2082 次负地闪和 90 次正地闪,继续导致普洱市墨江县局地降雹和 16:00—17:00 墨江 23.9 mm 的短时强降水;19:30(图 4.5.9h)后侧对流云带 M 分裂减弱,对流云带特征消失,前侧飑线 K—L 面积尤其宽度扩大和变形,长宽比缩小,云体变得均匀,TBB 虽然继续下降至 −83 ℃,但地闪明显减少,1 h 发生 1425 次负地闪和 117 次正地闪,说明对流减弱和高层云砧增加;20:30—21:30(图 4.5.9i)飑线 K—L 整体西南移减弱过程中,高层云砧的作用 TBB 继续保持 −83 ℃,其西北段保山地区 TBB 保持 −75 ℃,且云体变得密实和地闪增加,对流再度发展,继续产生保山市隆阳区局部降雹,直至 24 日 03:30 移出云南才真正缩小减弱和逐步失去飑线特征。

因此,台风登陆减弱形成热带低压西移,其外围云系发展先后形成两条平行对流云带(飑线)自西向东影响云南,对流云带(飑线)快速发展到成熟阶段,TBB 下降和地闪频增,结构不均匀,导致强烈雷暴天气并伴随局地冰雹和短时强降水,随着对流云带(飑线)扩散变得均匀,长宽比缩小,TBB 虽然下降或保持,但地闪减弱,表明高层云砧增加和对流减弱,强天气逐渐减弱;由于有利环境条件前侧对流云带发展形成飑线过程中后侧新对流云带生成,但两条对流云带(飑线)之间存在相互作用,后侧对流云带产生强天气引起的下沉气流会触发前侧暖湿气流抬升和对流发展而使前侧飑线持续发展,而前侧飑线产生强天气引起的下沉气流会阻挡后侧对流云带暖湿气流抬升而不利于后侧对流云带发展,因而后侧对流云带产生强天气减弱后,前侧对流云带(飑线)仍持续发展和持续产生强天气,两条云带互相作用导致前一条对流云带持续更长和强度更强,持续 16 h 以上,TBB 达 −83~−75 ℃。

4.5.4　小结

通过分析 50 次西太平洋台风冰雹云系卫星云图中尺度特征和地闪特征,得出以下结论。

(1)台风外围偏东气流影响下具有高能高湿和对流不稳定条件,不断有对流单体云团快速生成和相互合并导致 β 中尺度对流云团和对流云带形成发展,进一步扩展和合并发展形成 α 中尺度对流云团甚至中尺度对流复合体(MCC)或飑线偏西移,产生剧烈地闪活动的同时,伴随局地冰雹天气和短时强降水,且由于地形的作用或与周边对流云团相互作用会形成新陈代谢和新的发展,导致中尺度对流系统维持和强天气持续发生。

(2)台风外围云系发展先后形成中尺度对流云团(MCC)、对流云带(飑线)等中尺度对流系统自东向西影响云南,前侧对流系统发展过程中后侧新对流系统生成,由于云南地形具有西高东低的特点,中尺度对流系统西移过程中一方面由于受到地形抬升作用触发对流发展和对流单体不断生成补充导致中尺度对流系统发展,另一方面由于高山阻挡作用导致中尺度对流系统西移速度逐步减缓,因而后部中尺度对流系统移速逐步比前面云团快而使两者接近和产生相互作用,后侧中尺度对流系统产生强天气引起的下沉气流会触发前侧暖湿气流抬升而进一步使前侧中尺度对流系统持续发展,前侧中尺度对流系统产生强天气引起的下沉气流会阻挡后侧中尺度对流系统暖湿气流抬升而不利于其进一步发展,从而导致前侧中尺度对流系统开始早而结束晚,持续更长和强度更强。

(3)中尺度对流云团(MCC)、对流云带(飑线)快速发展到成熟阶段,TBB 下降和地闪频增,结构不均匀,导致强烈雷暴天气并伴随局地冰雹和短时强降水,随着其扩散变得均匀,长宽比缩小,TBB 虽然下降或保持,但地闪减弱,表明高层云砧增加,对流减弱,强天气逐渐减弱。

(4)中尺度对流云团(MCC)、对流云带(飑线)快速发展和合并发展期间地闪频增且以负地闪为主,发展到成熟阶段后地闪活动减弱,但正地闪逐渐增加,减弱阶段地闪活动迅速减少,但正地闪比例逐渐变大,说明对流发展产生负地闪且成熟至减弱阶段高层云砧出现且逐渐增加会产生正地闪,也说明低纬高原雷暴云的三极性结构特征。

4.6　冰雹云云顶亮温和地闪演变规律

从前 5 节分析可知,β 中尺度对流云团、α 中尺度对流云团、中尺度对流复合体(MCC)和对流带状(飑线)发展到一定强度都会产生冰雹,且其发展过程中会伴随地闪极性和地闪频数演变,因此进一步选取 15 个中尺度雷暴对流系统,其中 4 个 β 中尺度对流云团降雹、2 个 α 中尺度对流云团降雹、5 个对流复合体(MCC)降雹和 4 条对流带状(飑线),分别对其生成—发展—成熟—减弱—消亡演变过程中云顶亮温(TBB)与对应总、负、正闪频数随时间演变及其与地面降雹的关系进行分析,研究中尺度雷暴对流系统云顶亮温和地闪演变规律,为冰雹云早期识别提供依据。

分析发现无论哪一类中尺度雷暴对流系统持续时间都存在差异,生成—发展—成熟—减弱—消亡演变过程少则几个小时,多则十几个小时,这与对流云团存在生消新陈代谢和不断补充发展密切相关,产生的冰雹天气也会出现持续性和间歇性等特征,但 4 类中尺度雷暴对流云团都具有生成发展快速和云顶亮温与对应逐小时总、负、正地闪频数随时间演变规律基本一致的特征,且负地闪活动占主导地位,占总地闪的 85.8%～99.5%,尤其夏季负地闪是正地闪的数十倍到上百倍,均占总地闪的 93% 以上,其中 2012 年 8 月 5 日和 2012 年 8 月 12 日中尺度雷暴对流系统负地闪占总地闪的 99% 以上,是正地闪的 110～210 倍。

4.6.1　4 类中尺度雷暴对流系统典型个例

下面选取其中 2013 年 5 月 22—23 日 β 中尺度对流云团、2015 年 8 月 12 日 α 中尺度对流云团、2012 年 8 月 5—6 日 MCC 和 2016 年 4 月 19—20 日飑线降雹典型个例,对 4 类中尺度雷暴对流系统发展演变过程云顶亮温和对应逐小时总、负、正地闪频数随时间演变及其与降雹关系进行详细分析(图 4.6.1)。

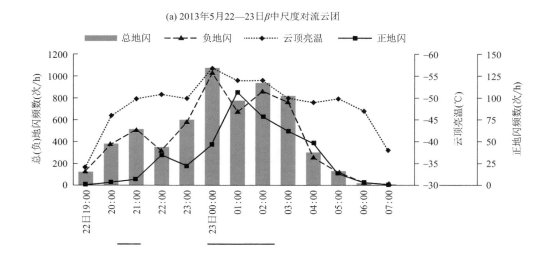

(a) 2013年5月22—23日β中尺度对流云团

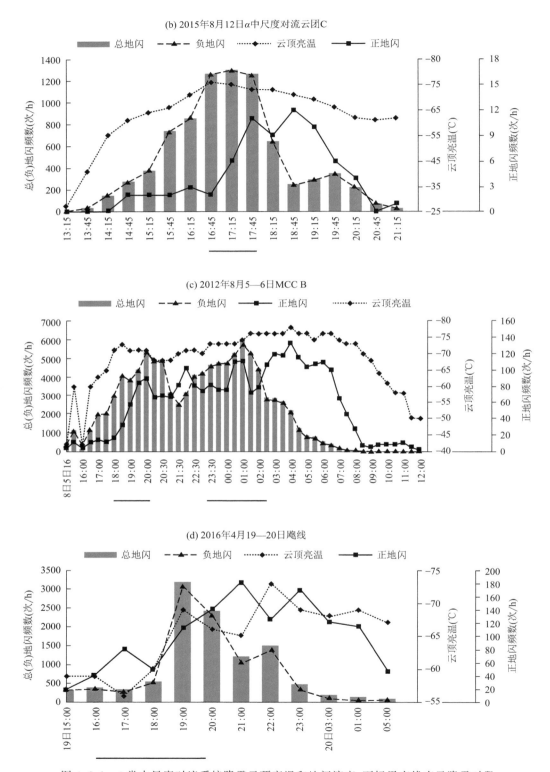

图 4.6.1　4 类中尺度对流系统降雹云顶亮温和地闪演变,下标黑实线表示降雹时段

　　从图 4.6.1 可以看出,虽然 4 个中尺度雹暴对流系统产生的地闪数量和云顶亮温存在差异,但总体上中尺度雹暴对流系统负地闪占主导,比正地闪多 1～2 个量级,这也是低纬高原雷暴云团具有三极性电荷结构造成的,其中 2013 年 5 月 22—23 日 β 中尺度雹暴对流云团、2015年 8 月 12 日 α 中尺度雹暴对流云团、2012 年 8 月 5—6 日雹暴 MCC 和 2016 年 4 月 19—20 日飑线雹暴发展演变过程发生负地闪次数分别占总地闪的 93%、99%、97% 和 89%,逐小时负地闪和总地闪频数随时间变化趋势几乎一致,负地闪频数随时间演变趋势基本能表征地闪演变规律。在 4 个(类)中尺度雹暴对流系统发展演变过程中,云顶亮温和逐小时地闪频数随时间演变都具有峰—谷变化特征,总(负)地闪频数演变趋势与云顶亮温演变趋势相反,峰值对应云顶亮温谷值,云顶亮温下降,总(负)地闪增加,云顶亮温下降到或接近谷值(最低值)对应总(负)地闪频数达峰值(最大值)。当云顶亮温迅速下降到 −50 ℃ 之后直至到达或接近最低值,即对应地闪频数迅速增加直至到达峰值(最大值)阶段,表明中尺度对流系统处于快速发展到成熟阶段,会产生冰雹大风和短时强降水等强对流天气。

　　2013 年 5 月 22—23 日 β 中尺度雹暴对流云团(图 4.6.1a)由于存在对流补充出现两次峰—谷演变,即两次发展演变过程,持续 13 h,发生正、负地闪各 70 次和 8115 次,22 日 20:00—21:00云顶亮温快速下降至 −50 ℃,接近其后 1 h 次低值 −51 ℃,出现地闪频数第一次高峰,1 h 发生地闪 521 次,导致第一次降雹发生;随后 2 h 云顶亮温维持 −51～−50 ℃,地闪频数减少后又开始增加,22 日 23:00—23 日 00:00 云顶亮温继续快速下降至最低值 −57 ℃,地闪频数第二次高峰(最高峰),1 h 发生地闪 1079 次,随后产生第二次降雹,03:00 之后云顶亮温逐渐缓慢升高而地闪频数迅速减少,冰雹天气结束。

　　2015 年 8 月 12 日 α 中尺度雹暴对流云团(图 4.6.1b)持续 8 h,演变过程中发生正、负地闪各 70 次和 8115 次,云顶亮温和逐小时地闪频数随时间主要呈现一峰一谷特征,16:45 左右云顶亮温下降至最低值 −76 ℃ 左右,对应 16:45—17:45 出现地闪频数高峰,1 h 发生地闪 1300 次左右,相应地面发生降雹天气,17:45—21:15 由于高层云砧的作用云顶亮温维持较低值和缓慢升高,基本低于 −62 ℃,总(负)地闪频数虽然起伏不大,但总体上迅速减少,而正地闪持续增加至 19:15 后才迅速减少,正地闪发生时间和峰—谷演变趋势滞后负地闪 2～3 h。

　　2012 年 8 月 5—6 日雹暴 MCC(图 4.6.1c)持续时间最长,达 16 h,云顶亮温和逐小时地闪频数随时间呈现典型的两峰两谷特征,表明雹暴 MCC 存在两次发展演变过程,其间共发生正、负地闪各 2701 次和 105553 次,5 日 16:00 开始云顶亮温迅速下降,小时地闪频数迅速增加,18:30 云顶亮温下降到第一个最低值 −73 ℃,随后 18:30—20:30 地闪出现第一次高峰,期间 19:00—20:00 1 h 发生地闪达 5451 次,地面出现第一次降雹,随后 20:30—23:00 云顶亮温略上升但维持 −71～−68 ℃ 低值,地闪频数出现低谷,期间 20:30—21:30 地闪频数减少为1 h 发生 2573 次,雹暴 MCC 处于减弱期,强对流冰雹天气结束;23:30 之后云顶亮温继续缓慢降低,地闪频数再次逐渐增加,6 日 01:00—02:30 云顶亮温达 −76～−74 ℃,小时地闪频数出现第二个峰值,1 h 发生地闪频数达 5857 次,进入雹暴 MCC 第二次发展期,地面再次出现降雹,02:30 之后云顶亮温维持在 −76 ℃ 左右,且在 04:00 出现最低值,但地闪频数随时间迅速减少,雹暴 MCC 进入第二次减弱期,第二次降雹天气结束,而少量正地闪继续增加后保持高值,直至 07:00 后才开始迅速减少,同样可见高层云砧作用导致雹暴 MCC 正地闪发生时间和峰—谷演变趋势滞后负地闪 2～3 h 以及减弱阶段持续较低的云顶亮温。

　　2016 年 4 月 19—20 日飑线是产生春季冰雹的一次中尺度雹暴对流系统(图 4.6.1d),持续时间 12 h,云顶亮温和逐小时地闪频数随时间呈现典型的一峰一谷特征,共发生正、负地闪各 1252 次和 10269 次,正地闪占总地闪的 12.2%,是正地闪比例最高的一次,进一步说明春季低纬高原正闪比例高于夏季,19 日 16:00 开始云顶亮温达 -59 ℃,且存在波动起伏,相继有正负地闪发生,并产生局地小冰雹天气,19:00 云顶亮温迅速下降至 -69 ℃,地闪频数迅速增加到峰值,1 h 发生地闪 3188 次,飑线雹暴强烈发展,产生的强对流冰雹大风天气,20:00 之后云顶亮温缓慢上升和地闪频数逐渐减少,飑线雹暴逐渐减弱,强对流冰雹天气也慢慢停止结束,但飑线雹暴减弱期间高层云砧出现和增多导致云顶亮温出现波动起伏和降低现象以及正地闪频数出现波动起伏和增加现象,同样表明飑线雹暴具有正地闪发生时间和峰—谷演变趋势滞后负地闪以及减弱阶段持续较低云顶亮温的特征。

4.6.2 小结

(1)冰雹大风强对流天气与中尺度雹暴对流系统云顶亮温及其伴随的正、负地闪活跃程度存在较好的相关关系,云顶亮温快速下降和总(负)地闪频数迅速增加,预示中尺度雹暴对流系统发展和强天气即将产生,而随着强天气产生,下沉气流增强,对流逐渐减弱和云团顶部高层云砧逐渐增加,云顶亮温维持较低值或开始缓慢升高,总(负)地闪频数迅速减少,预示中尺度雹暴对流系统减弱和强天气即将结束,另外由于低纬高原雷暴云三极性电荷结构特征有时会导致正地闪增多,因而中尺度雹暴系统正地闪发生时间和峰—谷演变趋势滞后负地闪 2~3 h。

(2)在中尺度雹暴对流系统发展阶段,云顶亮温迅速下降,总(负)地闪频数迅速增加,中尺度雹暴对流系统发展到最强,产生大风冰雹和短时强降水等强对流灾害天气;在刚开始减弱阶段,云顶亮温上升缓慢甚至不变,主要由于减弱的对流风暴云团顶部形成卷云砧会造成较低的云顶亮温,但对流活动减弱和总(负)地闪减少,且顶部卷云砧导致正地闪增加,会产生短时强降水等强对流天气;在减弱到消亡阶段,云顶亮温上升,总(负)地闪迅速减少至与正地闪频数几乎持平,且正地闪频数波动起伏但总体上也呈减少趋势,因此正、负地闪活跃程度与云顶亮温之间存在较好的相关关系,即与中尺度雹暴对流系统的发展演变密切相关,负地闪是强对流雹暴发展的产物,而正地闪是强对流雹暴发展到强盛阶段的标志。

第 5 章　冰雹云多普勒天气雷达回波结构和特征

冰雹是在有利的大尺度天气形势背景下,由中小尺度天气系统直接产生的强对流天气,而多普勒雷达可以提供较准确的中小尺度天气系统的位置、强度、大小、结构及径向风场分布数据等信息,一方面雷达回波形态演变特征可用于识别冰雹云,而雷达回波参量的演变可用于预测冰雹云的发展,对强对流冰雹天气具有较早的识别和预警能力,以此判断实施人工防雹作业的最佳时间、作业部位和用弹量等。

本章利用云南多普勒天气雷达(3830/CC)探测资料结合冰雹灾情和地闪资料,选取全省典型冰雹云历史个例,在分析研究冰雹云生成发展演变过程中雷达回波演变特征基础上,聚类和统计分析云南不同类型冰雹云多普勒天气雷达回波结构和特征及其差异,进一步为低纬高原强对流冰雹天气的监测预警和防范提供依据,其中多普勒天气雷达探测波长 5 cm,探测资料分辨率为 0.3 km×0.3 km,观测间隔约为 6 min。

5.1　冰雹云分类和雷达回波统计特征

5.1.1　分类

分析发现,上述五类有利冰雹环流背景天气条件中无论哪一类产生的冰雹天气过程,根据冰雹云的雷达回波结构、形状和强度等都可分为单单体冰雹云、超级单体冰雹云、多单体冰雹云和飑线冰雹云四类。

单单体冰雹云是水平尺度一般不超过数十千米而垂直尺度也很少超过 10 km 的对流单体雹云,一般是由于热力作用所致,整个生命史没有分裂和合并现象且生命史不长,降雹相对弱,防雹难度相对小。由于云南地处低纬高原地区,地形地貌复杂,午后太阳直射地面,热力条件充足,对流局地强,是夏季除南支槽系统外其他四类系统最多见的冰雹云。

超级单体冰雹云是一种发展极为旺盛的强雷暴,较其他成熟雷暴水平尺度要大得多,由一个具有中气旋特殊结构大对流单体构成的强烈冰雹云,呈现圆形或椭圆形,具有组织性强和生命史长的特点,可以带来大冰雹、破坏性大风、龙卷、短时强降水等。虽然云南超级单体冰雹云不多见,但由于降雹时间长、密度大、雹粒大,往往造成严重的风雹灾害,是导致云南农作物致灾最重的冰雹云。

多单体冰雹云由一系列强对流单体组成,同时存在多个对流单体的生、消过程,导致多单体冰雹云持续时间长,是云南比较多见的冰雹云,各地多单体冰雹云的共同特点是由处于不用发展阶段的若干个小单体组成,存在对流单体新陈代谢和不断有新对流单体在其连接处生成并逐渐合并,降雹强度一般不强但范围大、持续时间长。

飑线冰雹云是由许多强对流单体有规律组合排列而形成的深厚中尺度对流系统,不同于一般呈不规则团状排列的多单体冰雹云,飑线冰雹云是呈线状排列的特殊结构多单体冰雹云,一般长度与宽度的比例大于 5∶1,由于存在对流单体的频繁生、消过程,生命周期可持续几小时其至十几小时,也是云南造成大范围冰雹天气的常见中尺度对流系统。

由于昭通多普勒天气雷达探测受到地形遮挡明显,因此除昭通雷达资料外,本章选取了2014—2016 年及部分 2017 年大理、普洱、德宏、丽江、昆明、文山多普勒天气雷达资料和冰雹灾情资料完整的 302 个冰雹云个例(表 5.1.1),包含了云南不同区域的冰雹云个例,包括大理、普洱、德宏、丽江、昆明、文山多普勒天气雷达探测范围内的个例分别为大理 46 个、普洱 45 个、德宏 31 个、丽江 42 个、昆明 85 个、文山 53 个,其中包含单单体冰雹云 166 例、超级单体冰雹云 22 例、多单体冰雹云 100 例和飑线 14 例。

表 5.1.1　不同区域各类冰雹云个例统计

分类	大理	普洱	德宏	丽江	昆明	文山	合计
单单体冰雹云	33	16	12	32	54	19	166
超级单体冰雹云	1	7	1	2	5	6	22
多单体冰雹云	11	17	17	7	22	26	100
飑线	1	5	1	1	4	2	14
合计	46	45	31	42	85	53	302

从表 5.1.1 可以看出,所选冰雹个例基本涵盖了各区域不同冰雹云类型,统计分析其特征基本能表征云南冰雹云特征,其中在 166 个单单体冰雹云个例中,大理、普洱、德宏、丽江、昆明和文山雷达探测范围内分别有 33 例、16 例、12 例、32 例、54 例和 19 例;在 22 个超级单体冰雹云个例中,大理、普洱、德宏、丽江、昆明和文山雷达探测范围内分别有 1 例、7 例、1 例、2 例、5 例和 6 例;在 100 个多单体冰雹云个例中,大理、普洱、德宏、丽江、昆明和文山雷达探测范围内分别有 11 例、17 例、17 例、7 例、22 例和 26 例;在 14 个飑线冰雹云个例中,大理、普洱、德宏、丽江、昆明和文山雷达探测范围内分别有 1 例、5 例、1 例、1 例、4 例和 2 例。

5.1.2　雷达回波统计特征

首先分别对 302 个冰雹云个例雷达回波特征进行分析,然后统计出单单体、超级单体、多单体和飑线 4 类冰雹云特征(表 5.1.2),并统计出各类型冰雹云特征值范围和典型特征(表 5.1.3)。

表 5.1.2　雷达回波特征和各类冰雹云降雹次数

回波特征	单单体(次)	超级单体(次)	多单体(次)	飑线(次)
"V"型缺口	42	13	60	2
三体散射	18	17	21	3
钩状回波	7	15		4
阵风锋回波	3	5	4	
弓形回波			34	14
(有界)弱回波区	46	22	41	10
旁瓣回波	33	18	34	8
悬挂回波	46	22	41	10
径向风辐合	74	22	53	14
逆风区	38		23	8
大风区	11	4	8	14
中气旋		22		

表 5.1.3　各类冰雹云特征值范围和典型特征

冰雹云类型	回波强度 (dBz)	回波顶高 (km)	强回波高度 (km)	典型特征
超级单体冰雹云	53～62	10～17	7～12	钩状回波、"V"型缺口回波、有界弱回波区、三体散射、旁瓣回波、悬挂回波、中气旋、低层辐合高层辐散、阵风锋回波
多单体冰雹云	50～60	8～13	6～10	"V"型缺口回波、弓形回波、三体散射、旁瓣回波、弱回波区、悬挂回波、速度辐合区、逆风区
单单体冰雹云	45～55	7～13	5～10	"V"型缺口回波、三体散射、旁瓣回波、弱回波区、悬挂回波、速度辐合区、逆风区
飑线	52～58	9～13	7.5～11	弓形回波、钩状回波、三体散射、旁瓣回波、悬挂回波、弱回波区、速度辐合区、逆风区、大风区

　　根据表 5.1.2 和表 5.1.3 分析发现,166 例单单体冰雹云在反射率因子 PPI 上 42 例具有"V"型缺口、18 例出现三体散射现象、7 例出现钩状回波、3 例出现了阵风锋回波;在反射率因子 RHI 上 46 例具有弱回波区或有界弱回波区,33 例有假尖顶回波(旁瓣回波)、46 例出现悬挂回波;在径向风分布上,74 例出现辐合区、38 例出现逆风区、11 例出现大风区。同时分析发现存在多次单单体冰雹云可以同时具有多种特征,也存在多例单单体冰雹云在反射率因子和径向风分布上都没有明显特征,但统计分析发现单单体冰雹云降雹反射率因子≥40 dBz、回波顶高≥7 km、强回波核高度≥5 km,大多数反射率因子在 45～55 dBz、回波顶高值在 7～13 km、强回波核高度 5～10 km。

　　22 例超级单体冰雹云在反射率因子 PPI 上 13 例具有"V"型缺口、17 例出现三体散射现象、15 例出现钩状回波、5 例出现了阵风锋回波;在反射率因子 RHI 上 22 例具有有界弱回波区、18 例有假尖顶回波、22 例出现悬挂回波;在径向风分布上,22 例出现低层辐合高层辐散、22 例出现中气旋、4 例出现大风区。同时统计分析发现超级单体冰雹云降雹反射率因子≥53 dBz、回波顶高≥10 km、强回波核高度≥7 km,大多数反射率因子 55～60 dBz 之间、回波顶高值在 10～17 km、强回波核高度在 7～12 km,22 例超级单体冰雹云平均最大回波强度可达 56 dBz、最低也达 53 dBz,平均最大回波顶高值达 12 km、≥45 dBz 强回波中心平均高度达 9 km。

　　总的来说,云南各地超级单体冰雹云除具有中气旋特征外,同时还具有三体散射、"V"型缺口回波、有界弱回波区、旁瓣回波(假尖顶回波)、悬垂回波、低层辐合高层辐散、阵风锋回波等一个或多个特征,这与超级单体低层具有强烈的入流气流并与高层辐散下沉运动并存形成低层辐合高层辐散现象而形成稳定的中尺度垂直环流结构有利于冰雹粒子反复循环增长和强对流回波发展密切相关,导致有界弱回波区伸展高度可达 8 km 和中高层悬挂回波形成,而大粒子的强烈散射作用导致"V"型缺口、旁瓣回波、三体散射、钩状回波等典型特征形成。

　　100 例多单体冰雹云在反射率因子 PPI 上,60 例具有"V"型缺口、21 例出现三体散射现象、4 例出现了阵风锋回波、34 例具有弓形回波;在反射率因子 RHI 上,41 例具有弱回波区、34 例有假尖顶回波(旁瓣回波)、41 例出现悬挂回波;在径向风分布上,53 例出现辐合区、23 例出现逆风区、8 例出现大风区。同样分析发现多单体冰雹云可以具有一个或多个典型雷达回波特征,且多单体冰雹云反射率因子≥45 dBz、回波顶高≥8 km、强回波高度≥6 km,大多数反射率因子在50～60 dBz,回波顶高值在8～13 km,强回波核高度在6～10 km,100例多单体冰雹云最大回波强度平均达54 dBz,最大回波顶高平均达11 km,强回波中心(≥45 dBz)高度平均达8 km。

　　飑线冰雹云在反射率因子PPI上,2例具有"V"型缺口、3例出现三体散射现象、4例出现钩状回波、14例具有弓形回波;在反射率因子RHI上10例具有有界弱回波区、8例有假尖顶回波(旁瓣回波)、10例出现悬挂回波;在径向风分布上,14例出现低层辐合高层辐散、14例出现大风区、8例出现逆风区。同时统计分析发现飑线冰雹云反射率因子≥52 dBz、回波顶高≥9 km、强回波核高度≥7 km,大多数反射率因子为52～58 dBz、回波顶高值在9～13 km、强回波核高度为7～11 km,14例飑线冰雹云平均最大回波强度可达54 dBz、最低也达52 dBz、平均最大回波顶高达12 km、≥45 dBz强回波中心平均高度≥8 km。总的来说,飑线冰雹云在速度场上都存在低层径向风辐合、局部大风区和逆风区等中尺度特征,导致对流回波强烈发展和弓形回波的形成,并出现"V"型缺口、三体散射现象、钩状回波、有界弱回波区、假尖顶回波(旁瓣回波)、悬挂回波等特征,在产生冰雹天气的同时,往往伴有地面大风。

5.1.3　小结

　　通过对302个不同类型冰雹云雷达回波特征分析,得出以下结论。

　　(1)单单体冰雹云一般反射率因子在45～55 dBz、回波顶高值在7～13 km、强回波核高度为5～10 km,常常具有"V"型缺口、三体散射、旁瓣回波、弱回波区、悬挂回波、辐合区、逆风区等特征。

　　(2)多单体冰雹云一般反射率因子在50～60 dBz、回波顶高在8～13 km、强回波核高度为6～10 km,最常见具有"V"型缺口回波、弓形回波、三体散射、旁瓣回波、弱回波区、悬挂回波、辐合区、逆风区等特征。

　　(3)超级单体冰雹云一般反射率因子为55～60 dBz、回波顶高值在10～17 km、强回波核高度为7～12 km,常常具有钩状回波、"V"型缺口、有界弱回波区、三体散射、旁瓣回波、阵风锋回波、悬挂回波、中气旋、低层辐合高层辐散等特征。

　　(4)大多数飑线冰雹云反射率因子在52～58 dBz、回波顶高值在9～13 km、强回波核高度为7～11 km,飑线冰雹云常常具有低层径向风辐合、局部大风区和逆风区等中尺度特征及弓形回波、钩状回波、旁瓣回波、悬挂回波、弱回波区等特征。

　　(5)超级单体和飑线冰雹云的反射率因子值和回波顶高值最大,其次是多单体冰雹云,单单体冰雹云的反射率因子普遍偏小,这也与各类雹云的形成条件不同有关。

　　(6)四种类型雹云常见具有弱回波区、悬挂回波和旁瓣回波特征,且弱回波区和悬挂回波往往同时存在,速度场上除超级单体冰雹云具有特殊的中气旋结构特征外,其他三种冰雹云都以辐合为主,其次是逆风区,飑线冰雹云局部常常还具有大风区特征。

5.2　单单体冰雹云个例

　　单单体冰雹云是整个生命史中没有发生分裂和合并的对流单体,具有发展快、周期短的特点。2015年6月4日滇中及以东地区受切变线影响对流发展旺盛,产生多地降雹,其中17:24—18:53一个孤立的单单体冰雹云发展演变导致曲靖市马龙县局地降雹,冰雹直径约为

8 mm，造成曲靖马龙县曲宗村部分农作物受灾。

下面结合地闪资料对此次典型单单体冰雹云演变特征进行分析。

5.2.1　单单体冰雹云雷达回波结构和地闪特征

2015 年 6 月 4 日 17:24 单体对流云团 A 初始生成后快速发展，缓慢偏东移动，18:53 单单体对流云团回波消散，整个生命史维持 89 min，发展过程中没有对流单体的新生和合并。此次单体冰雹云团从 17:54 开始出现地闪，18:29 地闪结束，地闪过程持续 35 min，共产生 71 次负地闪和 2 次正地闪，期间 18:06 左右马龙县出现降雹。

从单单体冰雹云发展演变的昆明雷达 0.5°仰角观测反射率因子和径向速度 PPI（图 5.2.1）和垂直剖面 RHI（图 5.2.2）看，17:24（图略）单体回波 A 在马龙、陆良、石林交界处生成，回波强度 38 dBz，顶高 6 km，速度场上没有明显的速度切变，无地闪出现。17:48 在反射率因子 PPI（图 5.2.1a）上，单体回波 A 缓慢偏东移并开始快速发展，在回波东南侧出现入流缺口（弱回波区），表明低层存在暖湿入流气流进入云团，利于强对流回波发展，回波强度达 52 dBz，顶高达 8 km，强中心高度 2.9 km，−10 ℃层回波强度达 41 dBz，垂直液态含水量（VIL）达到 9.5 kg/m² ，北侧出现旁瓣回波，表明在云团内存在大粒子产生强烈散射作用；此时在径向速度 PPI（图 5.2.1b）上，在单体强中心前侧（东侧）为负速度区而后侧（西侧）为正速度区，表明存在明显的风向辐合区利于强对流回波发展，在垂直剖面 RHI（图 5.2.2a、b）上，可以清晰地看到向后方倾斜的水平速度零线，在零线下端为辐合区，零线上端为辐散区，表明单体内已经形成完整的倾斜上升结构，单单体云团前侧暖湿空气辐合进入云体并辐合上升，可以将一定的降水粒子垂直输送到−10～−20 ℃的冰雹累积区，并不断上升循环增长而使回波增强，从而形成低层弱回波区和中层悬挂回波，且在回波顶部由于存在大粒子的强烈散射作用出现旁瓣回波特征。随后，回波强度、回波顶高、VIL 等多项参数都开始发生跃增，并开始出现地闪活动。18:06（图 5.2.1c—d）单体已发展至成熟阶段，北侧旁瓣回波特征更加清晰，中尺度径向风辐合仍然存在，回波强度发展至 59 dBz、顶高达 12.6 km，强中心高度 4.7 km，−10 ℃层最大强度达到 49 dBz，VIL 最大值达到 24.5 kg/m² ；从垂直剖面（图 5.2.2c—d）上可以看出，强中心位于回波后侧，向上向下发展并接地，形成回波墙，中低层径向风辐合和高层辐散特征仍然存在，有利于单体冰雹云维持，但中低层径向风辐合范围虽然扩大但强度减弱，对应地面降雹，由于强回波区即大粒子累积区位于−10 ℃层附近，略低于有利于大冰雹形成的−10 ℃至−20 ℃层，这也是此次降雹粒子不大的原因，冰雹直径 8 mm，此时地闪活跃，6 min 发生地闪 12 次。18:23（图 5.2.1e、f）由于降水粒子的拖曳作用，下沉气流加强，回波强中心范围缩小和减弱至 50 dBz 左右，回波顶高下降至 10 km，−10 ℃层最大强度也降至 41 dBz，VIL 最大值减小到 15.7 kg/m² ；在速度上单体 A 转为一致的正速度区，且离开雷达远一侧正速度大于近一侧，表现为风速辐散特征，不利于对流云团发展，地闪频数也迅速减少，单单体冰雹云团 A 进入减弱消散阶段。

综上所述，降雹单单体回波发展迅速，生消过程较短，回波经历生成、发展、成熟、减弱、消散五个阶段，单单体冰雹云生成后由于低层存在入流辐合和高层辐散的垂直结构，导致垂直上升运动形成，将大量的降水粒子输送至冰雹累积区而使单体回波快速发展，回波强度、回波顶高、VIL 值明显跃增，并形成弱回波区、悬挂回波、旁瓣回波、回波墙、低层中尺度径向风辐合而高层辐散等特征，成熟阶段回波强度达 59 dBz，回波顶高 12.6 km，强中心高度达 4.7 km，−10 ℃层回波强度达到 49 dBz，VIL 达 24.5 kg/m² ，但由于此次单单体冰雹云强回波区即大

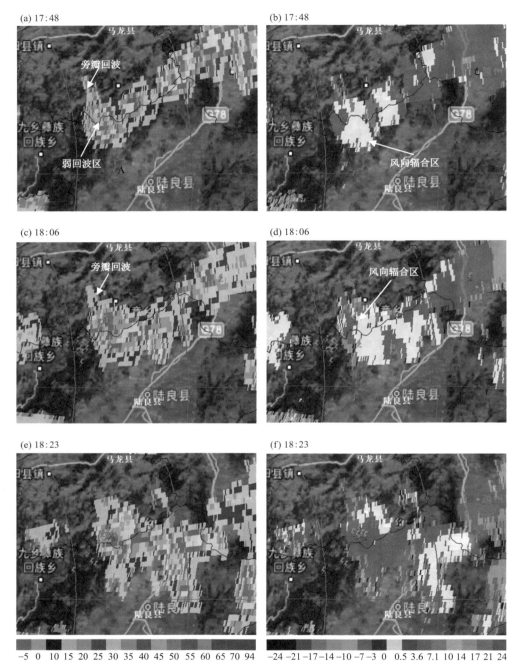

图 5.2.1　2015 年 6 月 4 日单单体冰雹云反射率因子(单位:dBz,a、c、e)和径向速度
(单位:m/s,b、d、f)与前 6 min 地闪叠加

昆明雷达站 PPI 观测仰角为 0.5°,每圈距离间隔 30 km,红色标识表示地闪

粒子累积区位于−10 ℃层附近,略低于有利于大冰雹形成的−10～−20 ℃层,导致降雹粒子不大。当对流单体转为径向风速辐散时不利于对流云团发展,单单体冰雹云团逐渐减弱消散,回波强度减弱、回波顶高降低和 VIL 降低,地闪迅速减少。

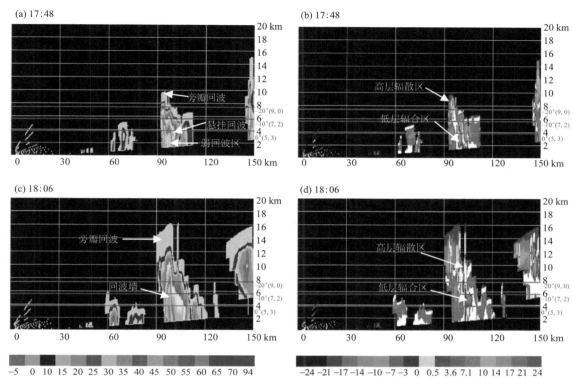

图 5.2.2　2015 年 6 月 4 日单单体冰雹云反射率因子垂直剖面(单位:dBz,a、c)、
径向速度垂直剖面(单位:m/s,b、d)

5.2.2　单单体冰雹云回波参数和地闪演变特征

(1)反射率因子和地闪频数演变特征及相关性

从单单体冰雹云最大回波强度、−10 ℃层回波强度、−20 ℃层回波强度及地闪数和
≥45 dBz 回波地闪数(图 5.2.3)来看,在 17:36 之前,单单体处于生成阶段,最大回波强度虽
然已有发展,但−10 ℃层回波强度还较低,−20 ℃层回波强度为零,证明大部分降水粒子仅
处于低层。随后−10 ℃层回波强度、−20 ℃层回波强度都有一个明显的跃增,说明更多的降
水粒子被输送到−10～−20 ℃层之间,该区域既有利于冰雹粒子的增长,又有利于电荷累积。
随着单单体冰雹云回波逐渐增强,云内电荷逐渐累积,大气电场不断加强,且在 17:48 开始产
生地闪,随后 17:54 冰雹云回波发展至 45 dBz,随着冰雹云回波强度继续增强,冰雹云内地
闪数快速增加,相应≥45 dBz 回波区地闪数也迅速增加,两者变化趋势一致,但地闪仍发生
在<45 dBz 回波区,并非都发生在强回波区。18:06 单体发展到成熟阶段,最大回波强度达到
59 dBz,−10 ℃层强度达到 49 dBz,−20 ℃层强度达到 43 dBz,说明整个发展过程中,大粒子
主要集中在−10 ℃层以下区域,到达−10～−20 ℃层区域的粒子数较少,且维持时间较短,
因此,此次单单体降雹时间较短,冰雹直径偏小。随后单单体冰雹云降下冰雹,冰雹等降水粒
子下降产生的拖曳作用,使得下沉气流加强,负电荷粒子下降,导致负电荷中心下移,大气电场
进一步加强,负地闪达到峰值,由于云南雷暴云以负地闪为主,负地闪演变基本能表征总地闪
演变,相应地闪达到峰值,6 min 达 17 次。随后,降水将原有的负荷电粒子带走,负地闪(地
闪)频数迅速减少。

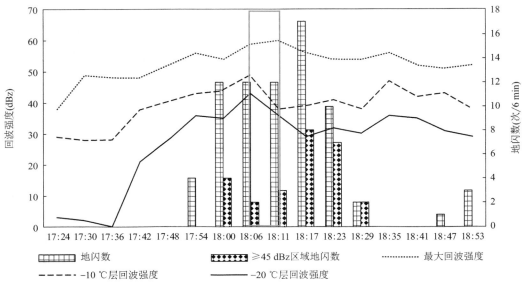

图 5.2.3　2015 年 6 月 4 日单单冰雹云地闪数、≥45 dBz 区域地闪数与回波强度、
−10 ℃层回波强度、−20 ℃层回波强度随时间演变(红色矩形区域为降雹时段)

（2）回波高度和地闪频数演变特征及相关性

从回波顶高、45 dBz 回波高度与地闪数和 45 dBz 回波区地闪数演变(图 5.2.4)来看，17:48 之前，对应回波的生成阶段，回波顶高在 8 km 以下，无地闪发生。17:48 开始回波顶高发生跃增，对应第一次地闪的出现。18:06 回波顶高、45 dBz 高度达到最大，对应对流发展最为旺盛，地闪频数逐渐增加，随后地面降雹，回波顶高下降，对应负电荷中心下降，大气电场增强，地闪频数达到峰值。且从地闪频数和回波强度 45 dBz 回波区地闪频数可以看出，在生成、

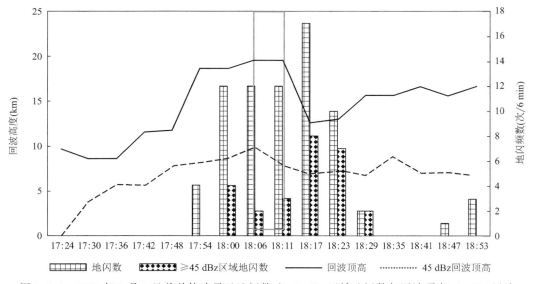

图 5.2.4　2015 年 6 月 4 日单单体冰雹云地闪数、≥45 dBz 区域地闪数与回波顶高、45 dBz 回波
顶高随时间演变(红色矩形区域为降雹时段)

发展和成熟阶段,地闪的发生区域比较分散,大部分地闪并非发生在强回波区,此时的地闪是由单体冰雹云低层小的荷电中心放电引起的。18：11 随着降雹发生,回波顶高下降,标志着单体冰雹云进入消散阶段,荷负电中心下移,地闪频数增加,地闪的发生逐渐开始集中在 45 dBz以上的强回波区域,即下移的荷负电中心区域,18：23 时 70% 的负地闪集中在 45 dBz 区域,18：29 全部负地闪集中在 45 dBz 区域。

　　(3)垂直累积液态水含量与地闪频数演变及相关性

　　垂直累积液态水含量(VIL)是将反射率因子转换为等量的液态水值,它是判别冰雹等强对流天气的重要参数。

　　从垂直液态水含量、0 ℃ 层以上垂直液态水含量与地闪频数演变及关系(图 5.2.5)来看,在单体的生成和发展阶段,VIL 值逐渐增加,当 VIL 增加到 10 kg/m² 时,地闪频数开始跃增,VIL 再增大到 20 kg/m² 之后,地面冰雹过程发生,18：06 地面降雹发生之后,VIL 值迅速减小,地闪频数出现短时增加后也迅速减小,降雹逐渐趋于结束。

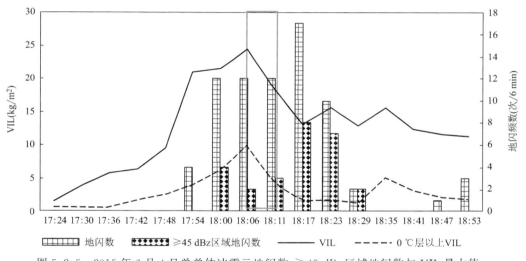

图 5.2.5　2015 年 6 月 4 日单单体冰雹云地闪数、≥45 dBz 区域地闪数与 VIL 最大值、
0 ℃ 层以上 VIL 随时间演变(红色矩形区域为降雹时段)

　　可见,垂直液态水含量只有达到一定值,才能为强对流单体云团的发展、雷电的产生和冰雹的生成提供充足云水条件,保障降水粒子凝结增长形成冰雹。

5.2.3　小结

　　(1)单单体冰雹云发展迅速,生消过程较短,冰雹云回波经历生成、发展、成熟、减弱、消散五个阶段,生成发展阶段,单单体冰雹云反射率因子、顶高和 VIL 逐渐增大,地闪逐渐增加,成熟阶段回波参数达到最大值并产生降雹,降雹开始后回波指标快速下降,地闪频数出现短暂增加后也迅速减少,这与冰雹云电荷结构有关。

　　(2)由于低层存在入流辐合和高层辐散的垂直结构,导致倾斜垂直上升气流形成,将大量的降水粒子输送至冰雹累积区促使单体回波快速发展,回波强度、回波顶高、VIL 值明显跃增,并形成弱回波区、悬挂回波、旁瓣回波、回波墙、低层中尺度径向风辐合而高层辐散等特征。

　　(3)单单体冰雹云回波强度可达 60 dBz、回波顶高达 12.6 km,但雹云强回波区即大粒子累积区位于 −10 ℃ 层附近,到达 −10～−20 ℃ 层区域的粒子数较少,且维持时间较短,导致此次单单体降雹时间较短,冰雹直径偏小。

(4)充足的水汽是冰雹生长所必须的条件,垂直液态水含量只有达到一定值,才能为强对流单体云团的发展、雷电的产生和冰雹的生成提供充足云水条件,保障降水粒子的凝结增长形成冰雹,当 VIL 增加到 10 kg/m^2,单单体冰雹云地闪跃增,再增大到 20 kg/m^2 之后,产生地面降雹。

5.3　多单体冰雹云个例

多单体冰雹云是由多个对流单体组成,在一个多单体冰雹云的生命史中,可能存在多个对流单体的生消过程,一般会在新的辐合上升区激发出新的对流单体。因此,多单体冰雹云维持的时间较单单体冰雹云长,往往造成地面多地大风、冰雹等强对流灾害性天气。

2015 年 7 月 31 日一个多单体冰雹云直接导致云南中部地区一次大范围雷雨大风冰雹强对流天气过程,降水量分布不均匀,其中玉溪市江川区三百亩村降水量最大,15:00—18:00 降水量达 84.9 mm,三百亩村附近 15:40 和 17:40 先后两次出现降雹,最大冰雹直径 10 mm。

5.3.1　多单体冰雹云雷达回波结构和地闪特征

一个单体对流回波生成后随环境风缓慢向东南方向移动的同时后侧和右侧不断有对流单体新生、发展、合并,单体后向传播的"列车效应"形成多单体冰雹云,导致强回波一直在三百亩村附近维持,造成三百亩村区域站出现多次间歇性的短时强降水,并伴有 2 次降雹,同时多单体冰雹云从 15:33 开始产生地闪,至 17:52 地闪结束,地闪过程持续 139 min,发生 176 次负地闪和 2 次正地闪,同样表明多单体冰雹云发展演变过程中负闪电占绝对优势,符合低纬高原雷暴云三极性电荷结构特征。

图 5.3.1 和图 5.3.2 分别给出多单体冰雹云发展演变过程中昆明雷达 0.5°观测仰角 PPI 反射率因子和径向速度。

14:49(图 5.3.1a、图 5.3.2a)在晋宁、澄江和江川三县交界处初始单体回波 A 在 3～6 km 的中空生成,随后 A 加强并向东南偏南方向移动,回波 A 上径向风分布不均匀,表明存在中尺度径向风向辐合辐散现象,将有利于对流回波的发展。15:13(图 5.3.1b、图 5.3.2b)对流回波 A 增强且面积扩大,其间与周边新生对流单体有合并现象,存在多个强回波中心,且后侧有小对流单体回波 B 生成,同时回波 A 低层前侧存在径向风辐散现象,而 A 后侧与回波 B 前侧之间存在径向风辐合,对流回波 A 和回波 B 形成辐散辐合交替出现的形势,此时回波 A 处于三百亩村站上空,给三百亩村站带来降水。随后处于辐散区的回波 A 前侧减弱,而处于辐合区的回波 A 后侧向后发展,回波 B 前侧向前发展,15:31 回波 A、B 合并成为多单体对流回波(图略),合并后 A 发展迅速,继续东南方向移动,同时多单体回波 A 前进方向右侧又有新对流单体回波 C 生成,且多单体对流回波 A 后侧继续不断新对流单体生成。

15:37(图 5.3.1c、图 5.3.2c)多单体对流回波 A 上存在明显的径向风辐合,尤其回波西南部出现径向速度约 -10 m/s 的负速度中心,表明低层存在较强的入流气流辐合进入云体,有利于低层水汽向上抬升凝结增长和冰雹粒子的形成,形成了西南部的入流缺口(弱回波区),A 迅速发展,回波强度达 54 dBz,回波顶高 15 km,强中心高度 4.5 km,-10 ℃层回波强度达到 38 dBz,VIL 达到 14.2 kg/m^2,且由于多单体冰雹云强烈散射作用出现旁瓣回波和三体散射现象,此时多单体冰雹云回波 A 强中心东南移到江川县江城镇三百亩村站上空,产生冰雹天

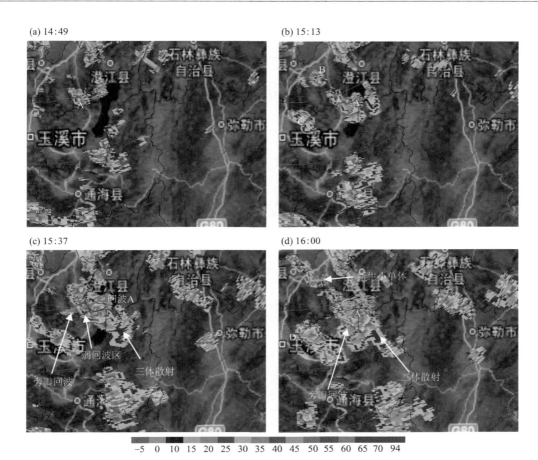

图 5.3.1　2015 年 7 月 31 日多单体冰雹云反射率因子（单位：dBz）与前 6 min 地闪叠加
昆明雷达站 PPI 观测仰角为 0.5°，每圈距离间隔 30 km，红色标识表示地闪

气并伴有短时强降水，开始产生地闪并迅速达到峰值 24 次/6 min，且地闪与＞40 dBz 回波区域以及低层辐合区具有很好的对应。

16：00（图 5.3.1d，图 5.3.2d）回波 A 前侧减弱后侧加强，形成一条西北—东南走向的中尺度辐合区，在回波 A 后方辐合区附近仍不断有新对流单体回波生成，不断从后侧并入多单体回波 A，形成列车效应保障 A 维持发展，三体散射现象和旁瓣回波清晰可见，东南移回波再次产生三百亩村短时强降水。同时多单体冰雹云回波 A 后向传播新生成的回波 D 也逐渐发展，之后继续不断有新对流单体生成补充，列车效应继续产生该地区短时强降水和局地降雹。

因此，径向速度场上低层中尺度径向风辐合辐散的存在有利于对流回波的形成发展，对流回波在低层辐合区生成发展，在低层辐散区减弱消散，且随环境风向东南方向移动，新对流单体不断在后侧中尺度辐合区内形成和并入前侧对流回波，列车效应导致前侧多单体冰雹云回波形成和持续发展；多单体冰雹云回波经历生成、发展、后向传播补充发展、成熟、减弱、再后向传播补充发展等阶段，由于单体移动的方向和传播的方向近于反向，导致多单体冰雹云强回波呈现准静态和强回波多次经过三百亩村站上空；较强的低层辐合气流进入云体，有利于低层水汽向上抬升凝结增长和冰雹粒子循环增长，导致多单体冰雹云回波迅速发展，形成了入流缺口

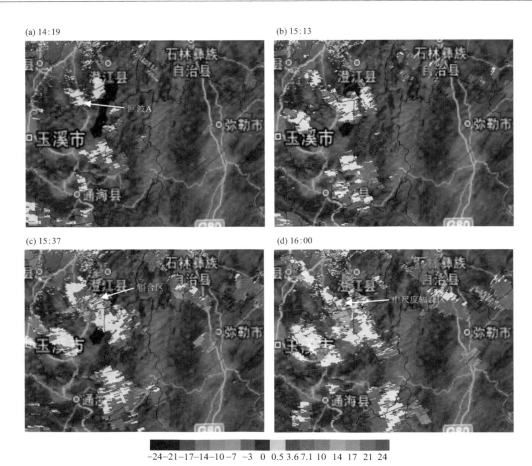

图 5.3.2　2015 年 7 月 31 日多单体冰雹云径向速度(单位:m/s)与地闪叠加
昆明雷达站 PPI 观测仰角为 0.5°,每圈距离间隔 30 km,红色标识表示地闪

(弱回波区)、旁瓣回波和三体散射等特征,出现冰雹大风和短时强降水等强对流天气。

5.3.2　多单体冰雹云回波参数和地闪演变特征

(1)反射率因子和地闪频数演变特征及相关性

从回波强度、−10 ℃层回波强度与地闪频数演变及相关性看(图 5.3.3),在 15:19 之前多单体冰雹云处于生成阶段,回波强度虽然已有发展,但−10 ℃层回波强度还较低,证明大部分降水粒子仅处于低层。随后−10 ℃层回波强度有一个明显的跃增,更多的降水粒子被输送到−10 ℃以上,该区域既有利于冰雹粒子的增长,也有利于负电荷的生成和累积。随着电荷的累积,大气电场不断加强,15:37 开始产生地闪,15:42 多单体冰雹云发展至成熟阶段,回波强度达 54 dBz,−10 ℃层回波强度达 42 dBz,地闪频数达 24 次/6 min,随后产生地面降雹,随着降雹形成的下沉气流作用,多单体回波减弱,大气电场也相应减弱,地闪在短时间内减弱停止。16:06 后由于后部新生对流单体补充并入形成列车效应的作用,多单体回波再次发展,使得净电荷再次累积,大气电场加强,地闪再次出现且逐渐增强,17:34 回波再次发展成熟,回波强度再次发展达 58 dBz,−10 ℃层回波强度达 48 dBz,地闪频数达 21 次/6 min,再次产生地面降雹和短时强降水。

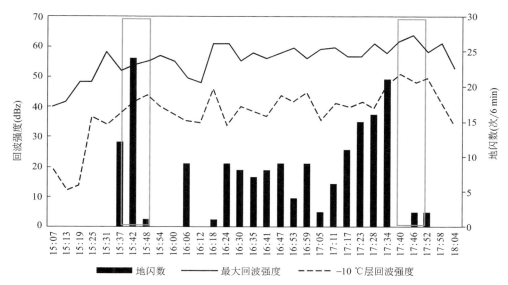

图 5.3.3　2015 年 7 月 31 日多单体冰雹云地闪频数与回波强度、—10 ℃层回波强度随时间演变

（红色矩形区域为降雹时段）

（2）回波高度和地闪频数演变特征及相关性

从回波顶高、45 dBz 回波高度与地闪频数演变及相关性来看（图 5.3.4），15：19 之前单单体冰雹云回波生成阶段，回波顶高在 10 km 以下，无地闪发生，15：25 回波顶高发生跃增，随后第一次地闪出现。15：37 回波顶高达到最大，对应对流发展最为旺盛，地闪频数也迅速增加至 15：42 达到峰值，随后产生地面冰雹，回波顶高下降，地闪频数降低。17：11 由于后部新生对流单体补充并入形成列车效应，多单体冰雹云回波顶高再次发展，地闪频数也再次增加，逐步到达峰值，之后地面再次出现降雹，可见地闪的出现和频增先于降雹前达到。

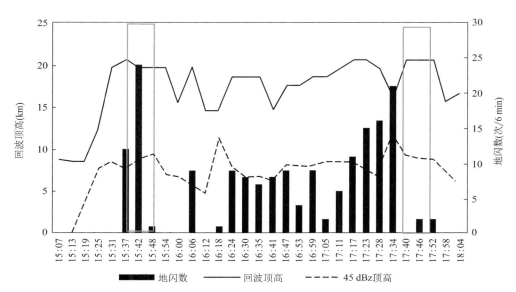

图 5.3.4　2015 年 7 月 31 日多单体冰雹云地闪数与回波顶高、45 dBz 回波高度随时间演变

（红色矩形区域为降雹时段）

（3）垂直累积液态水含量与地闪频数演变及相关性

从垂直累积液态水含量、0 ℃层以上垂直液态水含量与地闪频数演变及相关性（图 5.3.5）同样可以看出，在多单体冰雹云的生成和发展阶段，VIL 值逐渐累积到 15 kg/m² 以上，为强对流的发展、雷电的产生和冰雹的生成提供了充足的水汽，期间 15:31—15:42 完成了首次降雹的 VIL 累积过程，与地闪的发生有很好的对应，15:48 VIL 达到峰值，此时冰雹已经孕育完成并开始降落，随着冰雹等降水粒子的下落，VIL 减小，对应地闪频数迅速减小。17:00 之后由于后部新生对流单体补充并入导致多单体冰雹云再度发展，VIL 再次累积不断增加，并 17:40 达到峰值 29.9 kg/m²，相应地闪频数达峰值，随后地面出现第二次降雹和短时强降水，可见 VIL 的演变对强对流天气发展及雷暴和冰雹天气发生具有较好的指示性。

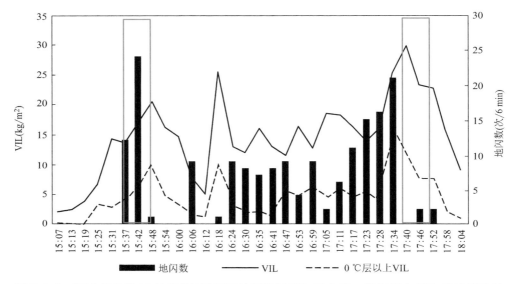

图 5.3.5　2015 年 7 月 31 日多单体冰雹云地闪数与 VIL 最大值、0 ℃层以上 VIL 随时间演变
（红色矩形区域为降雹时段）

5.3.3　小结

（1）低层中尺度径向风辐合辐散的存在有利于对流回波的形成发展，对流回波随环境风向东南方向移动，且新对流单体不断在后侧中尺度辐合区内形成和并入前侧对流回波，后侧对流单体在低层辐合区生成发展，前侧对流回波在低层辐散区减弱消散，列车效应促使前侧多单体冰雹云回波持续发展，导致多单体冰雹云维持的时间较单单体长。

（2）多单体冰雹云回波经历生成、发展、后向传播补充发展、成熟、减弱、再后向传播补充发展等阶段，由于单体移动的方向和传播的方向近于反向，导致多单体冰雹云回波呈现准静态和强回波多次经过三百亩村站上空，造成地面持续多次强对流灾害天气。

（3）较强的低层辐合气流进入云体，有利于低层水汽向上抬升凝结增长和冰雹粒子循环增长，多单体冰雹云回波迅速发展，具有入流缺口（弱回波区）、旁瓣回波和三体散射等特征，回波强度最大达 58 dBz、回波顶高达 15 km、强回波中心高度达 4.5 km、VIL 达 29.9 kg/m²，产生冰雹大风和短时强降水等强对流天气。

（4）在多单体冰雹发展阶段，雷达回波强度、顶高、强回波中心高度和垂直累积液态水含量等各项雷达特征参数逐渐增大,当各项雷达参数增强到一定程度,地闪开始出现并逐渐增加,继续增大到峰值左右,多单体冰雹云发展成熟,地闪频数达峰值,随后地面冰雹等强天气产生,因此雷达回波强度、顶高、强中心高度和垂直液态水含量对强对流天气发展及雷暴和冰雹天气发生具有较好指示性,同时地闪活跃程度也能表征强对流冰雹云发展程度,对强对流冰雹天气也具有指示性。

5.4　超级单体冰雹云个例 1

2015 年 5 月 8 日 21:00—9 日 00:16 云南东部出现一次由超级单体引起的强对流天气过程,超级单体维持约 3 h,造成昆明市宜良县 22:30 降雹,冰雹直径 10 mm,维持 4 min,偏东移动随后 23:40 在曲靖市陆良县马街镇降雹,冰雹直径 15 mm,维持 20 min,且超级单体伴有频繁地闪活动,21:19 产生第一次地闪后持续近 160 min,共发生地闪 141 次,正地闪仅发生 18 次,负地闪比例占 89%。

5.4.1　超级单体冰雹云雷达回波结构和地闪特征

图 5.4.1 给出超级单体冰雹云发展演变过程中,昆明雷达 0.5°仰角 PPI 反射率因子和径向速度。

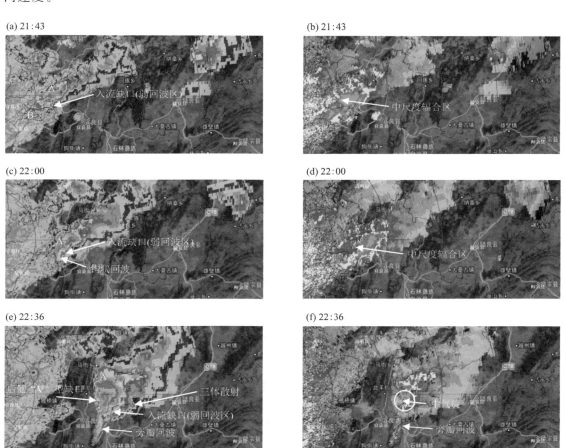

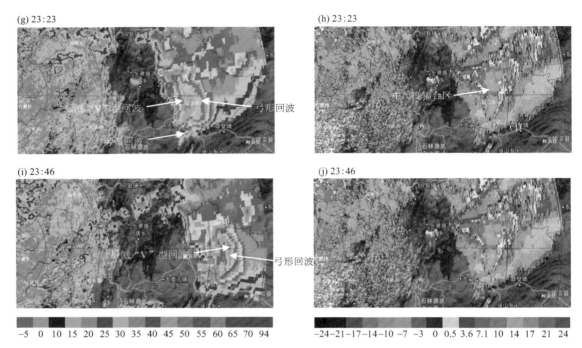

图 5.4.1　2015 年 5 月 8 日超级单体冰雹云反射率因子(a、c、e、g、i,单位:dBz)、径向速度
(b、d、f、h、j,单位:m/s)与前 6 min 地闪叠加
昆明雷达站 PPI 观测仰角为 0.5°,每圈距离间隔 30 km,红色标识表示地闪

21:13(图略)在昆明雷达东部约 30 km 处有一条东北—西南走向的带状对流回波,偏东移动
且不断发展,此时无地闪活动。21:43(图 5.4.1a、b)带状对流回波在偏东移过程中北段回波
存在径向风辐散,将逐渐减弱,而南段回波远离雷达一侧的负速度大于距离近的一侧负速度,
存在径向风速辐合,形成了前侧(东侧)弱回波区(入流缺口),低层前侧入流暖湿气流进入云体
导致对流回波 A 快速发展,处于超级单体冰雹云 A 初始生成发展阶段,回波强度达到 50 dBz,
回波顶高 9.6 km,强回波中心高度 3.1 km,−10 ℃层强度达到 40 dBz,VIL 达到 4.0 kg/m²,
同时在 A 南侧新对流单体回波 B 生成,此时在 30 dBz 以上回波区域附近偶尔有地闪发生。

22:00(图 5.4.1c、d)在带状回波向东移动的过程中,对流回波 A 辐合增强,除具有风速辐
合外还存在径向风向辐合,有界弱回波区增大,表明入流辐合上升气流增强有利于冰雹粒子循
环抬升凝结增长,在 A 南端(右侧)出现了钩状回波特征,且单体对流回波 B 并入回波 A 中,冰
雹云回波 A 迅速发展,回波强度达 53 dBz,回波顶高 10.6 km,强中心高度 3.5 km,−10 ℃层
最大强度达到 48 dBz,VIL 最大值达到 14.3 kg/m²,地闪增加。

22:36(图 5.4.1e、f)对流回波 A 发展到达成熟阶段,在 A 中低层出现右正、左负的速度
对,形成核区直径约 4.2 km 的 γ 中尺度气旋,形成超级单体回波,由于处于偏东环境风影响,
最大入流速度和最大出流速度并不相等,最大出流速度为 14 m/s,最大入流速度为 7 m/s,中
气旋的出现表明存在持久且深厚的上升气流,进一步为冰雹粒子的抬升凝结增长和大冰雹粒
子的形成提供条件,回波强度达到 65 dBz,回波顶高 12.6 km,强回波中心高度 3.7 km,
−10 ℃层回波强度达到 53 dBz,VIL 最大值达到 18.3 kg/m²,由于超级单体 A 中大冰雹粒子
的强烈散射作用,在南侧出现了典型的旁瓣回波,在前侧出现了三体散射现象,沿途在昆明市

宜良县产生降雹,冰雹直径 10 mm,同时地闪频数增加,但由于中气旋带来的强大上升气流将冰雹等带电粒子带入高空,造成荷电中心与地面距离增大,大气电场减小,因此所有地闪都发生在强回波外围和回波前侧云砧区域,在中气旋所处的强上升气流区虽为强回波中心,仍然无地闪发生。

23:23(图 5.4.1g、h)中尺度径向风辐合区增强,保障对流回波持续发展,但随着冰雹的降落,由于降雹引起的下沉气流作用,后侧出现"V"型入流缺口回波,表明后侧有冷空气入流气流,A 演变形成弓形回波,南侧旁瓣回波存在,A 回波强度略有减弱,回波强度 57 dBz,回波顶高 11.4 km,强中心高度 3.1 km,−10 ℃层强度 49 dBz,但 VIL 继续增加达 21.7 kg/m²,23:40左右在曲靖市陆良县降下大冰雹,冰雹直径达 15 mm。

23:46(图 5.4.1i、j)A 由于大冰雹的降落的拖曳作用,下沉气流加强,后侧冷空气入侵增强,弓形回波特征更加明显,开始处于减弱阶段,回波强中心分裂减弱,回波强度 56 dBz,回波顶高下降为 9.7 km,强回波中心高度 3.5 km,−10 ℃层回波强度为 52 dBz,VIL 略下降为19.2 kg/m²,继续产生曲靖市陆良县雷雨大风冰雹天气,由于大冰雹降落的拖曳作用,下沉气流加强,雷暴云中的荷负电中心向下移动,大气电场增加,地闪频数达到此次超级单体过程的最大地闪频数 18 次/6 min,且此时地闪在强回波中心及其附近区域发生,证明了处于强回波中心区负荷电中心随着降雹发生下移的事实。

从成熟阶段超级单体冰雹云反射率因子(图 5.4.2a)和径向速度剖面(图 5.4.2b)可以看出,低层 4 km 以下存在明显的中尺度径向风辐合而高空存在径向风辐散,利于上升气流的维持发展和冰雹粒子循环凝结增长而导致大冰雹的形成,且由于高层环境偏东气流的作用导致向东倾斜的云体结构形成,更加利于超级单体持续发展,形成低层有界弱回波区和中层悬挂回波,且强回波出现在中层冰雹粒子累积区,由于大粒子强烈散射作用在回波顶出现旁瓣回波和在前侧出现三体散射现象。进一步从 1.5°仰角反射率因子(图 5.4.3a)与回波顶高(图 5.4.3b)分布对比发现,回波顶明显偏于超级单体回波 A 东侧,位于低层弱回波区上的典型悬挂回波特征。

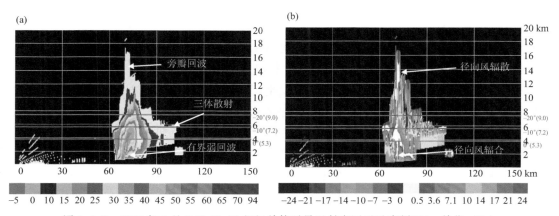

图 5.4.2　2015 年 5 月 8 日 22:36 超级单体雷暴反射率因子垂直剖面(a,单位:dBz)
和径向速度垂直剖面(b,单位:m/s)

5.4.2　超级单体冰雹云回波参数和地闪演变特征

(1)反射率因子和地闪频数演变特征及相关性

从回波强度、−10 ℃层回波强度、−20 ℃层回波强度与地闪频数演变及相关性(图

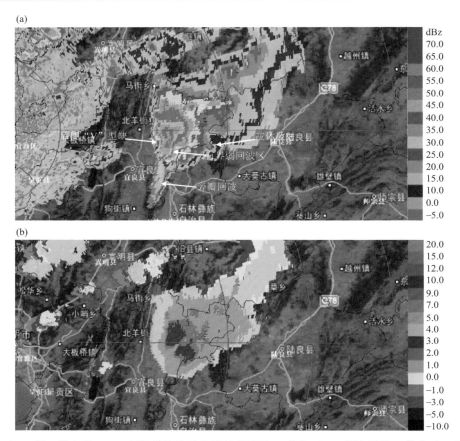

图 5.4.3 2015 年 5 月 8 日 22:36 超级单体冰雹云反射率因子(a,单位:dBz)、回波顶高(b,单位:km)与地闪叠加
昆明雷达站 PPI 观测仰角为 1.5°,每圈距离间隔 30 km,红色标识表示地闪

5.4.4)看出,在 22:18 之前,超级单体 A 处于发展阶段,回波强度达 50 dBz 以上,−10 ℃层回波强度也逐渐发展到 30~50 dBz,−20 ℃层回波强度虽然波动起伏但逐渐发展到 20~40 dBz 之间,此时地闪较少。随后−20 ℃层回波强度出现明显跃增,说明更多的大降水粒子被输送到−10~−20 ℃层之间,有利于冰雹粒子的增长,形成冰雹生长累积区,又有利于荷负电的生成和累积,大气电场也不断加强,地闪频数也发生跃增,22:30 左右随着−20 ℃层回波强度发展到最大值 53 dBz,超级单体回波发展成熟并进入降雹阶段,可见地闪先于降雹前发生。22:36 左右−20 ℃层回波强度减小,但最大回波强度和−10 ℃层回波强度仍有升高,说明大冰雹粒子开始下落,并且由于冰雹等降水粒子下降产生的拖曳作用,下沉气流加强,使得荷负电粒子下降,导致负荷电中心下移,大气电场进一步加强,地闪频数达到第一个峰值 16 次/6 min,对应于地面强烈降雹。随后超级单体回波强度虽略有减小,但仍维持较大值,表明此时强对流仍维持,地闪频数也有一定波动,23:29 回波强度、−20 ℃层回波强度再一次达到峰值,说明上升气流旺盛,大的降水粒子被强大的上升气流带到了较高的高度,有利于大粒子质量的累积,随后产生地面第二次降雹,但荷电粒子的抬升,使得荷电中心抬升,大气电场减弱,与此时地闪频数的降低相对应,23:40 随着地面降雹的发生,−20 ℃层回波强度快速降低,大的冰雹粒子降落产生拖曳作用,下沉气流再次加强,荷负电粒子下降,荷负电中心再次下移,大气电场加强,地闪频数跃增。最后,回波强度、−10 ℃层回波强度逐渐减小,而−20 ℃层回波强度迅速减

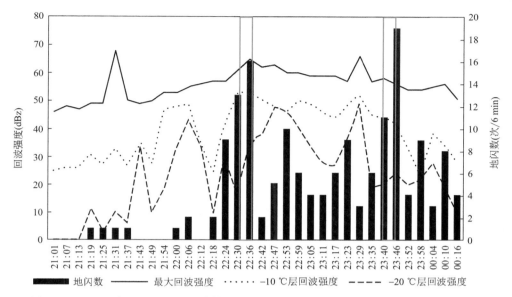

图 5.4.4　2015 年 5 月 8 日超级单体冰雹云地闪频数与回波强度、−10 ℃层回波强度、

−20 ℃层回波强度随时间演变

（红色矩形区域为降雹时段）

少,说明上升气流减弱和降水粒子尤其大粒子迅速减小,降雹过程结束,且降水将原有的负荷电粒子带走,地闪频数也迅速减少,超级单体 A 进入消散阶段。

（2）垂直累积液态水含量与地闪频数演变及相关性

从垂直液态水含量最大值、0 ℃层以上垂直液态水含量与地闪频数演变及相关性（图 5.4.5）来看。20:00 回波 VIL 逐渐增加到 10 kg/m^2 以上,地闪开始增加,说明回波进入发展

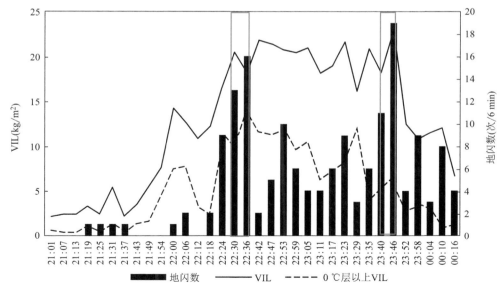

图 5.4.5　2015 年 5 月 8 日超级单体冰雹云地闪频数与垂直液态水含量、

0 ℃层以上垂直液态水含量随时间演变

（红色矩形区域为降雹时段）

阶段,随后 0 ℃层以上 VIL 与地闪频数同时发生跃增,22:30 时 0 ℃层以上 VIL 最大值达到峰值,随后开始第一次降雹,降雹开始后的地闪频数达到第一个峰值。随后,VIL 最大值、0 ℃层以上 VIL 与地闪频数都有一定波动,但仍维持一个较高的水平,说明对流依然维持。22:35 VIL 最大值、0 ℃层以上 VIL 再次达到峰值,随后发生第二次降雹。随着降雹的发生,地闪频数也达到第二次峰值。降雹后,VIL 最大值、0 ℃层以上 VIL 和地闪频数都快速降低,标志着对流的瓦解。

5.4.3　小结

(1)超级单体具有与单单体回波类似的回波特征,都具有生成、发展、成熟、减弱和消散五个阶段,但在发展阶段形成有组织的中尺度辐合和辐散,低层入流暖湿气流持续进入云体,形成稳定上升气流,有利于低层降水粒子抬升循环凝结增长,导致回波增强和顶高增大,在成熟阶段具有更加稳定、深厚的入流上升气流,保障超级单体的维持和发展,进一步为冰雹粒子的抬升凝结增长和大冰雹粒子的形成提供条件,产生持久而强烈的强对流天气。

(2)超级单体具有前侧有界弱回波区保障低层暖湿气流进入,后侧"V"型缺口保障后侧冷空气进入云体,从而形成稳定的上升和下沉垂直环流系统,保障超级单体持续发展,回波强度达 65 dBz,回波顶高 12.6 km,强中心高度 3.7 km,−10 ℃层最大强度达到 53 dBz,VIL 最大值达到 21.7 kg/m²,具有中尺度径向辐合、有界弱回波区、"V"型缺口等特征,同时由于大冰雹粒子的作用形成了(穿降)悬挂回波、钩状回波、旁瓣回波和三体散射现象等特征,后期降雹引起强烈下沉气流的作用形成弓形回波。

(3)随着回波强度、−10 ℃层回波强度、−20 ℃层回波强度和 VIL 逐渐增加到一定值,地闪开始出现且逐渐增加,继续增加尤其−20 ℃层回波强度和 VIL 出现跃增,说明更多的大降水粒子被输送到−10～−20 ℃层之间,有利于冰雹粒子的增长,随后产生地面降雹,在降雹的同时由于降水粒子下降产生的拖曳作用,下沉气流加强,导致荷负电中心下移,地闪频数达峰值,因此雷达回波各参数对地闪和降雹有很好的指示性,且地闪活动先于降雹发生,但峰值与降雹同时出现。

5.5　超级单体冰雹云个例 2

2014 年 3 月 22 日受南支槽系统偏东移影响,普洱市局部地区发生强对流灾害性冰雹天气过程,其中一个超级单体冰雹云回波持续发展约 4 h,自西向东影响景谷傣族彝族自治县(简称"景谷县")、宁洱哈尼族彝族自治县(简称"宁洱县")和墨江哈尼族自治县(简称"墨江县"),22 日下午先后在景谷县大部分地区出现雷电、冰雹等强对流天气,全县 10 个乡镇中有 9 个乡镇出现冰雹,大部分地区降雹持续时间 10 min 左右,最大冰雹直径 20～30 mm;随后 17:50—18:20 宁洱县德安乡部分村组遭受冰雹灾害袭击,伴随大风,小如蚕豆、大如乒乓球的冰雹从天而降,冰雹直径 20 mm;最后 18:30—18:40 墨江县景星镇景星、曼兰、路思、新华降雹,降雹持续时间 10 min,冰雹直径 10 mm,冰雹对普洱市各县小麦、茶叶、蔬菜等农经作物生长造成严重影响。

5.5.1　超级单体冰雹云雷达回波 PPI 结构特征

图 5.5.1 和图 5.5.2 分别给出普洱雷达 0.5°仰角探测的 2014 年 3 月 22 日超级单体发展演变反射率因子和径向速度 PPI 分布。

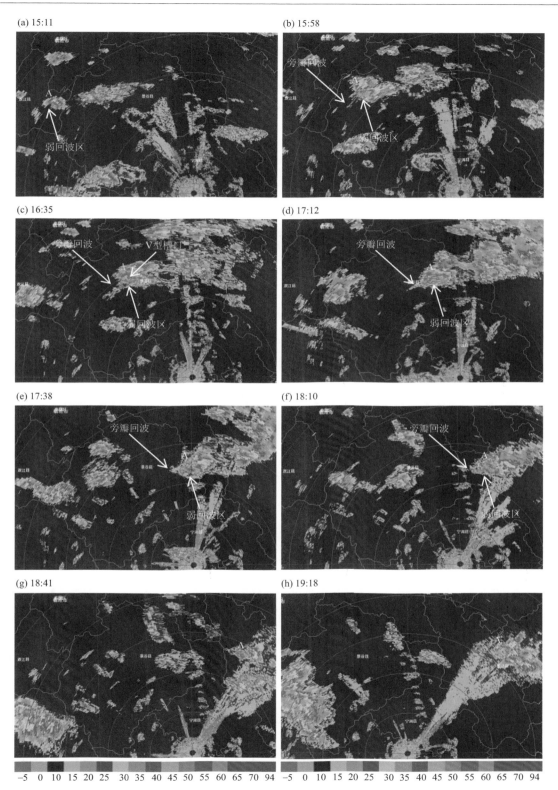

图 5.5.1　2014 年 3 月 22 日超级单体冰雹云生成—发展—减弱反射率因子 PPI 分布（单位：dBz）

普洱雷达站 PPI 观测仰角为 0.5°，每圈距离间隔 30 km

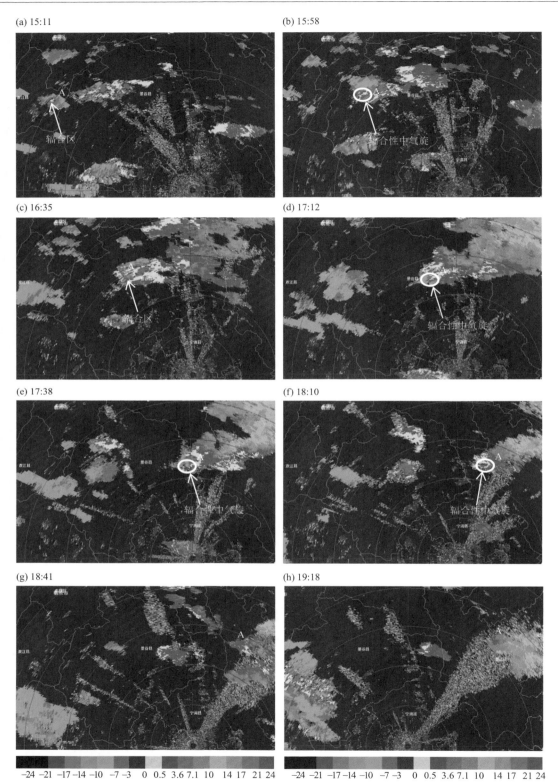

图 5.5.2　2014 年 3 月 22 日超级单体冰雹云生成—发展—减弱径向速度(单位:m/s)PPI 分布
普洱雷达站 PPI 观测仰角为 0.5°,每圈距离间隔 30 km

　　受南支槽系统影响,3 月 22 日午后开始对流回波不断生成发展,东北移,其中 15:11(图 5.5.1a 和图 5.5.2a)在临沧市双江县东部对流回波 A 开始生成,回波强度为 30 dBz,由于环境场盛行偏西风,对流回波上径向风以负速度为主,但局部存在零速度区和正速度区,表示局部径向风速大小和风向不一致,去除环境风影响存在中尺度径向风辐合现象,有利于低层暖湿气流辐合进入云体而促使对流回波发展,对应在对流回波 A 南侧形成入流缺口即弱回波区。

　　随后对流回波 A 不断发展加强,偏东移逐渐进入景谷县境内,15:58(图 5.5.1b 和图 5.5.2b)对流回波 A 移到景谷县的永平镇附近,回波面积扩大数倍,尤其强回波面积迅速扩大,回波强度发展至 54 dBz,对流回波 A 南部存在右侧为正速度而左侧为负速度且负速度区离开雷达更远一些的特征,表明低层存在辐合性中气旋,中气旋的旋转速度达 5~6 m/s 以上,在 1.5°仰角探测的径向速度图上中层中气旋特征更加清晰可见(图略),在高层 2.4°仰角以上观测的 PPI 上出现径向风速辐散特征(图略),表明对流回波 A 具有深厚中气旋结构,已经发展形成超级单体冰雹云,且南部入流缺口(弱回波区)特征明显,有利于低层水汽沿弱回波通道辐合进入超级单体,抬升凝结增长形成冰雹粒子,南侧出现了旁瓣回波,进一步表明存在大冰雹粒子的强烈散射作用,超级单体冰雹云偏东移过程中沿途产生景谷县降雹。

　　16:35(图 5.5.1c 和图 5.5.2c)超级单体回波 A 偏东移到景谷县城西侧,回波强度继续发展至 55 dBz 左右,其西侧的旁瓣回波和南侧弱回波区依然存在,表明南侧继续源源不断有暖湿气流辐合进入超级单体,大冰雹粒子继续不断产生,而北侧存在明显的"V"型槽口回波和对应 -7 m/s 径向风速,表明存在冷平流入侵,进一步触发南侧暖湿气流抬升和超级单体持续发展,低层 0.5°仰角上辐合性中气旋特征存在但不太明显,以辐合为主,表明由于降雹引起下沉气流作用导致中气旋出现减弱,但在中层 1.5°、2.4°仰角上中气旋特征依然明显且西侧旁瓣回波明显。

　　17:12(图 5.5.1d 和图 5.5.2d)超级单体冰雹云回波 A 东移过景谷县城,在降雹过程中继续增强至 57 dBz 左右,左负、右正的径向速度对的中气旋结构再度加强和更加明显,受环境西南气流影响,正负径向速度中心值也不一致,分别为 16 m/s 和 -8 m/s,旋转速度达 12 m/s 左右,A 南侧的弱回波区扩大,表明超级单体更加具有组织结构,南侧更多暖湿气流通过弱回波区不断进入云体后旋转上升,导致超级单体进一步发展产生冰雹,大粒子的强烈散射作用继续在 A 西侧形成旁瓣回波。

　　17:38(图 5.5.1e 和图 5.5.2e)超级单体冰雹云回波 A 偏东移到景谷县东部,在产生降雹的同时继续增强达 60 dBz,辐合性中气旋的正负径向速度中心值分别为 12 m/s 和 -5 m/s 左右,旋转速度有所减弱,为 8 m/s 左右,南侧继续有暖湿气流通过有界弱回波区进入云体,降水粒子和冰晶粒子继续长大形成大冰雹粒子,强烈散射作用导致西侧旁瓣回波依然存在。

　　随后超级单体冰雹云回波 A 继续东移进入宁洱县境内,18:10(图 5.5.1f 和图 5.5.2f)强度维持 57 dBz 左右,中气旋结构存在但开始减弱,南侧弱回波区加强,保障低层暖湿入流气流继续进入云体,超级单体持续发展,在其西侧形成钩状回波,沿途继续产生宁洱县降雹。

　　之后超级单体 A 继续东移过宁洱县到墨江县境内,始终具有深厚持久的中气旋特征,直到 18:41(图 5.5.1g 和图 5.5.2g)超级单体 A 回波强度虽然维持 57 dBz 左右,但回波主体开始出现分裂,云体上演变为一致正速度区,中气旋和低层径向风辐合逐渐减弱消失,失去超级单体结构特征。

　　19:18(图 5.5.1h 和图 5.5.2h)减弱阶段的超级单体 A 东移到墨江县城北部,回波强度开始下降至 53 dBz,且结构变得松散和均匀,尤其强回波中心范围迅速缩小,对流回波上不仅为一致正速度区,而且远距离一侧正速度大于近距离一侧,表明低层演变为中尺度辐散结构,将使超级单体进一步减弱,降雹结束。

5.5.2 超级单体冰雹云雷达回波 RHI 结构特征

相应图 5.5.3 和图 5.5.4 分别给出 2014 年 3 月 22 日超级单体发展演变反射率因子和径向速度 RHI 分布。

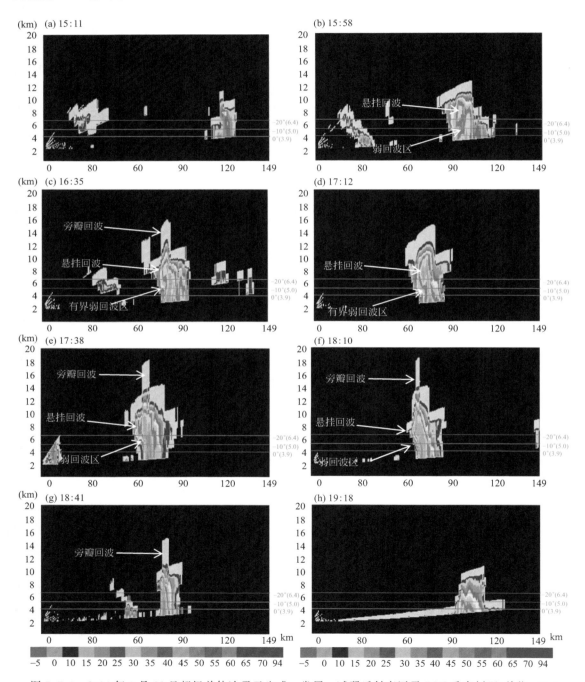

图 5.5.3 2014 年 3 月 22 日超级单体冰雹云生成—发展—减弱反射率因子 RHI 垂直剖面(单位:dBz)

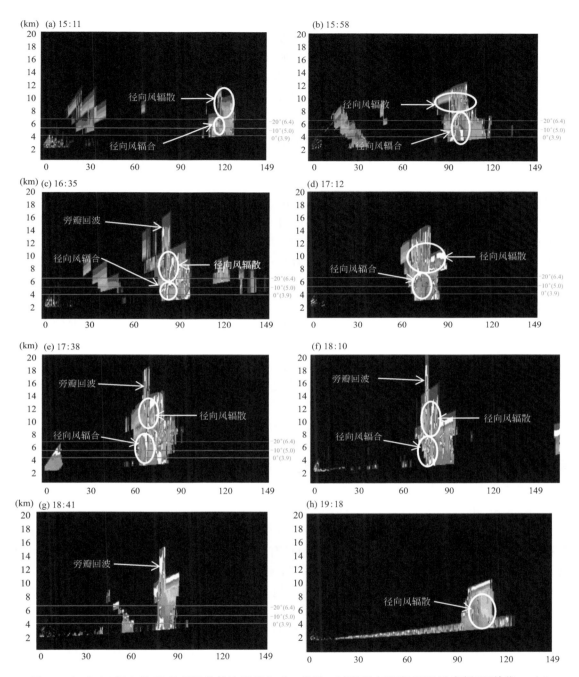

图 5.5.4　2014 年 3 月 22 日超级单体冰雹云生成—发展—减弱径向速度 RHI 垂直剖面（单位：m/s）

　　22 日 15：11（图 5.5.3a 和图 5.5.4a）对流回波 A 初生阶段，回波顶高在 10 km 左右，强回波在中空 7～8 km 之间，在 4.0～6.5 km 之间清晰可见离雷达近一侧为正径向速度而远一侧为负径向速度的中尺度径向风辐合现象，其上空虽然都为负径向速度但存在离开雷达近一侧径向速度大于远一侧，表明存在高层径向风辐散现象，因而高层辐散而低层辐合非常利于对流回波发展。

15:58(图5.5.3b和图5.5.4b),强回波向上向下发展且强度加强,回波顶高发展达12 km,45 dBz强回波高度达7.5 km,且强回波中心逐渐接地,表明地面开始降雹,5.5 km以下中尺度径向风辐合加强和高层径向风辐散特征更加明显,这种低层辐合上升和高层辐散下沉的垂直结构导致超级单体内部上升与下沉气流共存,且高层径向风速随高度增加,在8 km左右径向风速达22 m/s,具有较强的垂直风切变,非常利于倾斜上升气流的形成,同时高层辐散抽吸作用会进一步加强上升气流,导致超级单体冰雹云回波持续发展,在低层6 km以下形成有界弱回波区和中层6~8 km之间形成悬挂回波特征。

16:35(图5.5.3c和图5.5.4c)回波顶高继续维持12 km,但45 dBz强回波高度继续上升增长达9.0 km,50 dBz强回波高度也发展至8.5 km,超过-20 ℃层,表明强烈上升气流携带更多降水粒子上升到达-20 ℃以上,利于冰雹粒子不断长大,6.0 km以下中尺度径向风辐合和高层径向风辐散依然存在,形成了低层有界弱回波区和中层悬挂回波特征,而且高层风速较大形成强的垂直风切变,导致云体和回波柱具有倾斜结构,因而超级单体已经形成上升、下沉两支气流的稳定垂直环流系统,保障超级单体内上升气流的持续发展,因而超级单体在降雹的同时还保持持续发展的态势,回波顶出现旁瓣回波(假尖顶回波),也是大冰雹粒子强烈散射的作用。

17:12(图5.5.3d和图5.5.4d)45 dBz强回波高度扩展至10 km,且50 dBz回波高度达9.5 km,远远超过-20 ℃层高度,低层中尺度径向风辐合向上扩展到7.2 km并加强,且上空依然存在径向风辐散和较大垂直风切变,利于倾斜上升气流的持续发展,有界弱回波区扩展到8 km,说明强劲上升气流把低层降水粒子携带到高空(-20 ℃层以上)形成水分累积区,在6~10 km之间出现典型的悬挂回波特征,非常利于冰雹粒子生长。

17:38(图5.5.3e和图5.5.4e),低层中尺度径向风辐合继续扩展至8 km左右,超过-20 ℃层,低层径向风辐合进一步加强,其上继续存在径向风辐散,形成强烈上升气流非常利于冰雹粒子抬升凝结成长和超级单体冰雹云继续发展,在6 km以下形成有界弱回波区而上空6~10 km之间形成悬挂回波,超级单体冰雹云回波发展至14 km,45 dBz和50 dBz强回波高度依然达10 km和9.5 km,且顶部出现假尖顶回波(旁瓣回波)。

18:10(图5.5.3f和图5.5.4f),低层在6 km以下有界弱回波区和高层6~10 km悬挂回波特征依然存在,表明低层继续有暖湿气流通过有界弱回波通道进入云体,并不断抬升凝结增长而有利于冰雹粒子形成和超级单体持续发展,回波顶高继续保持14 km,45 dBz和50 dBz强回波高度依然维持,但低层7 km以下径向风辐合分散减弱,意味着由于降雹引起下沉气流拖曳作用开始分裂减弱上升气流。

18:41(图5.5.3g和图5.5.4g)超级单体演变为直立结构,回波顶高下降到10 km,45 dBz强回波高度下降8 km,尤其50 dBz强回波高度下降到6 km(低于-20 ℃层),低层中尺度径向风辐合消失,逐渐失去冰雹云发展和冰雹粒子生长的辐合上升运动条件,但此时回波顶仍存在旁瓣回波特征(假尖顶回波),说明仍存在大的冰雹粒子和冰雹产生。

19:18(图5.5.3h和图5.5.4h)超级单体A回波顶高继续下降,尤其45 dBz强回波和50 dBz强回波范围快速缩小、高度迅速降低,其中45 dBz强回波下降至4.4 km以下,50 dBz强回波几乎消失,中尺度径向风辐散十分明显,导致云体减弱消失,降雹结束。

5.5.3　小结

(1)受南支槽系统影响,超级单体冰雹云生成发展,具有稳定持久的中气旋以及低层辐合高层辐散和风速随高度增加的垂直风切变等中尺度风场结构,形成强烈上升气流和稳定的垂直环流系统,导致超级单体冰雹持续发展,历时约 4 h,自西向东影响普洱市景谷、宁洱和墨江3 个县,造成多个乡镇出现冰雹、大风等严重灾害天气。

(2)超级单体冰雹云除具有稳定持久的中气旋外,低层南侧还具有稳定的有界弱回波区和径向风辐合区,保障低层暖湿空气沿弱回波通道源源不断辐合进入云体,有利于冰雹粒子不断抬升凝结增长而产生降雹和超级单体持续发展,北侧"V"型槽口回波的存在表明有冷平流入侵,进一步触发南侧暖湿气流抬升和超级单体持续发展。

(3)超级单体冰雹云初始生成后回波强度和顶高不断发展,回波强度在 54 dBz 以上,最大达 60 dBz,回波顶高在 12 km 以上,最大回波顶高达 14 km,尤其中尺度径向风辐合不断增强,扩展至 8 km,45 dBz 和 50 dBz 强回波高度也迅速向上扩展,最高分别达 10 km 和 9.5 km,远远超过 -20 ℃ 层,利于冰雹粒子生长。

(4)超级单体冰雹云中强烈上升气流使降水粒子不断抬升凝结增长,在低层形成有界弱回波区,而中高层形成水分累积区(冰雹生长区),具有悬挂回波特征,由于大冰雹粒子的强烈散射作用形成了旁瓣回波。

(5)随着超级单体冰雹云的中气旋结构逐渐减弱,低层中尺度径向风辐合也逐渐减弱,演变为中尺度径向风辐散结构,下沉气流的拖曳作用使上升气流减弱,冰雹云回波不断分裂减弱,回波顶高下降尤其强回波高度迅速下降,降雹结束。

5.6　飑线冰雹云个例 1

2014 年 5 月 5 日 21:00—23:00 近似东西向飑线东南移影响普洱市宁洱县和江城县,导致强对流天气发生,其中江城哈尼族彝族自治县(简称"江城县")发生冰雹灾害,冰雹直径为11 mm。对流单体有规律排列形成的飑线在缓慢东南移过程中后侧不断有对流单体补充和合并而前侧对流单体不断消亡,具有典型的多单体冰雹云的传播和新陈代谢特征,促使飑线持续发展,飑线上对流发展不均匀,发展至具有典型弓形特征的飑线时产生地面大风冰雹天气。

5.6.1　飑线冰雹云雷达回波结构特征

图 5.6.1 给出飑线发展演变过程普洱雷达站 0.5° 观测仰角反射率因子 PPI 和径向速度PPI 及回波顶高分布。

5 月 5 日 20:00 左右普洱市东部到红河一带开始有对流单体回波生成发展活跃,且逐渐有规律排列,21:01(图 5.6.1a—c)发展形成一条近似呈东西向的带状回波(飑线),其上强对流回波 A 强度达 53 dBz,回波顶高达 12 km,且 A 前侧(东南侧)存在离雷达近一侧为正速度而离雷达远一侧为负速度的中尺度径向风辐合,表明东南侧有大量暖湿空气辐合进入云体,形成热力上升气流利于飑线上对流回波发展,由于入流辐合的存在前侧具有明显的弱回波区,而飑线上强对流回波 A 对应着大于 15 m/s 的正速度区,表明后侧有较大的干冷气流进入云体,将产生地面大风,随后导致此段飑线向前突出而形成具有弓形结构的飑线,且周围又有新的单体生成不断补充进入飑线。

21:35(图 5.6.1d—f)发展形成一条具有完整弓形结构的飑线,后侧出现"V"槽口回波,且东南部形成一条准东西向中尺度辐合线,有利于前侧暖湿气流进入飑线保障飑线发展,弓形部位对流回波 B 发展最强,强度达 55 dBz,高度达 14 km,对应出现局部径向大风,且回波顶高与

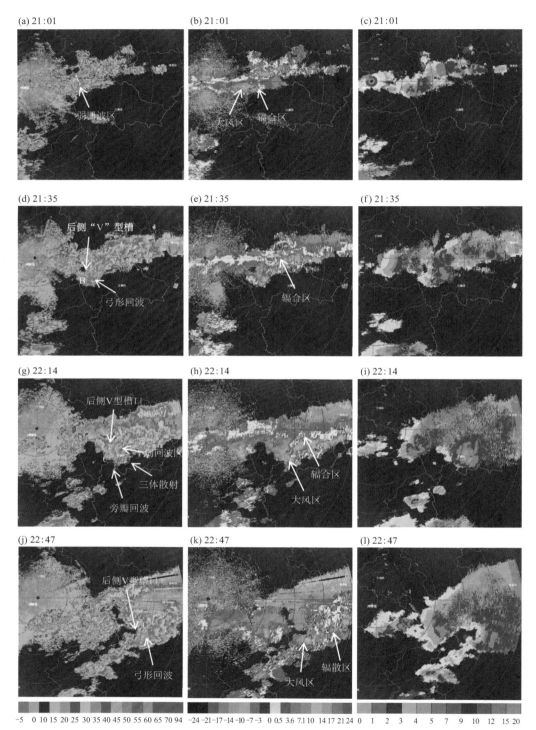

图 5.6.1　2014 年 5 月 5 日飑线冰雹云反射率因子(单位:dBz,a、d、g、j)、回波顶高
(单位:km,c、f、i、l)和径向速度(单位:m/s,b、e、h、k)演变
普洱雷达站 PPI 观测仰角为 0.5°,每圈距离间隔 30 km

强回波中心位置不吻合,向强中心位置东南侧偏移,表明低层入流气流导致上升气流加强而使低层降水粒子抬升凝结增长,导致在中高层形成悬挂回波而低层形成弱回波区,同时由于后侧的强烈下沉气流作用,触发周围环境暖湿水汽辐合上升而导致后侧对流回波不断生成迅速发展,补充进入飑线,保障飑线持续发展。

22:14(图 5.6.1g—i)飑线继续偏东移,其上中尺度径向风辐合加强,对流回波 B 减弱,但由于弓形回波后侧强烈下沉气流不断触发新对流单体合并发展,在 B 前侧(东南部)发展形成 β 中尺度冰雹云回波 C,对应径向风辐合区形成明显的有界弱回波区,更加利于东侧低层暖湿上升气流进入云体,保障对流回波持续发展,由于大冰雹粒子的强烈散射作用,出现旁瓣回波和三体散射现象,回波强度达 66 dBz、回波顶高发展至 15 km,强回波高度 6.7 km,此时强回波高度中心位置相对最大回波强度中心前倾明显,随后导致江城县地面降雹,冰雹直径达 11 mm。

至 22:47(图 5.6.1j—l)随着大量冰雹粒子下降到地面,使得云中粒子能量大量释放,下沉气流区域扩大而使得径向风辐合区缩小和变形,导致飑线也变形和向宽度扩展,结构变得松散,飑线上对流回波间层状云增加,飑线对流减弱,最大回波强度下降至 48 dBz,对应的强回波顶高不足 5 km,最大回波顶高下降至 13 km。

5.6.2　飑线冰雹云雷达回波 RHI 结构特征

进一步从飑线发展和成熟阶段弓形部位强对流回波垂直剖面 RHI(图 5.6.2a)上看,在 21:35 飑线发展阶段,其上强对流回波 B 垂直结构稍有倾斜,回波强度达 55 dBz,顶高达 14 km 左右,45 dBz 回波高度 6 km,且在 6 km 以下径向风场上(图 5.6.2b)存在中尺度径向风辐合,表明低层入流暖湿气流进入云体且云体内存在垂直上升气流有利于冰雹云生长,低层形成弱回波区,中层出现悬挂回波,回波顶基本在低层弱回波区上空;22:14(图 5.6.2c,d)低层径向风辐合区向上扩展,且高层还存在径向风辐散现象,对应低层弱回波区明显扩大,形成有界弱回波区,前倾垂直结构特征更加明显,表征冰雹云回波前方强烈上升气流更加倾斜地深入云体,更加利于降水粒子的抬升凝结增长和对流回波发展,对流回波强度发展至 66 dBz,回波垂直方向快速发展至 15 km,66 dBz 强回波高度扩展至 6.7 km,超过−20 ℃层高度,尤其 45 dBz 回波高度扩展至 10.4 km,且在 5～8 km 之间形成强回波区(即冰雹生长水分累积区),具有中层悬挂回波特征,并在回波顶出现了旁瓣回波,飑线上冰雹云回波发展至成熟阶段,地面降雹过程开始。

5.6.3　小结

(1)对流单体不断生成且有规律排列形成东西向飑线,飑线前侧存在径向风辐合且不断扩大,形成 β 中尺度辐合区,垂直方向不断向上扩展至 6 km 以上,逐渐形成不断加强的深厚中尺度倾斜上升气流,有利于飑线发展,且由于后侧存在冷空气入侵作用,形成后侧“V”型缺口回波、大风区和弓形回波,由于大冰雹粒子的强烈散射作用存在旁瓣回波和三体散射现象,后侧强烈下沉气流触发周围环境暖湿水汽辐合上升而导致周围对流回波生成发展补充进入飑线,保障飑线持续发展,并导致弓形部位对流回波强烈发展产生大风冰雹等强对流天气。

(2)飑线上对流回波发展不均匀,弓形部位强回波发展快速形成冰雹云,产生降雹,40 min 内回波强度由 55 dBz 发展至 66 dBz,尤其 45 dBz 回波高度扩展,由 6.0 km 迅速扩展至 10.4 km,并逐渐形成向前倾斜的垂直结构,倾斜上升气流的存在和不断增强有利于低层水汽不断向上输送和凝结增长而在 5～8 km 之间形成中层强回波区(冰雹生长水分累积区),具有低层有界

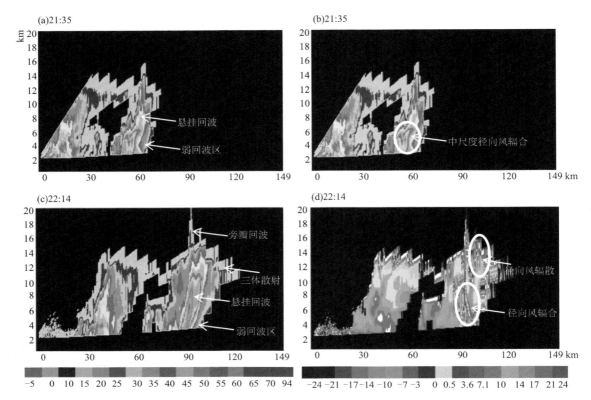

图 5.6.2　2014 年 5 月 5 日飑线冰雹云反射率因子(单位:dBz,a,c)和径向速度
(单位:m/s,b,d)垂直剖面 RHI
(a)(b)发展阶段;(c)(d)成熟阶段

弱回波区、中层悬挂回波和回波顶旁瓣回波特征。

5.7　飑线冰雹云个例 2

2016 年 8 月 22 日 14:01—20:14 西北—东南向飑线回波自东北向西南方向移动,由于低空急流为其提供良好的热力、水汽和动力条件,飑线移动前方不断有新生对流单体并入,致使飑线快速移动的同时经历多个发展—合并—维持—分裂减弱—再次发展合并等循环过程,整个发展演变过程于 16:20 左右在昆明市官渡区阿子营和 18:16 在玉溪市易门县小街乡等地降冰雹,此次飑线西南移过程伴随频繁地闪活动,14:01 飑线发展初期开始地闪活动,持续 6 h,共产生 12331 次地闪,其中仅有 171 次正地闪,大部分仍然为负地闪。

5.7.1　飑线冰雹云雷达回波结构和地闪特征

由于本次过程飑线在雷达站附近活动,所以图 5.7.1 给出组合反射率因子、2.4°仰角径向速度和回波顶高。

14:07(图略)在昆明雷达东北偏东方向曲靖麒麟区附近有一条西北—东南走向的带状回波和周围几个离散分布的小对流单体西移进入昆明雷达探测范围,此时飑线上对流回波最大强度达 45 dBz、回波顶高达 8.6 km,开始有地闪发生,且带状回波在向西南方向移动过程中南

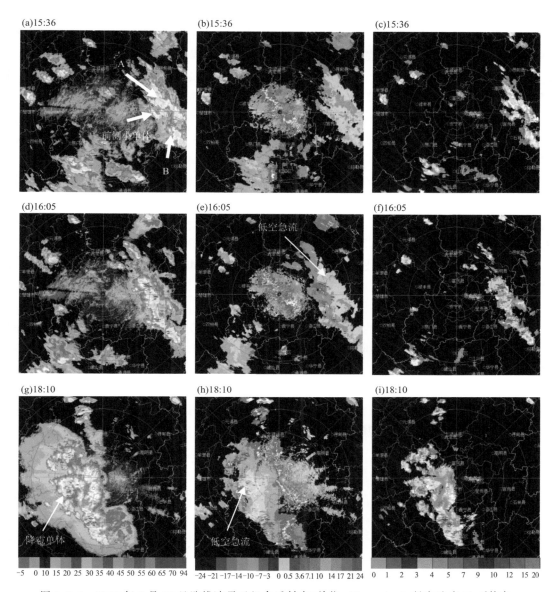

图 5.7.1　2016 年 8 月 22 日飑线冰雹云组合反射率（单位：dBz，a、d、g）、径向速度（2.4°仰角，

单位：m/s，b、e、h）、回波顶高（单位：km，c、f、i）与前 6 min 地闪叠加

昆明雷达每圈距离间隔 30 km，红色"＋"和蓝色"－"分别表示正、负地闪

侧离散对流单体回波不断发展和合并增强。之后飑线与南侧发展起来的回波单体进一步连接在一起，飑线扩大，且飑线前侧不断有新对流单体生成补充而后带状回波逐渐减弱消散，致使飑线回波维持，地闪持续。

15:36（图 5.7.1a—c）带状回波南部回波 A 及其南侧离散单体 B 不断发展，其强度和顶高不断增大，两块回波不断靠近，且该处为低层风速切变的辐合区，利于对流回波发展，地闪主要发生在带状回波 A 和离散回波 B 的连接处，回波顶高发展到 10 km，但总体来看辐合还较弱，整个回波带的结构还较为松散，对流发展不强。随后带状回波北侧也先后生成离散小单体，并逐渐加强合并进入回波带。带状回波逐渐发展成为一条排列整齐、长约 140 km 的飑线，地闪一直出现在飑线上对流回波顶高的大值区内。

16:05(图 5.7.1d—f)飑线中段出现低空急流,最大偏东风速达 18.7～22.4 m/s,低空急流的存在不仅为飑线维持和发展提供源源不断的水汽,还会提供动力条件,同时飑线上还存在远离雷达一侧负径向速度大于离雷达近一侧负径向速度,存在明显的中尺度径向风速辐合,利于低层水汽的辐合上升而使飑线上对流发展,对应组合反射率强度和回波顶高发现,飑线移动方向前侧 7.5 km 处再次有小对流单体生成,西北侧也有两个小单体生成,之后还不断有新对流单体生成发展和并入飑线主体,飑线发展强度达 55 dBz、顶高达 15 km,随后 16:20 左右在昆明市盘龙区阿子营降冰雹。

随着降雹发展,飑线北段逐渐减弱消散,南部回波随后也有所减弱,飑线组织结构逐渐松散,但中部回波依然维持,且由于降雹引起的下沉气流作用,触发西北侧对流单体和前侧对流单体继续不断生成和发展,并不断向飑线中段靠近并入原飑线,此后西南移过昆明雷达站上空,雷达回波探测受到影响。18:10(图 5.7.1g—i)飑线移过雷达站,飑线北段回波前侧单体加强,汇入北段回波,使得北段回波强度、面积、地闪频数都有所增加,南段原有回波减弱,与中段回波发生分裂,但南段回波前侧单体骤速加强,面积增大,代替原回波再次与中段和北段回波连接,再次发展形成完整飑线结构,飑线上局部出现逆风区辐合辐散结构,利于飑线发展,且存在后侧(东部)回波梯度大而前侧(西部)回波均匀的特征,表明是由于高层强劲偏东风的作用导致高层云砧向前伸展,导致倾斜上升气流形成,更加利于飑线上冰雹云回波的组织和发展,飑线上中段强对流单体发展达 55 dBz 以上、顶高超过 15 km,并出现径向大风,且由于强对流单体(冰雹云)的强烈散射作用,在雷达径向延长线上出现 V 型缺口,相应在垂直剖面 RHI 上出现了中尺度径向风辐合、弱回波区、悬挂回波和旁瓣回波等特征,随后 18:16 飑线中段强对流单体所处的玉溪市易门县小街乡发生了降雹。

5.7.2 飑线冰雹云强回波面积和地闪频数演变特征

图 5.7.2 给出了飑线回波整个演变过程中的组合反射率≥30 dBz、≥35 dBz 和≥40 dBz 强回波面积和地闪频数随时间的演变。从图 5.7.2 可以看出,在初始发展阶段,≥30 dBz、≥35 dBz 和≥40 dBz 强回波面积首先呈现出线性增加的趋势,此时有少量地闪生成;15:59 当各级强回波面积进一步增加到一定程度时地闪频数出现峰值,之后强回波逐渐发展达到峰值,地面降雹和地闪频数逐渐减弱。16:53—17:22 虽然地闪频数呈现增加的趋势,并在 17:22 达到峰值,但由于飑线回波逐渐经过昆明雷达上空,由于雷达近锥效应导致近距离回波探测不到,出现强回波面积骤减的错误信息,排除回波观测问题带来的影响,强回波面积应该呈现增加的趋势。18:00 之后随着飑线逐渐移过和远离雷达站,雷达对飑线的探测不再受近锥效应影响,≥30 dBz、≥35 dBz 和≥40 dBz 强回波面积逐渐增加,地闪频数也逐渐发生跃增,随后18:16 开始飑线在玉溪市易门县小街乡降雹,并在降雹期间 18:28 左右≥40 dBz 强回波面积达最大值,≥35 dB 和≥30 dBz 的强回波面积分别在 18:39 和 18:51 达最大值,期间 18:45 地闪频数达到峰值,可见越强的回波面积增加越能导致冰雹天气的发生,而且地闪频数跃增预示着对流回波强烈发展将产生冰雹天气,且降雹是强对流天气强烈发展的产物,地闪最激烈。

5.7.3 小结

(1)对流单体不断发展有规律排列形成飑线,飑线是线性排列的多单体风暴,中低空急流、中尺度径向风速辐合和局部逆风区辐合辐散为飑线的发展提供了较好的热力、水汽和动力条

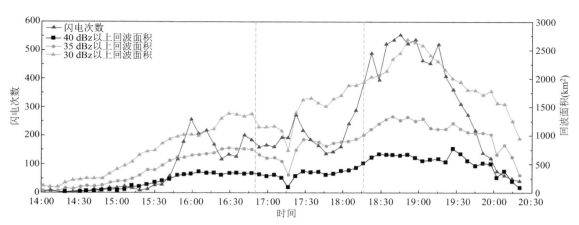

图 5.7.2　2016 年 8 月 22 日飑线冰雹云各强回波参数面积和地闪频数随时间演变
（两绿色时间标记为开始降雹时间）

件,而周边尤其前侧不断有对流单体新生、发展、合并补充,使飑线对流发展组织性更强而持续发展,生命史持久,产生的冰雹等强对流天气更加强烈。

(2)飑线是对流发展不均匀的中尺度强对流回波带,高层强劲偏东风的作用和低层中尺度径向风辐合利于形成倾斜上升气流,导致飑线上强对流回波发展达 55 dBz 以上、顶高超过 15 km,具有低层弱回波区、悬挂回波和旁瓣回波等特征,产生地面大风冰雹天气。

(3)越强的回波面积增加越能导致飑线上冰雹天气的发生,地闪频数跃增预示着飑线对流发展强烈,将产生冰雹天气,而降雹是强对流天气强烈发展的产物,相应地闪发生也最激烈。

第6章 冰雹云多普勒天气雷达特征参量演变规律

云南地处中国西南边陲和低纬高原地区,全省地形地貌高低参差不齐,纵横起伏,气候条件复杂多样,具有北热带、南亚热带、中亚热带、北亚热带、暖温带、中温带和高原气候区七个温度带气候,兼具低纬气候、季风气候、山地气候等特点。由于受不同地形地貌和天气系统的影响,冰雹多发频发,但云南冰雹活动具有明显的季节和地域差异特征,不同季节、不同区域、不同类型冰雹云的雷达回波强度、顶高、垂直液态水含量(VIL)、回波面积等特征参量演变特征存在明显差异,产生的冰雹天气过程和受灾程度也存在差别。

本章利用大理、普洱、德宏、丽江、昆明、文山、昭通 7 部 CINRAD/CC 多普勒天气雷达的探测资料,结合 2014—2017 年冰雹灾情资料和地闪资料,在研究云南不同季节、不同区域强对流冰雹过程多普勒雷达回波强度、顶高、VIL、回波面积等参量演变及地闪演变的基础上,寻找云南冰雹云早期识别的多普勒天气雷达回波特征指标和方法。

6.1 个例筛选

根据气象站冰雹观测资料和冰雹灾情资料,结合云南 7 部多普勒雷达有效探测范围,剔除记录有误和记录不完整的冰雹过程,筛选整理出 2014—2017 年有完整雷达回波资料的 472 次冰雹过程。

根据云南地形和雷达站分布的特点,结合冰雹天气出现时段和影响天气系统相似的原则,本章把云南冰雹区域划分为滇西、滇西北、滇中和滇东、滇东北 4 个区,其中滇西区包括德宏、保山、临沧、普洱、版纳 5 个州(市),滇西北区包括大理、丽江 2 个州(市),滇中和滇东区包括楚雄、玉溪、红河、文山、昆明、曲靖(除会泽、宣威)6 个州(市),滇东北区包括昭通、曲靖北部(会泽、宣威)。

对 472 次冰雹过程进行分类和分区域统计(图 6.1.1 和表 6.1.1),除滇西北的怒江州和

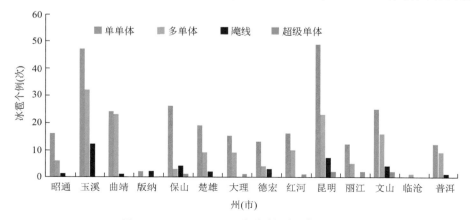

图 6.1.1 2014—2017 年各州(市)冰雹过程

迪庆州外涵盖 14 个州(市)的冰雹过程,冰雹过程个例分布面广,且包含单单体回波(包括超级单体)276 个、多单体 159 个、飑线 37 个,其中滇中和滇东区 292 个冰雹过程包括单单体(含超级单体)161 例、多单体 107 例、飑线 24 例,滇东北区 54 个冰雹过程包括单单体(含超级单体)32 例、多单体 20 例和飑线 2 例,滇西北区 42 个冰雹过程包括单单体(含超级单体)28 例和多单体 14 例,滇西区 84 个冰雹过程包括单单体(含超级单体)55 例、多单体 18 例和飑线 11 例。

表 6.1.1　　2014—2017 年 472 次冰雹过程分区域统计(单位:次)

分类	滇中和滇东	滇东北	滇西北	滇西	合计
单单体	161	32	28	55	276
多单体	107	20	14	18	159
飑线	24	2	0	11	37
合计	292	54	42	84	472

进一步对 472 次冰雹强对流过程进行分月统计(图 6.1.2),其中冬春季(1—5 月)出现 158 次强对流冰雹过程,占冰雹过程总数的 33%,夏秋季(6—10 月)出现 314 次强对流冰雹过程,占冰雹过程总数的 67%,11—12 月无强对流冰雹过程,且冬春和夏秋均有不同单单体回波、超级单体、多单体和飑线冰雹云类型。

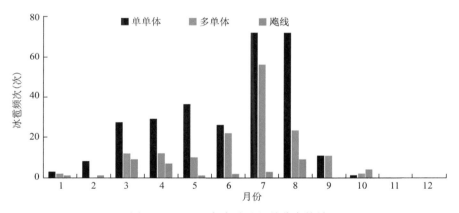

图 6.1.2　472 次冰雹过程月分布统计

因此,472 个冰雹过程个例涵盖不同区域、不同季节和不同类型,具有较好的代表性。雷达回波强度和高度是识别冰雹云的重要技术指标,下面通过对 472 个冰雹过程的多普勒雷达回波进行跟踪分析,选取降雹前后各 15 个体扫(降雹前后约 90 min)时间段雷达回波资料,对冰雹云发展演变的最大回波强度、回波顶高,垂直累积液态水含量(VIL)、35 dBz 回波高度、45 dBz 回波高度、0 ℃层回波强度、−10 ℃层回波强度、−20 ℃层回波强度等多个特征参量进行分析,总结提炼云南冰雹发生前后雷达回波特征参量演变规律。

6.2　冰雹过程雷达回波特征参量演变特征

6.2.1　回波强度演变特征

图 6.2.1 为 472 次冰雹过程降雹前后各 15 个体扫时段内冰雹云最大回波强度和不同高

度层回波强度的演变特征。由图 6.2.1 可见,最大回波强度(图 6.2.1a)降雹前后随时间突变特征不明显,最大回波强度>50 dBz 是短临预警中常用于辨别是否产生强对流冰雹天气的重要指标,降雹前 50 min(降雹前 9 个体扫)左右,117 个冰雹过程的最大回波强度>50 dBz,同时最大回波强度>40 dBz,>55 dBz 的冰雹个例数也开始线性增加;降雹前 40 min(降雹前 7 个体扫)左右,最大回波强度>50 dBz 的冰雹个例数增加至 176 个,其中有 3 个冰雹过程的最大回波强度>65 dBz;降雹前 30 min(降雹前 5 个体扫)左右,最大回波强度>50 dBz 的冰雹个例数跃增至 241 次,表明降雹前 30 min,超过 50%的强对流冰雹过程强度>50 dBz;临近降雹时段,最大回波强度>50 dBz 的冰雹过程个例数持续呈线性增加的特征,降雹前 10 min,472 次冰雹过程中 70%的最大回波强度>50 dBz,20%的冰雹过程最大回波强度出现在 45~50 dBz;降雹时 90%的冰雹过程最大回波强度>50 dBz,其中 82 次冰雹过程的最大回波强度>60 dBz。降雹后大部分冰雹过程的最大回波强度仍长时间维持在>50 dBz,30 min 后最大回波强度>50 dBz 的个例数才开始明显递减,而最大强度<45 dBz 的个例数开始明显增加。

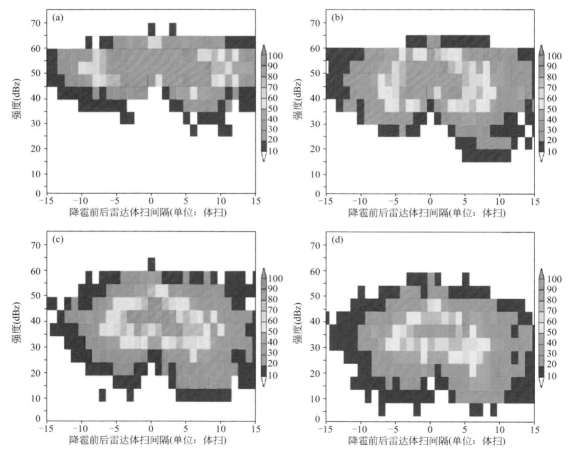

图 6.2.1　472 次冰雹过程降雹前后回波强度随时间演变出现频次(单位:次)
(a)最大回波强度;(b)0 ℃层回波强度;(c)−10 ℃层回波强度;(d)−20 ℃层回波强度

进一步从降雹前后 0 ℃层回波强度随时间演变(图 6.2.1b)可以看出,降雹前 20 min 左右,0 ℃层回波强度>40 dBz 的个例数开始明显增多,随后 0 ℃层回波强度>45 dBz 的个例数线性增加,降雹前 6 min,70%的冰雹个例 0 ℃层回波强度>45 dBz,且>50 dBz 的个例数也出现明显跃增,降雹时 70%的个例 0 ℃层回波强度>45 dBz,且 0 ℃层回波强度>50 dBz 的个例数继续跃增。降雹后 12 min 左右,在大多数冰雹个例中 0 ℃层回波强度开始下降,降雹后 30 min 大部分冰雹个例 0 ℃层回波强度下降到 45 dBz 以下,虽然有部分个例仍出现强度跃增的现象,但总体上所有冰雹个例的 0 ℃层回波强度线性减弱。由上述分析可见,0 ℃层回波强度>40 dBz,>45 dBz 和>50 dBz 的跃增多出现在降雹前 20 min 左右,尤其 0 ℃层回波强度>45 dBz 跃增明显。

降雹前后−10 ℃层回波强度时间演变特征(图 6.2.1c)与 0 ℃层回波强度的演变特征基本一致,只是回波强度跃增区间在 40~45 dBz,降雹前 20 min 左右(约降雹前 3 个体扫),−10 ℃层回波强度>40 dBz 的冰雹个例数明显增加,且随着降雹时间的临近,−10 ℃层回波强度>40 dBz 的个例数>70%,降雹开始时刻超过 84%的冰雹过程−10 ℃层回波强度>40 dBz。降雹后 6 min,−10 ℃层回波强度开始减弱,−10 ℃层回波强度>50 dBz 的个例显著减少,<40 dBz 的个例数则显著增加。

−20 ℃层作为对流云内冰雹粒子循环增长的高度上限区域,其强度的变化值与冰雹粒子的增长密切相关。由图 6.2.1d 可以看到,降雹前后冰雹云内−20 ℃层回波强度集中在 25~45 dBz 之间波动变化,降雹前 25 min 左右−20 ℃层回波强度>35 dBz 的冰雹个例数开始增加;降雹前 10 min,−20 ℃层回波强度>35 dBz 的冰雹个例数也呈显著增加特征并出现峰值;降雹开始时,−20 ℃层回波强度明显增加,表明随着云内冰雹粒子达到最大值,雷达回波强度出现明显增加趋势,65%的冰雹过程在降雹时刻−20 ℃层回波强度>40 dBz,降雹过程中(降雹开始后 2 个体扫时间段内),多数冰雹过程−20 ℃层回波强度稳定维持在 35 dBz 以上,随后−20 ℃层回波强度快速减弱。

可见,最大回波强度能代表冰雹云粒子的增长特征,最大回波强度>50 dBz 演变对冰雹过程具有一定的指示作用,但降雹前后最大回波强度并未出现明显的跃增和递减特征,降雹前后 30 min 内最大回波强度均在 50~65 dBz 稳定维持,0 ℃层、−10 ℃层、−20 ℃层回波强度在强对流冰雹演变过程中变化显著,开始降雹前 30 min,冰雹云 0 ℃层、−10 ℃层、−20 ℃层回波强度分别跃增至 45 dBz、40 dBz、35 dBz 以上,降雹时到达峰值,降雹后迅速减小,0 ℃层 45 dBz、−10 ℃层 40 dBz、−20 ℃层 35 dBz 回波强度的出现和减弱与冰雹过程有着较好的相关性,表明冰雹的生成和发展与云内上升气流和过冷水层(低于 0 ℃)的位置密切相关,只有云内粒子在强烈上升气流中不断穿越 0 ℃层循环增长,才能长成冰雹粒子。

6.2.2　回波高度演变特征

冰雹云回波发展过程中,上升气流的强弱决定了云内粒子的循环增长强弱,上升气流越强,粒子在云内做循环增长时间越长,强回波发展高度越高,云内粒子长成大冰雹的概率越大。图 6.2.2 为 472 次冰雹过程降雹前后强回波高度、回波顶高、35 dBz 回波高度和 45 dBz 回波高度随时间的演变。

强回波高度决定上升气流的强弱和对应着云内大粒子所能达到的高度,由图 6.2.2a 可见,在降雹前 55 min(降雹前 9 个体扫),超过 50%的冰雹过程高度长时间维持在 4~6 km 之间,降雹时 70%的冰雹过程强回波中心高度稳定维持在 4~6 km,仅有 0.5%的冰雹过程强回波中心高度>8 km,30%的冰雹过程强回波中心高度<4 km,降雹后 50 min(降雹后 8 个体扫)强回波高度无明显变化,70%冰雹过程的强回波高度仍维持在 4~6 km,但强回波高度

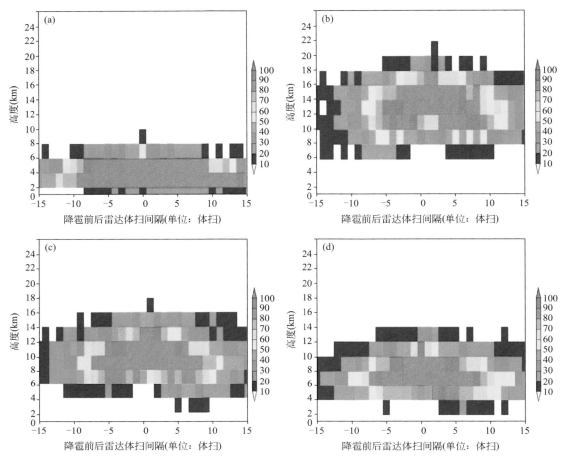

图 6.2.2 472 次冰雹过程降雹前后回波高度随时间演变出现频次（单位：次）
(a)强回波高度；(b)回波顶高；(c)35 dBz 回波高度；(d)45 dBz 回波高度

>6 km 的个例数明显减少。可见，在冰雹云发展演变过程中，由于回波强度不断变化，表征强回波高度的强度值随之改变而并不是一个固定值，所以强回波高度在降雹前后约 1 h 内无明显变化。

从降雹前后冰雹云回波顶高随时间演变（图 6.2.2b）来看，降雹前 30 min，冰雹过程的回波顶高主要出现在 9～18 km 范围内，集中出现在 10～16 km，随着冰雹天气即将发生，冰雹过程回波顶高呈增加趋势，降雹前 10 min 左右，90% 的冰雹过程回波顶高超过 10 km，其中 60% 的过程回波顶高>12 km；降雹前 6 min，回波顶高>12 km 的个例数增加至 70%，表明云内上升气流显著增强；降雹时 80% 冰雹过程的回波顶高超过 12 km，其中 30 次冰雹过程顶高>18 km；在降雹持续阶段，冰雹云回波顶高长时间维持在 12～16 km，且回波顶高>16 km 的冰雹过程数急剧减少；降雹后 30 min，绝大多数冰雹云回波顶高下降至 8～14 km，且回波顶在 8～12 km 范围的冰雹个例数呈阶梯性跃增。可见冰雹过程回波顶高在降雹前后随时间具有先增后减的显著变化特征，降雹前 30 min 大部分冰雹过程的回波顶高跃增至 12 km 以上，降雹时达到最大值，一般维持在 12～16 km，最高可达 20 km 以上，降雹后 30 min，回波顶高下降至 12 km 以下。

强回波 35 dBz、45 dBz 发展高度的变化与冰雹云内大粒子的上升运动密切相关。从降雹前后强回波 35 dBz、45 dBz 高度随时间演变(图 6.2.2c)进一步可以看出,降雹前 30 min 左右,35 dBz 高度分布在 6～14 km 范围内,集中出现在 8～10 km 之间;降雹前 18 min,35 dBz 回波高度开始跃增,35 dBz 回波高度在 8～12 km 之间的个例数量呈阶梯状跃增,且有 8 次冰雹过程 35 dBz 回波高度>16 km;降雹开始时 35 dBz 回波高度再次跃增,10～14 km 的个例数达到峰值,尤其以 35 dBz 回波高度>14 km 的个例数跃增最为明显;降雹开始 10 min 后,35 dBz 回波高度开始呈下降趋势,降雹后 30 min 大部分冰雹过程 35 dBz 回波高度下降到 10 km 以下。

降雹前后冰雹云 45 dBz 回波高度随时间演变(图 6.2.2d)与 35 dBz 回波高度演变特征基本一致,降雹前 30 min,45 dBz 高度分布在 4～10 km 范围内,集中出现在 6～8 km 之间,随后高度跃增,降雹前 18 min,45 dBz 回波高度>8 km 的冰雹过程个例数量跳跃式增加;降雹开始时 45 dBz 高度再次跃增,45 dBz 回波高度在 8～10 km 的个例数达到峰值,且 45 dBz 回波高度>12 km 的个例数也出现显著增加;降雹后 20 min 左右 45 dBz 回波高度开始呈下降特征,高度集中出现在 6～8 km。

由此可见,在冰雹云降雹前后演变过程中,由于回波强度不断变化,强回波高度在降雹前后约 1 h 内无明显变化;冰雹云回波顶高在降雹前后随时间具有先增后减的显著变化特征,降雹前 30 min 大部分冰雹过程的回波顶高跃增至 12 km 以上,降雹开始和持续阶段回波顶高达最大值,绝大多数冰雹云回波顶高长时间维持在 12～16 km,降雹后 30 min,回波顶高开始下降至 12 km 以下;降雹前后冰雹云 35 dBz、45 dBz 强回波高度随时间也呈先增后减的变化特征,降雹前 30 min,35 dBz 回波高度集中出现在 8～10 km,45 dBz 高度集中出现在 6～8 km,降雹前 18 min,35 dBz、45 dBz 回波高度均开始跃增,大多数冰雹云降雹时再次跃增至 10～12 km、8～10 km,降雹后 30 min,35 dBz、45 dBz 回波高度分别下降至 10 km、8 km 以下。

6.2.3　垂直累积液态水含量(VIL)演变特征

大量研究表明,垂直累积液态水含量(VIL)在强对流天气的监测预警中发挥着重要作用,是判断冰雹云和冰雹预警的重要指标。下面对 472 次冰雹过程降雹前后 VIL 参量演变特征进行分析。

图 6.2.3 给出 472 次降雹过程降雹前后 VIL 随时间变化。从图 6.2.3 可以看出,386 个冰雹过程从降雹前 30 min 开始 VIL 跃增,其中 192 次过程 VIL>10 kg/m²;降雹前 18 min,228 次冰雹过程 VIL>10 kg/m²,其中 20 次过程 VIL>30 kg/m²;降雹前 6 min,311 个冰雹过程(占冰雹过程的 66% 以上)VIL>10 kg/m²,其中 20 次过程 VIL 超过 32 kg/m²;降雹开始时 387 次冰雹过程 VIL>10 kg/m²,约占全部过程的 82%,其中 43% 的冰雹过程 VIL>20 kg/m²,最大 VIL 达 35 kg/m²。随着降雹过程结束,VIL 呈现出快速递减的典型特征,降雹后 6 min 开始,VIL 整体快速减小,降雹后 18 min,约 50% 冰雹过程 VIL<10 kg/m²;降雹后 30 min,VIL 中心值降低至 2～4 kg/m²。

因此,VIL 的跃增与冰雹的出现具有较好的正相关特征,随着云内粒子的不断增长,大粒子数不断增加,VIL 出现明显跃增,冰雹云发展,降雹前 30 min VIL 开始跃增,且有 40% 的冰雹过程 VIL>10 kg/m²,之后逐渐增大,至降雹时 VIL 达最大值,有 82% 冰雹过程的冰雹云回波 VIL>10 kg/m²,43% 的冰雹过程 VIL>20 kg/m²,最大 VIL 达 35 kg/m²,降雹后 VIL 呈线性快速减小。

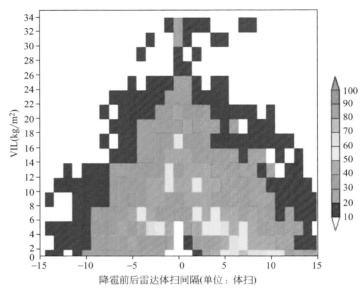

图 6.2.3　472 次冰雹过程降雹前后 VIL 时间演变出现频次（单位：次）

6.3　不同季节冰雹过程雷达回波特征参量演变特征

由前面的分析发现，云南冰雹活动频繁，但具有明显的季节和地域性特征。为进一步分析各季节云南冰雹过程雷达回波参量演变特征和规律的异同，下面就主要分冬春季（1—5 月）、夏秋季（6—10 月）冰雹过程的雷达回波参量演变特征进行分析。

6.3.1　雷达回波强度演变特征

（1）冬春季冰雹过程

图 6.3.1 给出冬春季 158 次冰雹过程降雹前后各 15 个体扫时间段内最大回波强度和不同高度层回波强度随时间的演变。

从图 6.3.1a 可见，冬春季降雹前后最大回波强度突变特征不明显，降雹前 50 min 左右，89 个冰雹过程对流回波开始生成发展，占冬春季冰雹过程的 56%，其中 56 个冰雹过程最大回波强度>50 dBz，占 35%，同时最大回波强度>40 dBz、>55 dBz 的冰雹个例数也开始线性增加；降雹前 40 min 左右，增加到 120 个冰雹过程观测到对流回波，占 76%，最大回波强度>50 dBz 的冰雹个例增至 81 个，占 51%，其中 12 个过程回波强度>60 dBz；降雹前 30 min 左右，135 个过程能观测到对流回波，其中有约 70% 的冰雹过程最大回波强度>50 dBz，其中最大回波强度>60 dBz 的冰雹个例跃增到 23 个；临近降雹时冰雹过程最大回波强度维持在 55~60 dBz 范围内，但个例明显增多，其中降雹前 6 min，85% 的冰雹过程最大回波强度>50 dBz；降雹开始时 90% 的冰雹过程最大回波强度>50 dBz，其中 38 次过程强度>60 dBz，表明冬春季降雹前强对流冰雹云回波不断加强，至降雹阶段回波强度达最强；在降雹开始后 30 min 内大部分冰雹过程的回波强度仍长时间维持>50 dBz，随后回波强度>50 dBz 的个例数才开始明显递减。

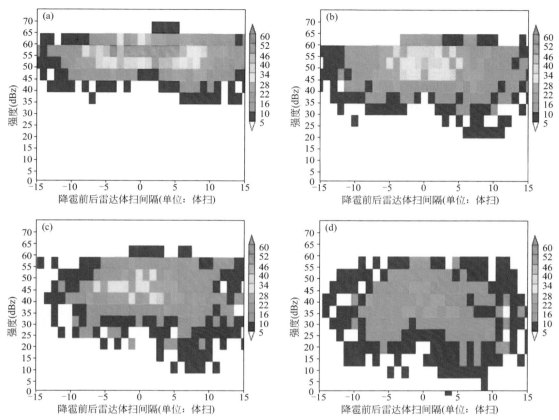

图 6.3.1　冬春季 158 次冰雹过程降雹前后回波强度随时间演变出现频次(单位:次)

(a)最大回波强度;(b)0 ℃层回波强度;(c)−10 ℃层回波强度;(d)−20 ℃层回波强度

从冬春季 158 个冰雹过程降雹前后 0 ℃层回波强度的时间演变(图 6.3.1b)也可以看出,降雹前 20 min 左右,0 ℃层回波强度＞40 dBz 个例数开始明显增多,随后 0 ℃层回波强度＞50 dBz 个例数也线性增加;降雹前 6 min,60%冰雹天气个例 0 ℃层回波强度＞50 dBz,且 50~55 dBz 个例数出现明显跃增;降雹时 70%个例 0 ℃层回波强度＞50 dBz。开始降雹后 12 min 左右,大多数冰雹个例中 0 ℃层回波强度开始下降到 50 dBz 以下,降雹后 30 min 大部分冰雹云回波 0 ℃层回波强度继续下降到 45 dBz 以下,虽然部分个例出现强度波动起伏的现象,但总体上冰雹个例的 0 ℃层回波强度线性减弱。

冬春季冰雹过程−10 ℃层回波强度降雹前后时间演变(图 6.3.1c)表现出更明显的跃增变化,−10 ℃层 45~55 dBz 回波强度的跃增出现在降雹前 40 min 左右,−10 ℃层回波强度＞55 dBz 的冰雹个例在降雹前 10~40 min 则无明显跃增趋势;降雹前 6 min,50%的冰雹过程−10 ℃层回波强度超过 45 dBz,且−10 ℃层回波强度＞55 dBz 的冰雹个例数也开始增加,但幅度较小;降雹开始时,62%的冰雹过程−10 ℃层回波强度＞45 dBz。降雹开始后 10 min,−10 ℃层回波强度出现阶梯状下降特征,30 min 后−10 ℃层回波强度下降到 45 dBz 以下。

−20 ℃层回波强度大小更能体现对流云强烈发展的程度,并与冰雹粒子的抬升循环增长强弱密切相关。由图 6.3.1d 可以看到,降雹前后冰雹云−20 ℃层回波强度基本无明显变化,降雹前 40 min,虽然−20 ℃层回波强度＞45 dBz 的冰雹个例数有所增加,但长时间维持,降雹时-20 ℃层回波强度>45 dBz 冰雹个例突然增加达 70%,随后波动减少,至降雹开始后 30 min 冰雹过程-20 ℃层回波强度基本下降至 40 dBz 以下。

由上述分析可见,对于冬春季强对流冰雹过程,最大回波强度在降雹前后变化不大,降雹前后 30 min 最大回波强度均在 50~65 dBz 之间稳定维持,0 ℃层、-10 ℃层回波强度在降雹前后变化显著,冰雹出现前 30 min,冰雹云 0 ℃层、-10 ℃层回波强度分别跃增至 50 dBz 以上和 45 dBz 以上,降雹时刻达到峰值,降雹后 0 ℃层、-10 ℃层回波强度迅速减小,表明冬春季冰雹云 0 ℃层 45 dBz、-10 ℃层 40 dBz、-20 ℃层 35 dBz 回波强度的出现和减弱与冰雹过程的发展演变有着较好的相关性,-20 ℃层回波强度与冰雹演变过程的相关性差一些。

(2)夏秋季冰雹过程

与冬春季冰雹过程的雷达回波强度演变特征相比,夏季冰雹过程的强回波强度稍偏弱,图 6.3.2 给出夏秋季 314 次冰雹过程降雹前后各 15 个体扫时间段内最大回波强度和不同高度层回波强度随时间演变。

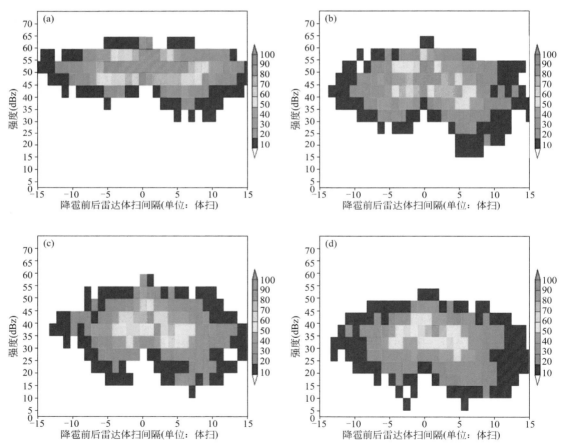

图 6.3.2 夏秋季 314 次冰雹过程降雹前后回波强度时间演变出现频次(单位:次)
(a)最大回波强度;(b)0 ℃层回波强度;(c)-10 ℃层回波强度;(d)-20 ℃层回波强度

从夏秋季冰雹过程回波最大强度演变(图 6.3.2a)可以看出,对流回波生成发展快速,降雹前 40 min,177 次冰雹过程能观测到对流回波,仅占 56%,其中 95 个冰雹过程回波强度 >50 dBz,占 30%,同时有 7 次冰雹过程最大强度>60 dBz,冰雹云回波发展初期强度分布特征与冬春季基本相似;降雹前 30 min,回波强度不断增加,最大回波强度>50 dBz 的冰雹过程达 144 次,占 45%,同时 60 次冰雹过程最大回波强度>55 dBz,表明随着对流不断加强,回波强度显著增加;降雹前 6 min 开始,最大回波强度出现跃增,30% 的冰雹过程回波强度>55 dBz,尤其降雹开始 6 min 内回波强度跃增最为显著。降雹后 6 min,冰雹过程最大回波强度开始下降,大多数冰雹过程回波强度下降至 45~50 dBz,同时回波强度<45 dBz 的冰雹过程开始增加;降雹后 40 min,所有冰雹过程的最大回波强度呈整体下降特征,60 min 后基本减弱到 45 dBz 以下。

分析发现,与冬春季冰雹过程相比,夏秋季和冬春季冰雹云最大回波强度演变规律基本一致,但夏秋季冰雹过程回波强度平均偏低 5 dBz 左右和生成发展更快一些,这与云南特殊地理位置密切相关,夏秋季暖湿条件充沛利于对流回波快速生成发展,而冬春季冰雹过程主要是由青藏高原到孟加拉湾地区南支槽系统东移造成的,往往发展深厚的南支槽系统具备深厚的抬升动力条件和充沛水汽导致冰雹云回波发展强盛。

进一步从夏秋季 314 次冰雹过程 0 ℃层回波强度的演变(图 6.3.2b)来看,降雹前 30 min,0 ℃层回波强度出现明显跃增,0 ℃层回波强度>40 dBz 和>50 dBz 冰雹个例次数显著增加;降雹前 10 min 继续增加,90% 冰雹过程 0 ℃层回波强度>40 dBz;随后进一步线性增加,降雹时 0 ℃层回波强度达峰值,80% 冰雹过程 0 ℃层回波强度>45 dBz;降雹后 10 min,大多数冰雹过程 0 ℃层回波强度下降到 40~50 dBz,降雹后 30 min 继续下降到 35~45 dBz。可见,夏秋季冰雹过程的 0 ℃层回波强度在降雹前后表现为明显的递增和递减特征,与冬春季相比,跃增的幅度偏大,但整体强度偏弱 5 dBz 左右,这也与夏秋季低纬高原地区暖湿条件充沛对流回波发展快有关。

-10 ℃层回波强度的演变特征(图 6.3.2c)与 0 ℃层基本一致,降雹前 30 min,-10 ℃层回波强度不断增加,-10 ℃层回波强度>35 dBz 的冰雹个例明显增多;降雹前 10 min,-10 ℃层回波强度>35 dBz 的冰雹个例数跃增,大多数冰雹个例的-10 ℃层回波强度集中出现在 35~45 dBz 范围内;临近降雹-10 ℃层回波强度>35 dBz 的冰雹个例继续线性增加,到降雹时回波强度达峰值,84% 的冰雹过程-10 ℃层回波强度>40 dBz;降雹后 10 min,冰雹过程-10 ℃层回波强度开始下降,30 min 后下降到 30~40 dBz 范围内。同样与冬春季相比,夏秋季冰雹过程-10 ℃层回波强度演变规律基本一致,但整体强度偏弱 5 dBz 左右。

夏秋季冰雹过程-20 ℃层回波强度的演变特征(图 6.3.2d)与冬春季相比则表现出更加明显的跃增特征,跃增时间出现在降雹前 30 min 和 10 min,-20 ℃层回波强度分别跃增至 30 dBz 和 35 dBz 以上。降雹开始后 10 min,-20 ℃层回波强度开始线性减小,下降到 35~40 dBz 之间,30 min 后下降到 30 dBz 以下。可见夏秋季-20 ℃层回波强度的跃增与冬春季相比跃增特征明显,说明夏秋季暖湿条件充沛利于形成强烈上升气流而导致对流强烈向上发展穿越 20 ℃层。

综上所述,夏秋季冰雹云最大回波强度及 0 ℃、-10 ℃、-20 ℃层回波强度在降雹前后演变特征与冬春季基本相似,具有降雹前跃增和降雹后减弱的特征,对冰雹监测预警有很强指示性,但由于云南地处低纬高原特殊的地理位置,夏秋季暖湿条件充沛利于对流回波快速生成发展和形成强烈上升气流促使对流回波强烈向上发展穿越-20 ℃层,而冬春季由于受青藏高原到孟加拉湾地区南支槽系统影响具备深厚的抬升动力条件和充沛水汽导致冬春季冰雹云回波发展强盛,因而造成夏秋季冰雹云回波强度和各高度层回波强度平均偏低,但生成发展更快一些,跃增更突出一些。

6.3.2　回波高度演变特征

（1）冬春季冰雹过程

图6.3.3为冬春季158次冰雹过程降雹前后强回波高度、回波顶高、35 dBz回波高度和45 dBz回波高度随时间演变。从158次冰雹过程降雹前后强回波高度演变（图6.3.3a）可以看出,所有冰雹过程在发展演变过程中强回波高度基本都出现在8 km以下,降雹前55 min,超过60%冰雹过程强回波高度长时间维持在2~6 km;随着冰雹云发展,强回波出现向上向下发展,降雹前20 min,22次冰雹过程强回波高度>6 km,占10%左右;降雹前6 min,强回波高度>6 km过程数增加到20%,但所有冰雹过程的强回波高度均未超过10 km。开始降雹后6 min大多数冰雹过程的强回波高度长时间维持在6 km以下,35 min后高度下降到4 km以下。可见,强回波高度表示冰雹云发展演变过程中最强回波的高度,由于冰雹云演变过程中强回波强度会发生变化,各高度回波强度相应也会变化,但强回波高度在降雹前后不存在显著变化。

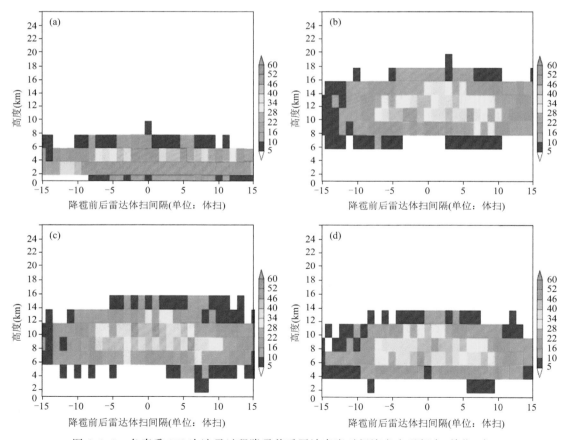

图6.3.3　冬春季158次冰雹过程降雹前后回波高度时间演变出现频次（单位:次）

(a)强回波高度;(b)回波顶高;(c)35 dBz回波高度;(d)45 dBz回波高度

从冬春季158次冰雹过程降雹前后回波顶高随时间演变（图6.3.3b）可见,降雹前50 min,大多数冰雹过程的回波顶高主要出现在8~16 km范围内,集中出现在10~14 km之间;随后强对流回波的顶高呈增加趋势,降雹前 10 min 左右,90% 的冰雹过程回波顶高超过 10 km,其中 50% 的冰雹过程回波顶高>12 km;降雹时 60% 的冰雹过程回波顶高超过 12 km,其中 5 次冰雹过程回波顶高>18 km。降雹后 10 min,冰雹云回波顶高迅速下降到 12 km 以下。可见,冬春季冰雹过程降雹前后回波顶高变化较为明显,大多数冰雹过程回波顶高在降雹前 50 min 开始增加,降雹前 10 min 跃增至>12 km,降雹后回波顶高快速下降至 12 km 以下,且冬春季强对流冰雹过程回波顶高发展快速,跃增变化时间较短。

冬春季 158 次冰雹过程降雹前后 35 dBz 回波高度随时间演变(图 6.3.3c)也较为明显,降雹前 45 min 开始,35 dBz 回波高度>8 km、>10 km 的冰雹过程次数增加,158 次冰雹过程 35 dBz 回波高度基本都在 8~12 km;降雹前 20 min,35 dBz 回波高度>8 km、>10 km 的冰雹次数出现跃增,且 35 dBz 高度开始上升至 12 km 以上;降雹时 35 dBz 高度无明显变化,80% 的冰雹个例 35 dBz 回波高度>8 km,其中 3 个冰雹过程 35 dBz 高度>16 km。降雹开始后 35 dBz 回波高度逐渐降低,24 min 后 80% 的冰雹过程 35 dBz 高度下降至<12 km,36 min 后 60% 的冰雹过程 35 dBz 回波高度<10 km。

158 次冬春季冰雹过程降雹前后 45 dBz 回波高度随时间变化(图 6.3.3d)与 35 dBz 回波高度基本一致,仅仅回波高度下降约 2 km。

因此,冬春季冰雹过程强回波高度在降雹前后约 1 h 内无明显异常变化,回波顶高的跃增较为明显,降雹前 50 min 开始增加,降雹前 10 min 出现跃增至回波顶高>12 km,跃增变化时间相对较短,35 dBz、45 dBz 回波高度在降雹前后呈先增后减的变化特征,但跃增幅度偏小,降雹前 20 min 分别跃增 2~4 km。

(2)夏秋季冰雹过程

图 6.3.4 给出夏秋季 314 次冰雹过程降雹前后强回波高度、回波顶高、35 dBz 回波高度和 45 dBz 回波高度随时间演变。从 314 次夏秋季冰雹过程强回波高度演变(图 6.3.4a)来看,降雹前 50 min,60% 的冰雹过程强回波高度长时间维持在 2~6 km,仅在降雹前 6 min 出现小幅跃增,降雹时 70% 冰雹过程强回波高度在 4~10 km,集中出现在 4~6 km。降雹开始后 30 min 内强回波高度无明显降低,30 min 后强回波高度下降至 4 km 以下且随冰雹过程的减弱消散逐渐减小。可见,夏秋季强回波高度及其随时间演变特征与冬春季相比无明显差异,强回波高度集中出现在 8 km 以下,变化不明显,仅仅在临近降雹前 6 min 内强回波高度跃增 2 km 左右。

从夏秋季冰雹过程回波顶高随时间演变(图 6.3.4b)看,降雹前 30 min,60 次冰雹过程的回波顶高发展升高到 12 km 以上,回波顶高主要分布在 12~16 km,其中 8% 的冰雹过程回波顶高>18 km;随着冰雹云发展,回波顶继续向上扩展,降雹前 20 min,回波顶高出现跃增,多数冰雹过程回波顶高主要分布在 14~16 km,<12 km 的冰雹过程数明显减少;降雹前 6 min,50% 的冰雹过程回波顶高>14 km;降雹时回波顶高变化不明显,但回波顶在 16~18 km 和 12~14 km 区间的个例略有增加,说明一部分冰雹云降雹过程中还存在强烈上升气流携带冰雹粒子向上凝结增长而使回波顶增高,同时也有一部分冰雹过程降雹时产生下沉气流和云中冰雹粒子的拖曳作用,上升气流逐渐减弱,冰雹粒子向上抬升的势力减弱而使回波顶不再向上增长。降雹后 20 min,回波顶高下降到 12~14 km,30 min 后大部分冰雹过程的回波顶高下降至 10 km 以下。可见,夏秋季冰雹过程回波顶高演变趋势与冬春季相比基本一致,但回波顶更高,增长更迅速,回波顶及其跃增幅度相比冬春季偏高 2 km 左

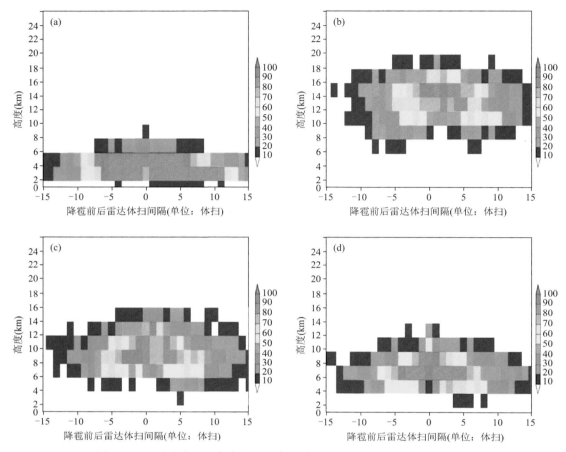

图 6.3.4　夏秋季 314 次冰雹过程降雹前后回波高度时间演变(单位:次)

(a)强回波高度;(b)回波顶高;(c)35 dBz 回波高度;(d)45 dBz 回波高度

右,降雹前 30 min、20 min 和 6 min 分别跃增至 12 km、14 km、16 km,进一步说明夏秋季暖湿条件充沛利于对流回波快速生成发展和形成强烈上升气流促使对流回波强烈向上发展,导致回波顶更高和增长迅速。

从 314 次夏秋季冰雹过程降雹前后 35 dBz 回波高度随时间演变(图 6.3.4c)看出,降雹前后 35 dBz 回波高度跃增更明显,降雹前 45 min,35 dBz 高度>8 km 的冰雹过程个例数开始跃增;降雹前 20 min,多数冰雹个例 35 dBz 回波高度开始上升至 10 km 以上;降雹前 6 min,35 dBz 回波高度>10 km 的个例数达到峰值,占 60%。降雹开始后 10 min ,35 dBz 回波高度开始呈减弱趋势。

45 dBz 回波高度演变(图 6.3.4d)也同样显著,降雹前 30 min,冰雹云 45 dBz 回波高度一般增至 6 km 以上,降雹前 20 min 继续增至 8 km 以上,降雹时 45 dBz 高度可增到 10 km 以上,降雹后 10 min 开始呈阶梯状减弱趋势。

因此,夏秋季冰雹过程同样具有强回波高度变化不显著,而回波顶高、35 dBz 回波高度和 45 dBz 回波高度在降雹前后表现为明显变化的特征,跃增时间点分别为降雹前 30 min、20 min 和 6 min,其中 45 dBz 回波高度跃增更为明显,分别可增至 6 km、8 km 和 10 km。

综上所述,冬春季和夏秋季冰雹云回波顶高和各强回波高度演变趋势基本一致,其中在冰电云演变过程中强回波高度都不存在明显变化,而回波顶和 35 dBz、45 dBz 回波高度都具有显著变化特征,但由于夏季具有充沛暖湿条件利于对流回波快速生成和迅速向上强烈发展,导致夏秋季回波顶高和各强回波高度及其演变幅度相比冬春季偏大且夏秋季跃增变化时间相对长。

6.3.3　VIL 演变特征

(1)冬春季冰雹过程

图 6.3.5 为冬春季 158 次降雹过程降雹前后 VIL 随时间演变。从图 6.3.5 可以看出,冰雹过程从降雹前 40 min VIL 开始增加,118 个过程可以观测到 VIL 数值,其中 49 次冰雹过程 VIL>12 kg/m²,最大 VIL 达 20 kg/m²;随着冰雹云发展,VIL 逐渐增大,VIL>10 kg/m² 的冰雹过程逐渐增多,降雹前 24 min 左右,70 次冰雹过程 VIL>10 kg/m²;降雹前 6 min,93 个冰雹过程 VIL>10 kg/m²,占 59%;降雹时 VIL 最大达 30 kg/m² 以上;降雹开始后 VIL 逐渐减小,VIL>10 kg/m² 的冰雹过程逐渐减少,10 min 后约 65% 的冰雹过程 VIL>10 kg/m²,随后出现显著下降,20 min 后 60% 的冰雹过程 VIL 值递减到 6 kg/m² 左右,随着冰雹过程结束,VIL 值继续迅速减小。

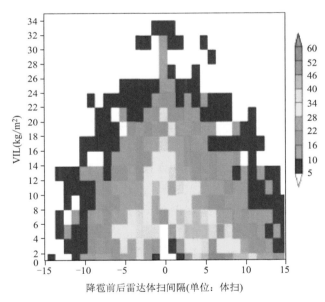

图 6.3.5　春季 158 次冰雹过程降雹前后 VIL 随时间演变(单位:次)

(2)夏秋季冰雹过程

图 6.3.6 为夏秋季 314 次降雹过程降雹前后 VIL 随时间演变,与冬春季相比,VIL 的跃增时间较短,降雹前 30 min,253 个冰雹过程雷达可观测到 VIL 值,VIL 基本分布在 4~8 kg/m² 范围内;降雹前 20 min,VIL 出现跳跃式跃增,基本分布在 10~12 kg/m²,随后继续快速增加,VIL>12 kg/m² 的冰雹过程迅速增多;降雹时 VIL 达到峰值,202 次冰雹过程 VIL>14 kg/m²,最大 VIL 达 33 kg/m²。降雹后 VIL 的变化特征与冬春季基本一致,VIL 值迅速减小。

可见,夏秋季和冬春季冰雹天气过程 VIL 随时间的变化特征相似,降雹前 VIL 跃增,降雹

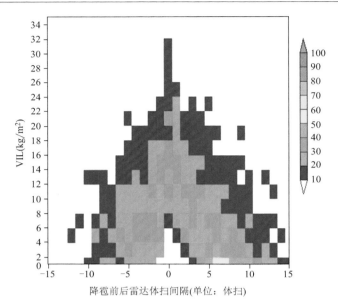

图 6.3.6　夏秋季 314 次冰雹过程降雹前后 VIL 时间演变(单位:次)

后递减,但与冬春季相比 VIL 跃增更快但 VIL 值略偏小,表现出跳跃式增加的典型特征,这主要由于夏秋季具有充沛暖湿条件导致对流回波生成和发展迅速造成的,同时由于影响云南冬春季冰雹天气的南支槽系统具有深厚的动力条件和充沛水汽导致冬春季冰雹云回波发展强盛,从而使冬春季 VIL 值更大一些。

6.4　不同区域冰雹过程雷达回波特征参量演变特征

云南地处低纬高原地区,地形地貌复杂和海拔高度悬殊大,加之强对流天气影响系统复杂多样,造成的强对流冰雹天气落区和强度差异显著,开展分区域冰雹过程雷达回波特征参量演变特征分析研究,有利于提高对不同海拔高度和不同区域冰雹活动机理的认识,从而提高冰雹监测预警的准确率。

分析发现,在 472 次强对流冰雹过程中,不同区域在不同季节出现冰雹过程的概率有很大差别,其中滇西和滇西南冬春季出现冰雹过程比例高达 56%,而滇中、滇东和滇西北夏秋出现冰雹过程比例高达 88%,可见不同区域冰雹过程雷达回波参量演变特征也能代表云南不同季节冰雹过程雷达回波特征参量演变特征。

下面分别对各区域冰雹过程的雷达回波参量演变特征进行深入分析,寻找不同区域冰雹过程特征参量演变规律之间的异同点,建立有针对性的冰雹预警指标。

6.4.1　回波强度演变特征

(1)滇中和滇东区

滇中和滇东区是云南冰雹尤其夏秋季冰雹天气高发区,也是云南烤烟主产区。针对选取的滇中和滇东区 292 个冰雹个例,图 6.4.1 给出 292 次冰雹过程降雹前后最大回波强度、0 ℃层回波强度、−10 ℃层回波强度、−20 ℃层回波强度的演变。

从图 6.4.1a 可看出,滇中和滇东地区冰雹云最大回波强度降雹前后出现明显变化,降雹

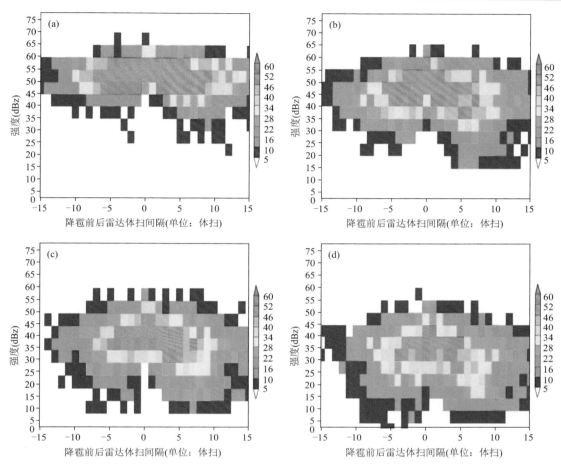

图 6.4.1 滇中冰雹过程降雹过程回波强度随时间演变(单位:次)

(a)最大回波强度;(b)0 ℃层回波强度;(c)−10 ℃层回波强度;(d)−20 ℃层回波强度

前 40 min 冰雹云最大回波强度不断增加,60%的冰雹过程最大回波强度>50 dBz;降雹前 25 min 最大回波强度继续增加,尤其最大回波强度>55 dBz 的个例数跃增,随后大多数个例回波强度长时间维持在 50~60 dBz,最大回波强度<45 dBz 的个例数显著减少;降雹时 90% 的冰雹过程回波强度>50 dBz,其中 59%的冰雹过程最大回波强度>55 dBz,6 次过程回波强度>65 dBz。降雹开始后 25 min 左右,最大回波强度开始下降约 5 dBz 左右,大多数冰雹个例最大回波强度集中在 45~55 dBz,60 min 后逐渐减弱消散。可见,滇中和滇东地区降雹前后最大回波强度演变具有降雹前发展迅速而降雹后下降缓慢的特征,尤其冰雹过程降雹前 40 min 和 25 min 最大回波强度跃增明显,分别跃增至 50 dBz 和 55 dBz 以上。

从滇中和滇东冰雹过程 0 ℃层回波强度随时间演变(图 6.4.1b)来看,降雹前 1 h,仅有 78 个冰雹过程回波发展到 0 ℃层高度,在降雹前后主要时段内大多数冰雹过程 0 ℃层回波强度集中出现在 40~55 dBz。降雹前 0 ℃层高度回波强度不断增加,降雹前 40 min 0 ℃层回波强度增至 45 dBz,降雹前 20 min 跃增至 50 dBz,降雹时 80%的冰雹过程 0 ℃层回波强度>45 dBz,集中出现在 55~60 dBz。降雹后 10 min 左右,多数冰雹过程 0 ℃层回波强度下降到 50 dBz 以下,30 min 后继续下降至 45 dBz 以下。可见,降雹前 0 ℃层回波强度的增强时间比降雹后减弱时间偏长,表明对流云内上升气流维持较长,有利于云内冰雹粒子的循环增长,从而导致滇中和滇东地区冰雹过程造成的灾害较为严重,降雹后大粒子的拖曳作用使得 0 ℃层回波强度迅速减弱。

−10 ℃层回波强度的演变特征(图 6.4.1c)与 0 ℃层回波强度的演变特征基本相似,降雹前 40 min −10 ℃层回波强度跃增至 40 dBz,降雹前 25 min 跃增至 45 dBz,降雹时达峰值在 50∼55 dBz,降雹后的变化特征与 0 ℃层回波强度的变化特征一致,逐渐减小。

−20 ℃层回波强度的跃增则相对偏弱(图 6.4.1d),降雹前后 60 min 内冰雹过程−20 ℃层回波强度主要分布在 25∼40 dBz,无明显跃增,降雹前 20 min,−20 ℃层回波强度在 35∼40 dBz 的冰雹个例显著增加,但强度变化不大,降雹时−20 ℃层回波强度分布相对分散,降雹后 30 min 强度开始集中下降到 30∼35 dBz。

由此可见,滇中和滇东区冰雹过程最大回波强度和各层回波强度在降雹前后均具有明显变化特征,降雹前不断增加和跃增幅度大,降雹时均达到峰值,降雹后逐渐减弱,降雹前 40 min,一般最大回波强度、0 ℃层回波强度、−10 ℃层回波强度、−20 ℃层回波强度分别增加至 50 dBz、45 dBz、40 dBz、35 dBz,降雹前 25∼30 min 进一步跃增至 55 dBz、50 dBz、45 dBz 和 40 dBz。但除最大回波强度演变具有降雹前跃增时间短和降雹后回波强度减弱缓慢的特征外,其余各高度层回波强度均呈跃增时间比降雹后减弱时间偏长的特征,表明滇中和滇东地区的强对流冰雹过程发展阶段存在持久上升气流维持利于冰雹云内冰雹粒子循环增长,冰雹粒子循环增长过程长,云内粒子长成大粒子的概率大,导致滇中和滇东地区冰雹过程灾害严重,而降雹后大粒子的拖曳作用加速了回波减弱消散。

(2)滇西区

滇西地区冰雹天气主要受南支槽系统影响,主要出现在冬春季和初夏,其演变特征有别于其他地区集中在夏秋季的冰雹过程。针对选取的滇西地区 84 次冰雹个例,图 6.4.2 给出滇西地区 84 次降雹过程降雹前后最大回波强度、0 ℃层回波强度、−10 ℃层回波强度、−20 ℃层回波强度演变。

从最大回波强度演变(图 6.4.2a)可见,与滇中和滇东的分析结果不同,降雹前 50 min,仅有 45 个冰雹过程雷达可以观测到回波,其中 34 个过程的最大回波强度＞50 dBz,最大强度高达 65 dBz,随着冰雹云回波不断发展,最大强度稳定维持在 55∼60 dBz,无明显跃增特征。可见,由于滇西冰雹天气主要受南支槽系统影响造成,一般上升气流强烈,对流回波生成后迅速发展,在初发展阶段最大回波强度已明显加强和偏强,因而最大回波强度演变在降雹前无明显跃增特征。

从滇西地区冰雹过程降雹前后 0 ℃层回波强度随时间演变(图 6.4.2b)看,降雹前 50 min,44 个冰雹过程可观测到 0 ℃层回波强度,其中有 23 个过程 0 ℃层回波强度＞50 dBz,23 个过程 0 ℃层回波强度＞55 dBz,随着冰雹云回波不断发展成熟,0 ℃层回波强度无明显增大,长时间集中出现在 50∼60 dBz,但 0 ℃层回波强度＜45 dBz 的个例减少;降雹前 10 min,0 ℃层回波强度在 50∼60 dBz 之间的冰雹个例明显增加,主要是随着冰雹云逐渐发展成熟和降雹临近,前期发展较弱的冰雹云回波增强,导致 0 ℃层回波强度出现明显增加;降雹时 0 ℃层回波强度达到最大值,70%的冰雹过程 0 ℃层回波强度＞50 dBz。降雹后 25 min,0 ℃层回波强度开始减弱。可见,由于滇西地区冰雹多发于冬春季和初夏,0 ℃层高度偏低,而在强对流冰雹云中上升运动剧烈,从而造成滇西地区强对流冰雹过程的 0 ℃层回波强度偏强,跃增特点不明显,大多数典型冰雹过程在初始发展阶段 0 ℃层回波强度就可达 50 dBz 左右,且随着

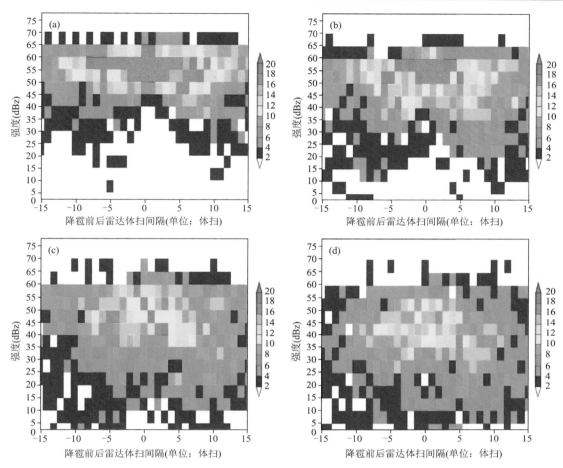

图 6.4.2　滇西 84 次降雹过程降雹前后回波强度随时间演变（单位：次）
（a）最大回波强度；（b）0 ℃层回波强度；（c）—10 ℃层回波强度；（d）—20 ℃层回波强度

冰雹云的发展并无显著增长，长时间集中出现在 50～60 dBz，降雹后 0 ℃层回波强度迅速下降。

　　—10 ℃层回波强度随时间演变特征（图 6.4.2c）与 0 ℃层回波强度比较，变化相对显著但分布较为分散。降雹前 50 min，—10 ℃层回波强度开始跃增，在 40 个可以观测到—10 ℃层回波强度的冰雹过程中，14 个过程—10 ℃层回波强度>50 dBz，随后大多数冰雹过程—10 ℃层回波强度长时间维持在 50～55 dBz，但—10 ℃层回波强度>55 dBz 冰雹个例增加明显，且—10 ℃层回波强度>60 dBz 和<45 dBz 冰雹过程较为分散；降雹前 6 min，—10 ℃层回波强度>55 dBz 的冰雹个例数达峰值，20 个过程—10 ℃层回波强度>55 dBz，低强度的冰雹过程数明显减少。降雹后 30 min 内，—10 ℃层回波强度呈阶梯状减弱，递减率基本在 5 dBz/6 min 左右。

　　滇西冰雹云—20 ℃层回波强度演变特征（图 6.4.2d）与—10 ℃层回波强度基本一致，降雹前 50 min，冰雹过程—20 ℃层回波强度开始集中出现在 45～50 dBz 并长时间维持，—20 ℃层回波强度<40 dBz 冰雹过程分布较为分散，不同点是在降雹前 35 min、25 min —20 ℃层回波强度>45 dBz、>50 dBz 降雹个例分别出现跃增，降雹时大多数冰雹个例—20 ℃层回波强度出现在 45～50 dBz，降雹开始后强度呈阶梯状减弱特征。

　　综上所述,滇西地区最大回波强度和各高度层回波强度的演变趋势与滇中和滇东相似,降雹前回波强度增加而降雹后减弱,但由于滇西地区冰雹多发于冬春季和初夏,0 ℃层、−10 ℃层和−20 ℃层高度相对偏低,且由于常常是南支槽影响导致的冰雹天气过程,冰雹云中上升运动剧烈,回波发展迅速,滇西强对流冰雹过程最大回波强度及 0 ℃层、−10 ℃层和−20 ℃层回波强度在冰雹云演变过程中强度偏强,降雹前跃增不明显,冰雹过程回波演变时间相对较短,其中最大和 0 ℃层回波强度降雹前 50 min 强度均达到 50 dBz 以上,且随着冰雹云的发展并无显著增长,降雹后快速减弱;−10 ℃层和−20 ℃层回波强度在降雹前 50 min 开始出现跃增,随后较大回波强度的冰雹过程个例数不断增加,但大多数冰雹过程分别长时间维持在50～55 dBz、45～50 dBz 范围内,降雹后回波强度呈阶梯状减弱。

（3）滇西北区

　　滇西北包括丽江、大理两个地区,海拔相对较高和地形地貌复杂,在 41 个冰雹过程中仅有 1 次出现在 1 月,其余均出现在 6—9 月。针对选取的滇西北区 41 次冰雹过程,同样图 6.4.3 给出滇西北 41 次冰雹过程降雹前后最大、0 ℃层、−10 ℃层、−20 ℃层回波强度随时间演变特征。

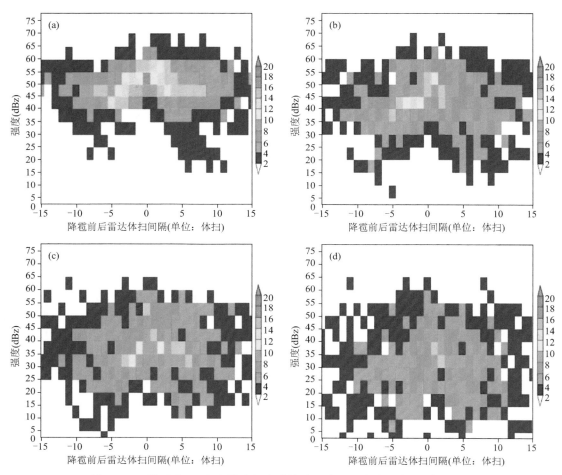

图 6.4.3　滇西北 41 次冰雹过程降雹前后回波强度随时间演变(单位:次)

(a)最大回波强度;(b)0 ℃层回波强度;(c)−10 ℃层回波强度;(d)−20 ℃层回波强度

从最大回波强度随时间演变(图 6.4.3a)来看,降雹前冰雹云回波强度跃增显著,降雹前 60 min 有 16 个冰雹过程能观测到出现对流回波,但强度较分散;随后线性增加,降雹前 30 min,33 个冰雹过程能观测到回波,其中 30 个个例回波强度>40 dBz,一般为 40～45 dBz;降雹前 25 min、20 min 大多数冰雹云回波强度分别快速跃增至 45 dBz、50 dBz,降雹时跃增至 55 dBz 并维持至降雹开始后 20 min 内,降雹结束后回波强度开始呈现分散状减弱特征。由此可见,滇西北冰雹过程发展初期冰雹云强度分散,但发展迅速,降雹前 30 min 开始集中到 40～45 dBz 范围内,降雹前 25 min、20 min 分别迅速跃增至 45 dBz 和 50 dBz 以上,可能是由于受到滇西北高山的地形抬升作用冰雹云回波发展迅速导致的,但与滇西、滇中相比明显回波强度偏弱。

从 0 ℃层回波强度演变(图 6.4.3b)可清晰看到,降雹前 30 min,滇西北冰雹过程 0 ℃层回波强度集中出现在 30～40 dBz,随后对流回波迅速发展,大多数冰雹过程 0 ℃层回波强度增加至 40～45 dBz,降雹前 10 min 跃增至 50 dBz,降雹前 6 min 增至 55 dBz,降雹开始后 0 ℃层回波强度迅速呈离散状分布。可见,0 ℃层回波强度的演变特征进一步表明滇西北冰雹过程强度偏弱和持续时间偏短的特征。

-10 ℃层(图 6.4.3c)、-20 ℃层(图 6.4.3d)回波强度随时间的演变趋势与 0 ℃层回波强度基本一致,强度分别偏小 5 dBz、10 dBz。

总的来说,滇西北冰雹过程最大回波强度和各高度层回波强度演变特征与滇中、滇东区和滇西区相似,但存在强度偏弱、发展快、回波演变时间短的特点,由于滇西北地区海拔高,部分地区超过 3000 m,夏秋季 0 ℃层高度较高,冰雹云回波强度相对其他区域偏弱,持续时间偏短,但可能受到滇西北高山的地形抬升作用,冰雹云回波发展迅速,尤其降雹前 25 min、20 min 回波强度跃增剧烈,最大回波强度和 0 ℃层回波强度分别跃增至 45 dBz、50 dBz 以上,-10 ℃层回波强度分别跃增至 40 dBz、45 dBz 以上,-20 ℃层回波强度分别跃增至 35 dBz、40 dBz 以上,降雹后呈离散状减弱。

(4)滇东北区

滇东北海拔高度起伏,且冷空气影响频繁,其中宣威市为云南冰雹最频繁出现的县市。筛选出的 54 个冰雹过程中仅有 5 次冰雹过程出现在冬春季,其余 47 个冰雹过程均出现在 6—8 月。图 6.4.4 为滇东北地区 52 次冰雹过程降雹前后最大、0 ℃层、-10 ℃层、-20 ℃层回波强度随时间演变。

图 6.4.4a 为滇东北冰雹云最大回波强度演变,降雹前 60 min 开始,17 个冰雹过程雷达可观测到有回波,其中 13 个过程最大回波强度>45 dBz;随后回波发展迅速,冰雹过程的最大回波强度逐渐集中在 50～60 dBz 范围内,离散状分布减弱,降雹前 30 min,48 个冰雹过程中能观测到回波,其中 34 个个例最大回波强度>50 dBz,集中出现在 50～55 dBz,表明云内粒子增长迅速,同时回波强度在 55～60 dBz 之间个例也逐渐增加;降雹前 20 min 回波强度继续增加,40 个冰雹个例回波强度>50 dBz,最大达 67 dBz;降雹前 10 min,冰雹个例的回波强度进一步集中出现在 55～60 dBz,最大回波强度<45 dBz 的冰雹个例明显减少;降雹前 6 min,87%的冰雹过程回波强度>50 dBz,其中 32 个冰雹过程回波强度>55 dBz;降雹时回波强度达到最大,50%的过程回波强度集中在 55～60 dBz,最大回波强度>60 dBz 的冰雹过程数减少。降雹开始后 10 min 冰雹过程最大回波强度才开始缓慢减弱,最大回波强度离散性分布特征也开始逐渐明显起来。因此,由于滇东北冷空气活动频繁,抬升动力条件强盛,冰雹云回波

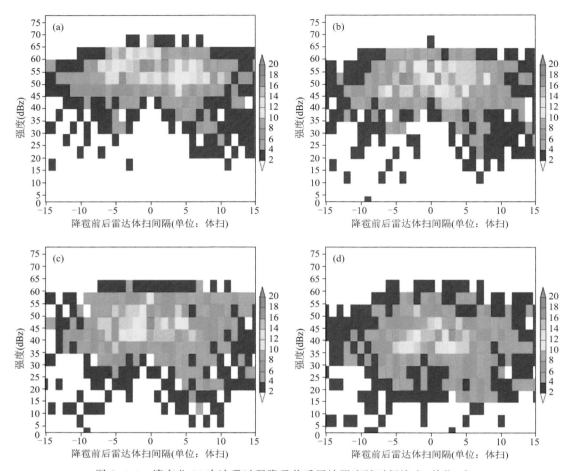

图 6.4.4　滇东北 54 次冰雹过程降雹前后回波强度随时间演变(单位:次)

(a)最大回波强度;(b)0 ℃层回波强度;(c)−10 ℃层回波强度;(d)−20 ℃层回波强度

发展快速,导致冰雹云在降雹前最大回波强度跃增明显,且最大回波强度与其他区相比明显偏强,降雹前 20 min、10 min、6 min 最大回波强度分别跃增至 50 dBz、55 dBz、60 dBz 以上,且降雹后由于云内上升气流和粒子循环增长维持并缓慢减弱,导致最大回波强度减弱缓慢。

从滇东北 54 个冰雹过程 0 ℃层回波强度变化(图 6.4.4b)也可以看出,冰雹过程在初始发展阶段 0 ℃层回波强度分布较为分散,随着冰雹云回波不断发展,0 ℃层回波强度逐渐增强,降雹前 30 min,60%冰雹过程的 0 ℃层回波强度>50 dBz,大多数个例 0 ℃层回波强度集中在 50~55 dBz;降雹前 10 min,冰雹过程 0 ℃层回波继续增强,70%冰雹过程的 0 ℃层回波强度>50 dBz,其中 0 ℃层回波强度>55 dBz 的冰雹过程显著增加;降雹时 0 ℃层回波强度达最大,30 次冰雹过程 0 ℃层回波强度>55 dBz。降雹开始 10 min 内,多数冰雹过程 0 ℃层回波强度维持,随着降雹持续和结束,下沉气流逐渐增强,拖曳作用使得大粒子向下移动,回波强度才逐渐减弱,52 次冰雹过程 0 ℃层回波强度也开始呈离散减弱特征。总的来说,在冰雹云演变过程中 0 ℃层回波强度降雹前后变化明显,降雹前跃增明显,降雹前 30 min 和前 10 min 0 ℃层回波强度分别跃增至 50 dBz、55 dBz 以上。

−10 ℃层回波强度的演变特征(图 6.4.4c)与 0 ℃层回波强度基本相似,从上面的分析可知,—10 ℃层为云内冰雹粒子主要循环增长区,—10 ℃层回波强度越强,表示冰雹云发展越强盛,降雹前 60 min,多数个例—10 ℃层回波强度在 35~45 dBz,最强冰雹云—10 ℃层回波强度达 62 dBz,由于云内上升气流差异显著,造成冰雹个例—10 ℃层回波强度呈离散分布;随后冰雹过程—10 ℃层回波强度总体呈增加趋势,降雹前 30 min,集中在 40~45 dBz,10 min跃增至 45~50 dBz,其中 62%冰雹过程—10 ℃层回波强度>45 dBz 且超过 55 dBz 的个例数显著增加;降雹时—10 ℃回波强度基本维持在 45~50 dBz,77%冰雹个例—10 ℃层回波强度>45 dBz。随着降雹开始,—10 ℃层回波强度开始呈离散状减弱趋势。

—20 ℃层回波强度演变(图 6.4.4d)类似于其他高度回波强度,初始发展阶段冰雹个例—20 ℃层回波强度呈离散状分布,随着冰雹云发展,冰雹个例—20 ℃层回波强度逐渐增强和集中,降雹前 30 min、20 min 和 10 min 分别跃增至 35 dBz、40 dBz 和 45 dBz 以上,降雹后—20 ℃层回波强度迅速减弱。

综上所述,滇东北地区冰雹过程最大回波强度和各高度层回波强度演变与其他地区基本类似,但滇东北地区冷锋切变系统影响频繁,抬升动力条件和上升运动明显强盛,往往对流回波发展旺盛,云内粒子循环上升增长剧烈,造成强对流冰雹云回波在演变过程中强度较其他区偏强,且降雹前后冰雹云最大回波强度和各层回波强度变化突出,生消时间长,降雹前 20 min、10 min、6 min 各回波强度均阶梯式剧烈跃增,最大回波强度和 0 ℃层回波强度一致分别跃增至 50 dBz、55 dBz、60 dBz 以上,—10 ℃层和—20 ℃层回波强度在降雹前 30 min、20 min 和 10 min 分别跃增至 40 dBz、45 dBz、50 dBz 以上和 35 dBz、40 dBz、45 dBz 以上。

6.4.2　回波高度演变特征

(1)滇中和滇东区

由上述对不同类型、不同季节冰雹过程的回波高度演变特征分析发现,强回波高度在冰雹云回波演变过程中无显著变化特征,冰雹过程降雹前后 1 h 内强回波高度长时间维持在 2~6 km。从滇中和滇东地区 292 次冰雹过程的强回波高度演变(图 6.4.5a)也同样看出,在冰雹云演变过程中强回波高度无显著跃增和递减特征,降雹前 60 min,冰雹云强回波高度集中在2~4 km,随后强回波高度的范围稍增大,强回波高度在 4~6 km 的冰雹个例数显著增多;滇中和滇东地区冰雹过程在降雹前 10 min 强回波高度>6 km 的个例出现小幅增加,但总的来说大多数冰雹过程强回波高度在降雹前后无明显变化。

从滇中和滇东地区 292 次冰雹过程回波顶高演变(图 6.4.5b)来看,回波顶高则在冰雹过程降雹前后出现显著变化,降雹前 40 min,冰雹过程的回波顶高分布较为分散,最低出现在6~8 km,最高可达 16~18 km;随着冰雹过程对流不断发展和上升气流不断增强,冰雹个例回波顶高增加并集中出现在 10~16 km,其中降雹前 30 min,回波顶高集中出现在 12~14 km之间;降雹前 20 min,回波顶高继续增高,回波顶高在 14~16 km 范围内的冰雹个例明显增加,同时回波顶高>16 km 的冰雹个例也小幅增加;降雹前 6 min,回波顶高在 12~16 km 之间的冰雹个例数达到峰值,回波顶高>18 km 的冰雹个例也开始跃增;降雹开始时回波顶高继续增加,尤其以回波顶高>14 km 高度的冰雹个例显著增加,表明降雹开始时云内上升气流达到最强。降雹开始 30 min 后回波顶高开始快速下降;40 min 后,大多数冰雹个例回波顶高下降到 10 km 以下。可见,滇中和滇东冰雹过程降雹前后回波顶高变化显著,降雹前回波顶高迅速增高而降雹后迅速降低,说明冰雹云内上升气流存在显著变化,降雹前 40 min、30 min、20 min、6 min 可分别跃增至 10 km、12 km、14 km、16 km 以上,降雹开始后 30 min 迅速下降。

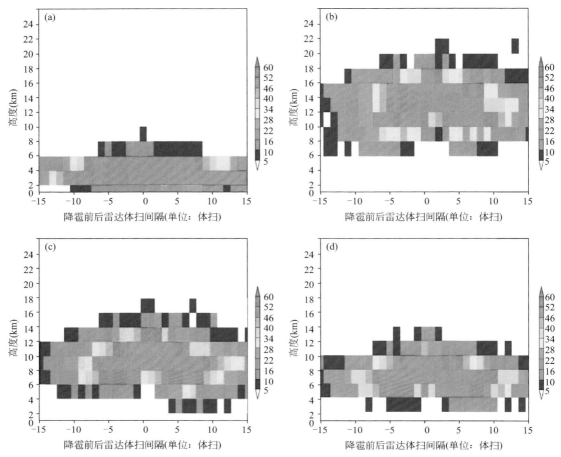

图 6.4.5　滇中和滇东 292 次冰雹过程降雹前后回波高度随时间演变(单位:次)
(a)强回波高度;(b)回波顶高;(c)35 dBz 回波高度;(d)45 dBz 回波高度

　　滇中和滇东地区 292 次冰雹过程 35 dBz 回波高度演变(图 6.4.5c)与回波顶高相比,降雹前后变化更明显,降雹前 40 min,冰雹过程 35 dBz 回波高度一般增至 8 km 以上;降雹前 30 min,冰雹个例 35 dBz 回波高度集中出现在 8～12 km,且 35 dBz 回波高度>10 km 的冰雹个例显著增加,而 35 dBz 回波高度<8 km 的冰雹个例迅速减少;降雹开始时 35 dBz 回波高度增加至峰值,292 个冰雹过程中 35 dBz 回波高度>12 km 的次数跃增至 79 次,35 dBz 回波高度<8 km 的冰雹过程仅为 34 次。降雹 30 min 后 35 dBz 回波高度开始下降,60 min 后迅速下降至 8 km 以下。

　　滇中和滇东地区 292 次冰雹过程 45 dBz 回波高度演变(图 6.4.5d)与 35 dBz 回波高度基本相似,降雹前 40 min 冰雹过程 45 dBz 回波高度一般在 4～8 km,降雹前 20 min,45 dBz 回波高度>8 km 的冰雹过程显著增加,但超过 40%的冰雹过程 45 dBz 回波高度集中出现在 6～8 km,降雹前 6 min 45 dBz 回波高度>8 km 的冰雹过程继续增加,降雹后 45 dBz 回波高度逐渐递减。

　　由此可见,滇中和滇东地区冰雹过程强回波高度在降雹前后无明显变化,但回波顶高、35 dBz 回波高度、45 dBz 回波高度的演变具有显著变化特征,降雹前 30 min、20 min 和 10 min

回波顶高、35 dBz 回波高度、45 dBz 回波高度均出现明显跃增,降雹时达最大值,降雹后缓慢降低,且降雹前跃增时间小于降雹后减弱时间。

(2)滇西区

从滇西地区 84 次冰雹过程的强回波高度演变(图 6.4.6a)看出,降雹前 60 min,冰雹云强回波高度集中在 2～4 km,随后强回波高度的范围稍增大,强回波高度在 4～6 km 的冰雹个例增多,但同样滇西冰雹过程强回波高度在降雹前后变化不明显。

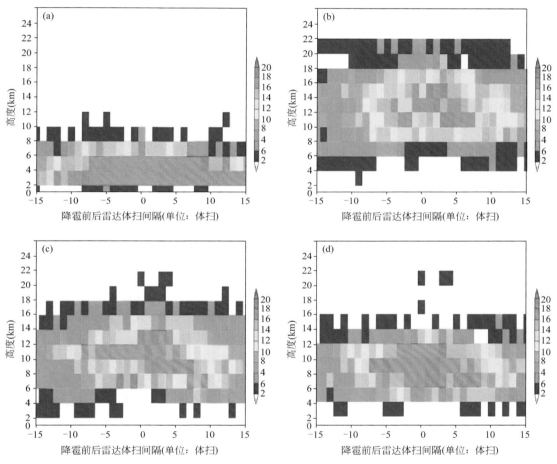

图 6.4.6　滇西 84 次冰雹过程降雹前后回波高度时间演变(单位:次)

(a)强回波高度;(b)回波顶高;(c)35 dBz 回波高度;(d)45 dBz 回波高度

从滇西地区 84 次冰雹过程的回波顶高演变(图 6.4.6b)看,在发展初期冰雹云回波顶高分布较为分散,降雹前 40 min,冰雹过程回波顶高分散出现在 6～16 km,随着冰雹云逐渐发展成熟,回波顶高开始集中出现在 10～14 km,回波顶高<8 km 的冰雹过程明显减少,但回波顶高>18 km 的过程基本维持不变;降雹前 6 min,冰雹过程回波顶高继续增高,回波顶高在 12～16 km 的冰雹过程明显增加;降雹时回波顶高集中在 12～16 km,其中回波顶高>16 km 冰雹过程增加至 23 次,表明降雹开始时云内上升气流达到最强。降雹开始 20 min 内和降雹期间由于冰雹云内强烈上升气流维持,冰雹过程回波顶高基本维持在 12～16 km,之后才开始迅速下降。

35 dBz 回波高度与云内大粒子的增长密切相关。从滇西 84 次冰雹过程的 35 dBz 回波高度(图 6.4.6c)演变可见,滇西冰雹过程发展初期 35 dBz 回波高度也表现出分散特征,降雹前 40 min,冰雹过程 35 dBz 回波高度开始增加并集中出现在 10~12 km;随着冰雹过程逐渐发展,降雹前 30 min,67 个冰雹过程雷达可观测到 35 dBz 回波,其中 40 个冰雹过程 35 dBz 回波高度>10 km;随后多数冰雹过程 35 dBz 回波高度长时间维持 10~12 km,且 35 dBz 回波高度>12 km 的冰雹过程逐渐增加;降雹时 35 dBz 回波高度一般跃增至 12~14 km,并在降雹开始后 25 min 内长时间稳定维持;降雹结束,35 dBz 回波高度阶梯状下降。

滇西地区 45 dBz 回波高度演变(图 6.4.6d)相似于 35 dBz 回波高度演变,在降雹前 40 min 冰雹过程 45 dBz 回波高度开始集中出现在 8~10 km,降雹前 20 min,45 dBz 冰雹云回波高度增大,一般跃增至 10~12 km,并维持约 40 min,随后呈阶梯状下降。

由此可见,滇西冰雹过程回波顶高和各强回波发展高度随时间演变与滇中和滇东地区相似,强回波高度不存在明显变化,回波顶高和各强回波高度具有降雹前增高、降雹时达最大值、降雹后降低的特征,但由于滇西冰雹过程多数发生在冬春季,主要受南支槽系统影响,对流发展快速且差异大,热力条件稍差,导致回波顶高和各级强回波发展高度差异大和降雹前跃增相对偏小,发展初期回波顶高和各强回波高度都较为分散,大小参差不齐,悬殊较大,降雹前 30 min、6 min 出现跃增,尤以降雹前 6 min 跃增最为显著,35 dBz 和 45 dBz 回波高度分别可达 12~14 km 和 10~12 km,因此滇西地区回波顶高和各强回波发展高度具有降雹前差异大和跃增小、降雹时达最大值、降雹后缓慢降低的特征。

(3)滇西北区

滇西北地区 41 次冰雹过程降雹前后强回波高度无显著变化特征(图 6.4.7a),降雹前 40 min 开始,80% 的冰雹过程强回波高度集中出现在 4~6 km,并持续到降雹后 30 min,这主要是强回波高度值是不断变化的,其不能较好地反映出冰雹云内粒子的增长过程。

滇西北冰雹过程主要发生在夏秋季,从 41 次滇西北冰雹过程回波顶高的演变(图 6.4.7b)看,发展阶段冰雹过程回波顶高分布较分散但发展迅速,降雹前 30 min,32 个冰雹过程可观测到有回波,其中 29 个过程回波顶高>10 km,回波顶高集中在 10~12 km;随后回波顶高逐渐增加,降雹前 20 min,80% 的冰雹过程回波顶高>12 km,集中在 12~14 km;降雹前 6 min,回波顶高继续增加,70% 的过程回波顶高>14 km,集中在 14~16 km;降雹开始后 25 min 内回波顶高持续增加至 16~18 km。但随着降雹结束,冰雹云回波进入消散阶段,冰雹过程回波顶高呈现分散减弱特征。由此可见,滇西北地区海拔高,夏秋季冰雹过程西移受地形抬升作用影响,强对流回波发展快和生消时间较短,回波顶高高且变化显著,在发展成熟阶段,顶高跃增率达 2 km/10 min。

滇西北冰雹过程 35 dBz 回波高度演变特征(图 6.4.7c)与回波顶高相似,发展初期 35 dBz 回波高度较分散,表明不同冰雹过程在发展初期回波强弱具有明显差异,随着冰雹云发展,35 dBz 回波高度不断增加,降雹前 30 min,80% 的冰雹过程 35 dBz 回波高度>8 km,且集中出现在 8~10 km;20 min 后 35 dBz 回波高度集中在 10~12 km;降雹时 35 dBz 回波高度继续跃增,降雹后 35 dBz 回波高度逐渐呈现离散状分布和减小特征。

滇西北 41 次冰雹过程 45 dBz 回波高度演变特征(图 6.4.7d)与 35 dBz 回波高度的演变特征一致,分别在降雹前 30 min、降雹前 10 min 经历 2 次跃增,与 35 dBz 回波高度相比偏低 2 km 左右,降雹后 45 dBz 回波高度同样呈现离散状分布和减小特征。

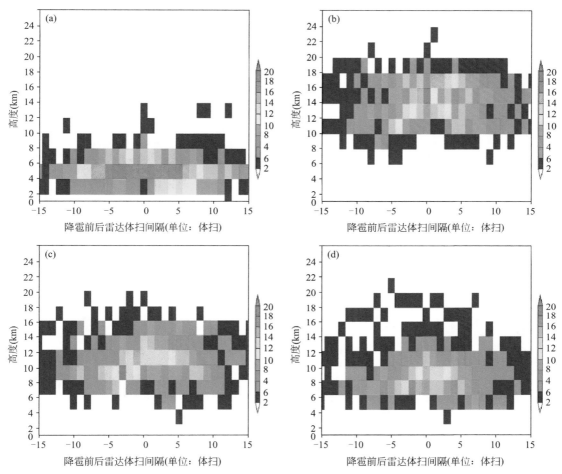

图 6.4.7　滇西北 41 次冰雹过程降雹前后回波高度随时间演变(单位:次)

(a)强回波高度;(b)回波顶高;(c)35 dBz 回波高度;(d)45 dBz 回波高度

　　滇西北冰雹过程降雹前后强回波高度、回波顶高及 35 dBz 和 45 dBz 回波高度演变与滇中滇东区和滇西区相似,强回波高度变化不明显,其他降雹前后存在明显变化,但受高海拔太阳辐射和地形抬升作用影响,滇西北地区冰雹过程生消时间短且冰雹云回波发展伸展高和变化显著,除强回波高度变化不明显外,回波顶高及 35 dBz 和 45 dBz 回波高度降雹前跃增显著,降雹前 30 min 分别跃增至 10 km、8 km 和 6 km 以上,跃增率可达 2 km/10 min。

　　(4)滇东北区

　　滇东北地区冰雹过程强回波高度演变特征(图 6.4.8a)与其他地区的变化趋势一致,在冰雹云强对流回波演变过程中无显著变化特征,不能较好地反映出冰雹云内粒子的增长过程。

　　从 54 个冰雹过程回波顶高演变(图 6.4.8b)看出,滇东北冰雹过程发展初期回波顶高呈离散状分布,随着冰雹云回波不断发展,回波顶高集中分布在 10~16 km,其中降雹前 30 min,80%冰雹过程的回波顶高>10 km,一般在 10~14 km,最大回波顶高达 19 km;降雹前 20 min,回波顶高>12 km 的冰雹过程达 90%以上,回波顶高集中在 12~14 km,且回波顶高>14 km 的冰雹过程线性增加,最高回波顶高 19.2 km;降雹时回波顶高继续增加至峰值,集中在 14~16 km,表明冰雹云内上升气流达到最强阶段;降雹后回波顶高呈显著降低特征。

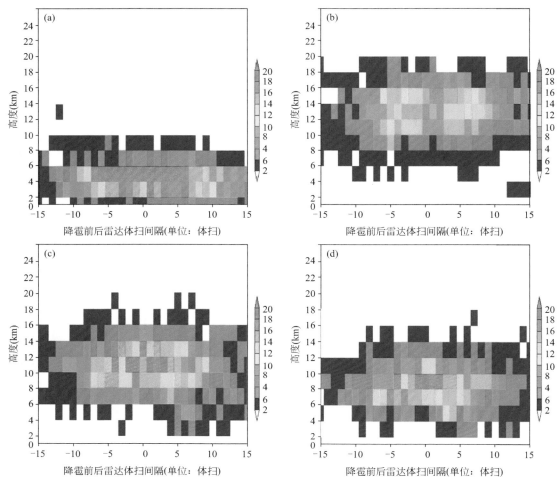

图 6.4.8　滇东北 54 次冰雹过程降雹前后回波高度随时间演变(单位:次)

(a)强回波高度;(b)回波顶高;(c)35 dBz 回波高度;(d)45 dBz 回波高度

　　滇东北 54 个冰雹过程 35 dBz 回波高度随时间演变(图 6.4.8c)与回波顶高相似,由于冰雹云回波生成发展存在差异,发展初期 54 个冰雹过程 35 dBz 回波高度分散,降雹前 30 min,80% 的冰雹过程 35 dBz 回波高度>8 km,且集中出现在 8～10 km,随后冰雹过程 35 dBz 回波高度一般跃增至 10～12 km,降雹时继续跃增。降雹开始后 35 dBz 回波高度同样呈分散分布和降低趋势。

　　45 dBz 回波高度的演变特征(图 6.4.8d)与 35 dBz 回波高度的演变趋势一致,降雹前 40 min、25 min 经历 2 次跃增,与 35 dBz 回波高度相比跃增偏小 2 km,降雹后 45 dBz 回波高度同样呈现出离散分布和降低特征。

　　由此可见,滇东北强回波高度、回波顶高演变趋势与其他地区相似,但滇东北地区冷空气影响强盛,抬升动力条件充足而形成强烈上升运动利于强对流回波发展,导致冰雹云回波高度高和跃增明显,冰雹过程回波顶高一般在降雹前 30 min、20 min 和降雹时跃增至 10～12 km、12～14 km 和 14～16 km,35 dBz 回波高度在降雹前 30 min、20 min 分别跃增至 8～10 km 和 10～12km,45 dBz 回波高度分别在降雹前 40 min 和 25 min 跃增至 6～8 km 和 8～10 km。

6.4.3　雷达观测 VIL 演变特征

(1)滇中和滇东区

图 6.4.9 为滇中和滇东地区 292 次冰雹过程 VIL 随时间变化特征。由图 6.4.9 可见,降雹前 30 min,235 个冰雹过程可显示出 VIL 数值,基本在 $4\sim8$ kg/m^2;降雹前 20 min,VIL 出现跳跃式增加,大多数增加至 $10\sim12$ kg/m^2;随后继续快速增加,降雹前 6 min 至降雹时达到峰值,292 个冰雹过程 VIL 整体位于 $10\sim18$ kg/m^2,最大过程 VIL 达 32.7 kg/m^2,之后 VIL 迅速减小。可见,滇中和滇东地区冰雹过程冰雹云回波发展迅速,VIL 表现出降雹前跳跃式增加而降雹后迅速减小的显著变化特征。

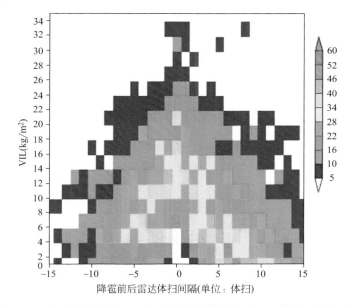

图 6.4.9　滇中和滇东区 292 次冰雹过程降雹前后 VIL 演变(单位:次)

(2)滇西区

图 6.4.10 为滇西区 84 次冰雹过程降雹前后 VIL 随时间变化。由图 6.4.10 可见,降雹前 30 min,69 个冰雹过程可观测到 VIL 值,且分散在 $0\sim34$ kg/m^2 的较大范围内,其中 7 个冰雹过程 VIL 为 $18\sim20$ kg/m^2,12 个过程 VIL 为 $24\sim28$ kg/m^2;随后所有冰雹过程 VIL 整体略增加,但仍较分散,降雹前 6 min,冰雹过程次数存在两个明显高峰,VIL 分别为 $18\sim20$ kg/m^2 和 $32\sim34$ kg/m^2;降雹开始后 VIL 逐渐减小。因此,由于滇西区冰雹过程之间的回波强度和回波高度变化差异大,相应滇西区冰雹演变过程的 VIL 值与滇中相比偏大但比较分散,但 VIL 值也同样表现出在降雹前 30 min 分散性跃增而降雹后减小的特征。

(3)滇西北区

从滇西北区 41 次冰雹过程 VIL 随时间变化(图 6.4.11)看出,降雹前 VIL 较为分散,降雹前 30 min,40%的冰雹过程 VIL 在 $2\sim4$ kg/m^2,并随着冰雹云不断发展成熟,VIL 逐步增加,跃增率达 2 kg/(m^2·6 min),降雹时多数冰雹过程 VIL 可跃增至 12 kg/m^2,降雹后 VIL 开始呈离散下降趋势。与滇中和滇东区、滇西区相比,滇西北区海拔相对高,水汽条件偏弱,导致冰雹云内水汽累积整体偏少,VIL 明显偏小,但冰雹过程 VIL 仍然存在降雹前跃增和降雹后减小的特征。

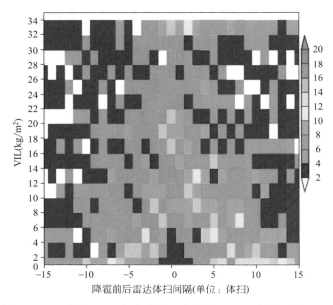

图 6.4.10　滇西区 84 次冰雹过程降雹前后 VIL 演变(单位:次)

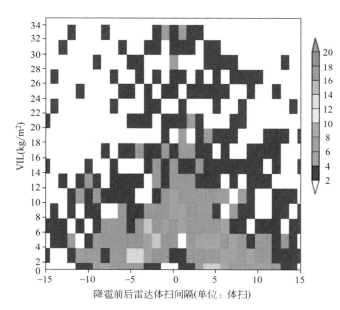

图 6.4.11　滇西北地区 41 次冰雹过程降雹前后 VIL 演变(单位:次)

(4)滇东北区

同样从滇东北区 54 次冰雹过程降雹前后 VIL 随时间变化(图 6.4.12)看出,滇东北冰雹过程 VIL 明显偏大,降雹前 30 min,VIL 一般为 6～12 kg/m² ,随后 VIL 逐渐增大,多数达 8～16 kg/m² ,降雹时显著跃增,可达 20 kg/m² 以上,降雹后迅速减弱。由此可见,滇东北区冷空气抬升动力条件充沛,对流发展强盛,冰雹过程 VIL 相比其他地区偏大且跃增显著。

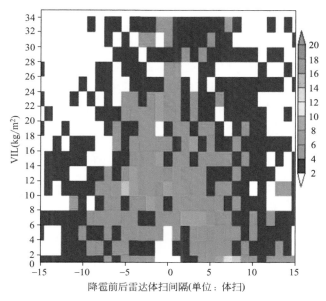

图 6.4.12   滇东北区 54 次冰雹过程降雹前后 VIL 演变(单位:次)

6.5   冰雹云标准化生命史演变特征

强对流冰雹云生命史的各个阶段可以用雷达探测的结构特征来描述,本节基于单体风暴的识别和跟踪算法(SCIT 算法)定义冰雹云的单体生命期,根据冰雹云生成、发展、成熟、减弱至消亡演变过程的长短,将云南冰雹云的生命史分为 4 类,Ⅰ 类:生命史 78～102 min,平均生命史约 90 min;Ⅱ 类:生命史 108～132 min,平均生命史约 120 min;Ⅲ 类:生命史 136～162 min,平均生命史约 150 min;Ⅳ 类:生命史 168～192 min,平均生命史约 180 min。Ⅰ 类冰雹云的生命史相对短,Ⅱ 类和 Ⅲ 冰雹云的生命史中等,Ⅳ 类冰雹云的生命史较长。

由于不同冰雹云生命史差异大,为了更好分析冰雹云的演变规律,采用标准化方法处理冰雹云生命史。首先定义降雹时刻为标准化 0 时,降雹前定义为负时,降雹后定义为正时,标准化时间间隔为 2 个雷达体扫时间,然后对单体对流冰雹云的演变过程进行标准化处理,如对生命史 120 min 的冰雹云而言,约 21 个体扫,每个标准化为 2 个探测时间段,阶段长度约 10～12 min,可以分成约 10～12 个时间段,在每个阶段对冰雹云的特征参量大小进行平均和地闪频数进行累加,得到冰雹云标准化生命史特征参量和地闪的演变特征。

按照冰雹云演变规律,一般 −3 时前即大约降雹开始 30 min 前为发展期,−3—0 时即降雹开始前约 30 min 内为成熟期,0—3 时即降雹开始后 30 min 内为降雹期,3 时以后即降雹开始 30 min 后为减弱消散期。

6.5.1   冰雹云生命史的地闪演变特征

地闪是云体内荷电中心与地面之间形成电压差击穿电场之后形成的云对地的放电现象,云中的正电荷对地放电为正地闪,云中的负电荷对地放电为负地闪。在强对流发展阶段就开始有地闪活动,但对流云进一步发展,电场强度不断增加,地闪概率增大。

图 6.5.1 给出 4 类冰雹云在降雹前后正、负地闪频数的演变。从图 6.5.1 可以看出,4 类冰雹云发展演变过程中都以负地闪为主,这与低纬高原雷暴云从低层至高层为正—负—正且以中层负电荷区为主的三极电荷结构密切相关,发展阶段开始有地闪活动且地闪逐渐增加,但地闪频数峰值出现时间存在差异,其中 I 类短生命史的冰雹云地闪频数峰值出现在 1 时刻,即开始降雹后 2 个体扫;II 类冰雹云地闪频数峰值出现在 -2 时刻,即开始降雹前 4 个体扫;III 类冰雹云地闪频数峰值出现在 2 时刻,即开始降雹后 4 个体扫;IV 类长生命史冰雹云地闪频数峰值出现在 -1 时刻,即开始降雹前 2 个体扫。

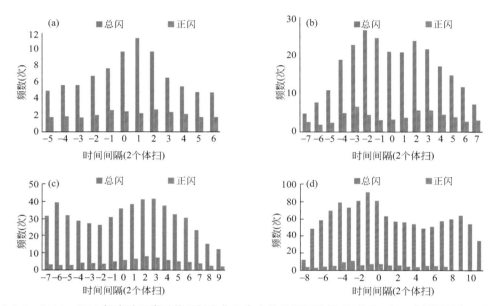

图 6.5.1 2014—2017 年冰雹云降雹前后标准化生命史的地闪频数演变(单位:次),时间间隔为 2 个体扫

(a) I 类;(b) II 类;(c) III 类;(d) IV 类

因此,在冰雹云发展阶段地闪开始出现,随着冰雹粒子在上升气流的作用下不断抬升碰撞凝结增长,冰雹云逐渐发展成熟,云体内荷电不断累积,地闪逐渐增加到高峰,地闪高峰出现在标准化时间 -2—2 时刻,即降雹开始前后 20～25 min 内地闪最激烈,表明地闪的出现和不断增加是强对流冰雹云发展的体现,地闪活动高峰是冰雹云成熟和降雹阶段具体表现,可见地闪活动对冰雹天气的发展具有很好指示性。

6.5.2 标准化冰雹云回波特征参量变化率演变

回波特征参量变化率表示一定时间内回波特征参量最大变化情况,用 $Rate\phi$ 表示。计算公式如下:

$$Rate\phi = \nabla\phi = \frac{\partial \phi}{\partial T} \tag{6.5.1}$$

式中,ϕ 表示回波特征参量,回波强度单位:dBz,高度单位:km,液态水含量单位:kg/m²,T 表示时间,单位:min。

图 6.5.2 为标准化的 4 类生命史冰雹云的演变过程中最大回波强度、不同温度层回波强度、垂直液态水含量(VIL)的变化率演变。-20～0 ℃ 是不同相态粒子的主要增长区,反射率因子(回波强度)变化反映对应对流核内不同相态粒子数量和大小的变化,变化率可以直观显

示在某一段时间强对流内粒子的变化情况。整体上降雹前 4 类生命史冰雹云的 VIL、反射率因子变化率均呈现出正变化特征,即降雹前每一个标准化生命期内冰雹云内的各种水凝物粒子数量不断累积,碰撞增长过程活跃,粒子直径增加,导致反映冰雹云特征的不同温度层强度变化率增加,降雹后随着冰雹粒子和降水粒子的下沉速度加快,不同温度层内水凝物粒子数量快速减少,强度明显下降,标准化时间的负变化率明显增大。可见最大回波强度、不同温度层回波强度、VIL 变化率的演变能客观反映冰雹云内不同相态粒子的转换和增长过程。对于 I 类短生命史冰雹云,降雹前 4 个标准化时间各强度和 VIL 变化率达最大值,到 3 个标准化时间开始,各强度和 VIL 变化率都出现由正到负的转换,表明在降雹前约 30 min 短生命史的冰雹云粒子增长已达到最大,随后的负变化率表明随着粒子数量和直径达到最大,强回波核高度开始下降,携带多相态粒子的强核区中心高度也相应降低。

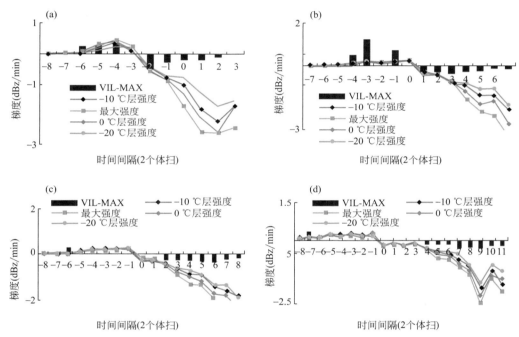

图 6.5.2　2014—2017 年冰雹过程降雹前后标准化生命史不同温度层强度变化率(dBz/min)、
VIL 变化率(kg/(m² · min))随时间演变,时间间隔为 2 个雷达体扫
(a) I 类;(b) II 类;(c) III 类;(d) IV 类

　　长生命史的冰雹云最大回波强度、不同温度层回波强度、VIL 的变化率随时间变化相对短生命史冰雹云不明显,但总体上降雹前 2～4 个标准化时次所有生命史冰雹云均达到最大,表示降雹前约 20～40 min 左右冰雹云强度和垂直液态水含量增长最快,之后 1～2 个标准化时次所有生命史冰雹云强度和垂直液态水含量出现由正到负的转换。

　　图 6.5.3 是不同生命史冰雹云回波顶(ET)和 35 dBz、45 dBz 回波高度变化率随时间演变,在降雹前 30 min 左右,不同生命史的冰雹云内上升气流开始加强,多相态粒子剧增造成回波顶高和 35 dBz、45 dBz 回波所在高度出现明显的跃增,变化率开始增加,降雹时变化率接近 0,随后开始转为负增长率特征,再一次证明冰雹云内的强上升气流和粒子增长主要出现在降雹前的 30 min,且冰雹云垂直发展持续至降雹时刻。

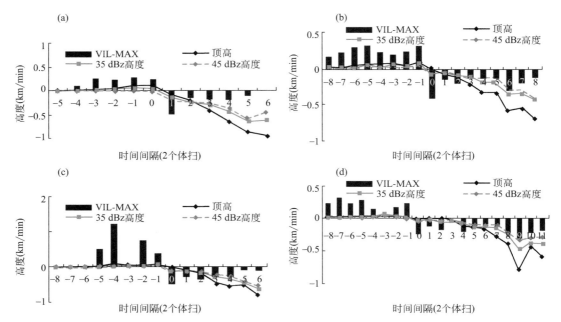

图 6.5.3　2014—2017 年冰雹天气过程降雹前后标准化生命史不同回波高度变化率(km/min)、

VIL 变化率(kg/(m² · min))随时间演变,时间间隔为 2 个雷达体扫

(a)Ⅰ类;(b)Ⅱ类;(c)Ⅲ类;(d)Ⅳ类

6.6　小结

　　本章在详细分析研究不同季节、不同区域冰雹过程降雹前后雷达回波特征参量的演变规律的基础上,寻找它们之间的异同点,并对标准化时间处理后的不同生命史冰雹云地闪特征和特种参量演变进行研究,得出以下结论。

　　(1)不同季节、不同区域冰雹过程降雹前后最大回波强度、0 ℃层回波强度、−10 ℃层回波强度、−20 ℃层回波强度、强回波高度、回波顶高、35 dBz 回波高度、45 dBz 回波高度、VIL等各雷达特征参量演变规律基本一致,强回波高度降雹前后无明显变化,但其他参量都具有降雹前跃增、降雹时到达峰值和降雹后减弱的特征。降雹前 30 min,一般最大回波强度、0 ℃、−10 ℃、−20 ℃层回波强度分别跃增至 50 dBz、45 dBz、40 dBz、35 dBz 以上,回波顶高、35 dBz、45 dBz 回波高度分别跃增至 12 km、10 km 和 8 km 以上;一般 VIL 在 6 kg/m² 以上,临近降雹时跃增至 10 kg/m² 以上。

　　(2)由于云南地处低纬高原特殊的地理位置,夏秋季暖湿条件充沛利于对流回波快速生成发展和形成强烈上升气流使对流回波强烈向上发展穿越−20 ℃层,而冬春季由于受青藏高原到孟加拉湾地区南支槽系统影响具备深厚的抬升动力条件和充沛水汽导致冬春季冰雹云回波发展强盛,因而夏秋季冰雹云最大回波强度和各高度层回波强度及 VIL 比冬春季平均偏低,但夏秋季回波顶高和各强回波高度及其演变幅度相比冬春季偏大,且夏秋季各特征参量跃增快且持续时间相对长。

　　(3)滇中和滇东、滇西、滇西北、滇东北 4 个区域冰雹过程最大回波强度和各层回波强度、回波顶高、35 dBz 回波高度、45 dBz 回波高度及 VIL 在降雹前后演变趋势相似,但也存在差异,其中滇中和滇东地区各参量降雹前跃增时间比降雹后减弱时间偏长,表明滇中和滇东地区的冰雹强对流过程发展阶段存在持久上升气流维持利于冰雹云内冰雹粒子循环增长,导致滇中和滇东地区冰雹过程灾害严重;滇西地区冰雹过程多发于冬春和初夏,主要受南支槽影响,对流发展快速但热力条件稍差,导致各强度参量为全省最强和各回波高度参量差异大,VIL 偏大但过程间差异大,且各参量降雹前跃增幅度偏小;滇西北地区海拔高,自东向西移动的冰雹过程受到高山的地形抬升作用,冰雹云回波发展迅速,导致滇西北冰雹过程各特征参量虽然相对其他区域偏弱和持续时间偏短,但跃增快速,高度跃增率可达 2 km/10 min;滇东北地区受冷锋切变系统影响频繁,抬升动力条件好和上升运动强盛,对流回波发展旺盛,冰雹云回波在演变过程中强度、高度、VIL 与其他区相比偏强且降雹前跃增幅度偏大。

(4)在冰雹云发展阶段地闪开始出现,随着冰雹粒子在上升气流的作用下不断抬升碰撞凝结增长,冰雹云逐渐发展成熟,云体内荷电不断累积,地闪频数逐渐增加到高峰,地闪频数高峰出现在降雹开始前后 20~25 min 内,表明地闪的出现和不断增加是强对流冰雹云发展的体现,地闪活动高峰是冰雹云成熟和降雹具体表现。

(5)降雹前 2~4 个标准化时次所有生命史冰雹云相关参量均达到最大,表示降雹前 20~40 min 左右不同生命史的冰雹云的各强度参量、各高度参量和垂直液态水含量增长最快,之后增长率逐渐出现由正到负的转换,但各高度参量基本都是在降雹时刻才出现正到负的转换,表明冰雹云垂直发展持续至降雹时。

第7章 冰雹云识别跟踪方法和预警模型的建立

针对云南多冰雹天气且差异大和预报难度大等有关问题,本章应用云南多普勒天气雷达探测资料,在冰雹云早期特征演变规律研究基础上,对历史冰雹云雷达回波资料进行计算机遍历分析,筛选出适合云南各区域冰雹云的识别因子,并采用数据挖掘技术、图像识别技术及关联规则挖掘技术构建冰雹云雷达回波特征参量的基础数据集。研发对流风暴自动跟踪技术和建立云南冰雹云识别模型,实现冰雹云自动跟踪识别和监测预警。

7.1 冰雹云识别跟踪技术路线

7.1.1 SCIT(风暴单体识别与跟踪)算法

SCIT算法是通过数据算法组合将多普勒雷达回波还原成三维回波体的大致思路(图7.1.1)来实现的。

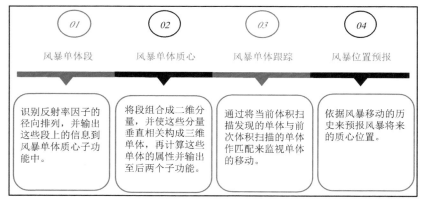

图7.1.1 SCIT算法思路

首先沿着雷达径向方向进行扫描,将连续的大于一定阈值的回波记录为一个回波段,统一将径向上相邻的风暴段合并为一个回波段(图7.1.2)。

其次沿顺时针方向从所有的径向扫描线中提取风暴段,然后合并相邻径向有重叠的风暴段为二维风暴体。

然后将所有30 dBz以上的风暴段构成一个二维分量(图7.1.3),假定它们满足一定的方位角距离和径向距离判据,合并距离小于1.5 km的风暴段为一个风暴体。

最后从第二个仰角开始由低仰角到最高仰角逐个仰角进行二维风暴体搜索,将在高度上有重叠的二维风暴体合并为三维风暴体。

当当前体扫的所有仰角扫描都处理完之后,这些分量将按照质量的大小从大到小排列,然后做垂直相关分析。每一个确定的三维风暴单体由两个或更多个在相继仰角上的二维分量构成。

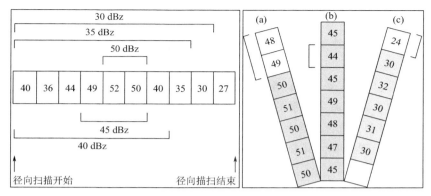

图 7.1.2　多普勒雷达回波段(摘自 俞小鼎 等,2006)

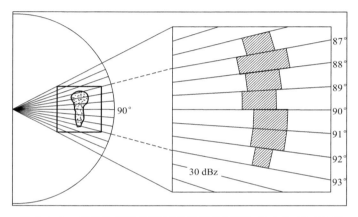

图 7.1.3　多普勒雷达探测到的回波块(摘自 俞小鼎 等,2006)

用二维分量中最高反射率因子阈值来确定三维风暴单体,得出一个三维风暴单体质心(图 7.1.4),这些风暴单体是基于单体的垂直累积液态水含量(VIL)值来排列的。

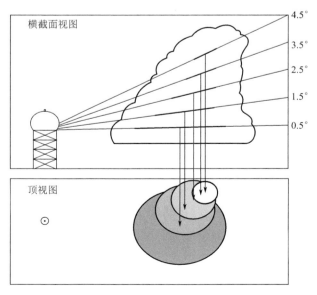

图 7.1.4　多普勒雷达探测到的三维回波体(摘自 俞小鼎 等,2006)

7.1.2 基于 SCIT 算法的风暴的雷达回波特征参数采集

风暴结构的算法是获取风暴的一些结构参数,包括以反射率为权重的风暴中心、顶高、底高和几何体积,风暴的最大反射率及其所在高度,风暴底的最大、最小径向速度,风暴的倾斜方向与悬挂距离,以及风暴投影面积的形状。

由于风暴中的上升气流从风暴的右前侧进入风暴后,沿逆切变方向倾斜到达云顶,在下风方离去,因而在强的上升气流区会形成弱回波区,在主要回波核心的下风方伸展出砧状云,所以在垂直结构上会出现风暴向其移向的右后方倾斜,并且高层回波超出低层回波一定的距离而出现悬挂回波。

所谓倾斜是指风暴底层的风暴分量的反射率权重中心和中上层的风暴分量的反射率权重中心之间的连线与 z 轴之间有一定的夹角。

在具体的风暴体椭圆参数计算过程(图 7.1.5)中,风暴的垂直倾斜度是这样计算的:首先算出底层的风暴分量与其上层所有的风暴分量的反射率权重中心的连线与 z 轴的夹角,然后找出各个夹角的最大值作为风暴的垂直倾斜度,在此基础上可算出风暴的水平倾斜方向。所谓风暴的悬挂回波是风暴的中上层风暴分量的边缘超出最底层风暴分量边缘一定的距离,在具体计算过程中,风暴的悬挂方向与风暴的水平倾斜方向的求法一致,而风暴的悬挂

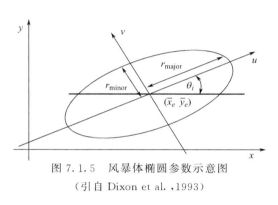

图 7.1.5 风暴体椭圆参数示意图
(引自 Dixon et al.,1993)

距离是算出所有中上层的风暴分量相对于底层的风暴分量的悬挂距离后取其中最大值作为风暴的悬挂距离。

系统自动识别雷达回波单体的其他特征数据,包括对每个回波单体自动提取回波顶高、强回波中心高度、强回波强度、回波面积、回波体积和回波中心位置,在地图上,显示各块回波的中心位置图标,移动到图标时可以显示回波的概况信息,点击图标可以查看回波数据的空间强度高度分布。

7.1.3 风暴的雷达回波跟踪方法

对于单一时次风暴体的识别,只是完成回波数据跟踪的第一步。如果要对风暴进行强天气预警,需采集雷达回波特征值随时序的变化,必须对雷达回波进行连续跟踪。

风暴体识别、追踪及预警方法可以分为三大类:持续性预报法(Persistence)、交叉相关法(Cross Correlation)和单体质心法(Centroid Tracking),三者都属于外推预报法(Extrapolation),其中持续性预报法目前已经被后两者取代。

(1)交叉相关法

交叉相关法就是把整个数据区域划分成若干小区域,相邻时刻雷达回波图像的小区域之间计算相关系数,通过最大相关系数确定相邻时刻图像中风暴单体的对应关系,进而确定风暴单体的平均移向和移速(图 7.1.6)。

优点:算法简单,对大范围的回波,交叉相关法有较好的识别和追踪效果。

缺点:只考虑了回波的水平移动,计算量大等,另外对较小的单体尤其是相互距离较近的

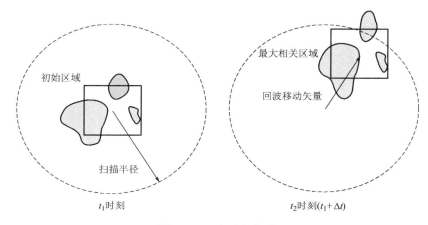

初始区域

扫描半径

t_1 时刻

最大相关区域

回波移动矢量

t_2 时刻 $(t_1 + \Delta t)$

图 7.1.6　交叉相关法

多个单体,其识别和追踪效果较差。

(2)单体风暴质心法

单体质心法首先要识别出单体,并计算其质心位置、体积和投影面积等特征,然后在前后两个时刻的扫描数据中进行单体匹配追踪,最后通过连续多时刻的匹配追踪结果外推预警。对风暴体的追踪,各种单体质心法的具体实现步骤不一样,但一般都会利用后面的预警结果来辅助追踪。

单体质心法能较好地识别和追踪较小的孤立单体,并且能够提供单体的更详细的特征数据。与交叉相关法相比,单体质心法计算量小,能够更有效地识别和跟踪风暴单体(如飑线中的各个单体)。

由于质心法将风暴单体都分离出来,可以计算每个单体的特征,并分析其演变过程,从而为人们提供了一个分析风暴的工具。

(3)质心跟踪法

质心跟踪法通过计算出相邻时刻的两组风暴的中心位置,利用最大速度作控制,用最佳组合匹配这两组风暴。该方法比较简单,计算时间短,特别适应微型计算机。

用最佳组合匹配相邻两时刻的风暴,图 7.1.7 给出了 t_1、t_2 相邻两时刻的两组风暴以及 t_1 时刻的风暴在 Δt 时间间隔内可能的移动路径,即 t_1 时刻的任一风暴与 t_2 时刻的各个风暴进行连线。匹配相邻两时刻的风暴,确定哪一组可能的路径最接近真实路径,如果在连续的时间间隔内重复这个工作,那么就可对风暴的整个过程进行跟踪。

正确的匹配措施包括:包含那些较短的路径;连接那些具有相似特征(如尺度、形状等)的风暴;在某一特定时间间隔内,风暴移

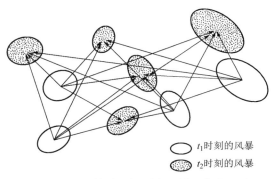

○ t_1 时刻的风暴
● t_2 时刻的风暴

图 7.1.7　连续时间间隔内风暴可能的运动
路径示意图(引自 Dixon et al.,1993)

动的距离将有一个上限,可以用风暴最大运动速度来控制(平流速度加风暴侧面的发展速度)。

正确匹配问题可以用最佳组合来解决,假设的最佳组合路径就是风暴的真实运动路径。

7.2 单体风暴自动跟踪的实现

质心跟踪法虽然针对独立回波的跟踪效果较好,但对于多块回波的跟踪效果不理想,合理运用多种方法优化雷达回波跟踪方法,可以提高雷达回波的跟踪效果。

7.2.1 "最优匹配方案"跟踪算法

质心追踪算法是用前一时次单体和本次单体进行距离、面积、强度进行唯一性匹配。该算法在处理多个邻近的单体进行跟踪时,容易出现一个回波对应出几个回波无法区分的情况。

"最优匹配方案"对上一时次邻近的多个单体和本次对应的多个邻近单体进行全部匹配方案罗列,并对每一个方案进行最优化得分评判,最后按照分值排列,选择一组最优化的组合方案,大大降低原有识别算法对邻近多个回波单体的识别误差。

(1)算法的实现

在解决单体追踪"错配"问题上,采用数理技术和 GIS 技术,引入了智能决策树算法(图 7.2.1),比较完美地解决这一问题。

假设第一时次不能正确认定的回波编号为 A、B、C、D……;

第二时次中不能正确匹配的回波编号为 1、2、3、4……;

则在第一时次和第二时次回波组合之间建立所有可能性的匹配组合,相当于建立决策树;

假设两个时次之间的模糊雷达回波数目较多,则算法形成的数据量就比较大,因此在构建决策树时,就需要对不合理的组合进行删减。比如当回波距离大于某一阈值时就将该组合分支从决策树中删除,经过删减的决策树就只剩下了几组可能的回波组合了。

(2)利用决策树智能决策跟踪

对于存在的几种组合,我们利用了统计学的方法进行再次删减。首先计算该组合内的累计偏移量,并对其进行排序。累计偏移量等于回波移动距离的平方差,其中平方差较小表明组合比较合理。

基本上通过平方差就可以确定最佳组合。如果平方差合理的组合数目大于 2,则对回波移动方向的平方差进行排序,然后求出最佳的组合,得到最佳组合的一组,也就会得到最佳的回波跟踪结果。

7.2.2 风暴跟踪及效果

基于云南省多普勒天气雷达采用"最优匹配方案"跟踪算法对风暴进行准确的连续追踪,实现雷达回波的三维、PPI、RHI 剖面、VCS 任意剖面,以及回波强度、径向速度、回波顶高、强回波顶高、回波移向移速和垂直液体含水量等特征量自动计算读取,完成回波(完整回波或指定阈值以上回波)的分离、轮廓提取、边界提取以及面积、周长、质心以及冰雹云回波强度的分布密度等计算,可以精确计算出回波的移动速度和移动方向,达到自动跟踪风暴回波发展变化,通过较为准确的追踪,可以对风暴回波的未来发展和移动进行准确的预测(图 7.2.2—图 7.2.4),提高雷达回波跟踪识别的效果,从而预警冰雹等强对流天气。

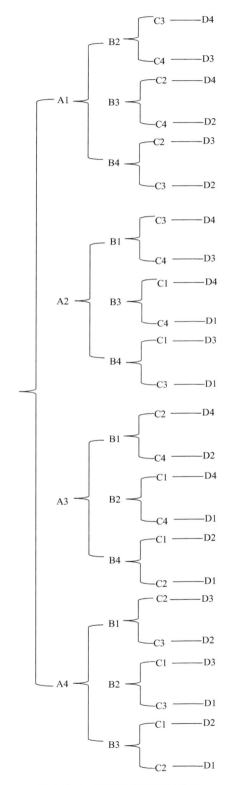

图 7.2.1　智慧决策数据示意图

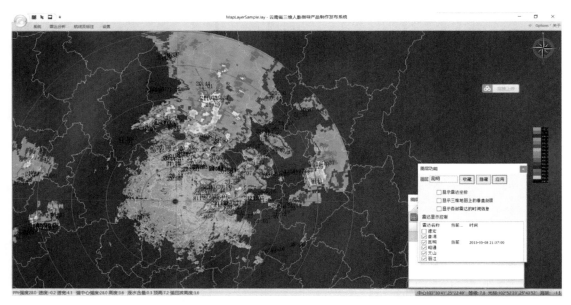

图 7.2.2　风暴自动跟踪显示

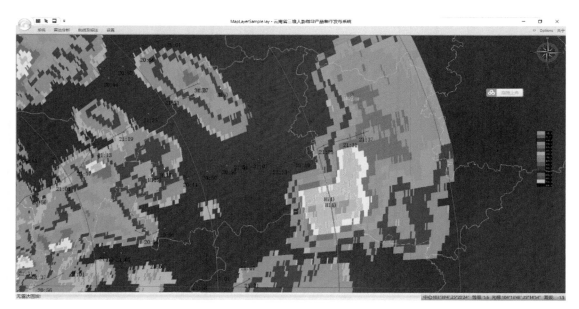

图 7.2.3　风暴自动跟踪详细路径显示 1

　　利用雷达回波追踪技术,动态提取云体的特征数据信息,提取更多的统计学特征如冰雹云的回波边界变化、前跃增特征、闪电跃增特征、强回波高度变化特征、液态水含量变化特征、0 ℃层以上液态水变化特征等特征参量变化信息,可以对冰雹云等强对流回波的边界随时间变化进行显示,建立云体特征的时序变化模型,利用三维动态指标判别模型动态监测雷达回波变化,捕捉冰雹云早期识别特征,并根据移动方向和速度数据,预测未来 10 min 到 1 h 回波位

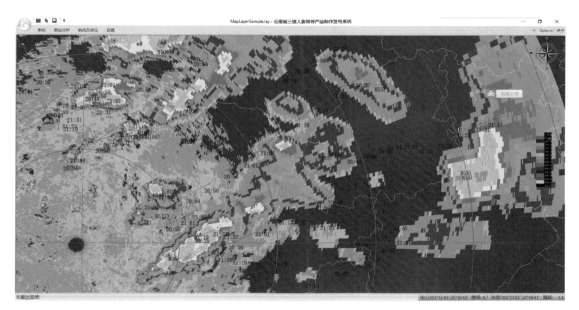

图 7.2.4　风暴自动跟踪详细路径显示 2

置,从而可以根据预报位置预警冰雹落区和冰雹云回波未来移动下游的作业点进行防雹作业预警。

7.2.3　风暴雷达回波特征参量变化自动采集

采用"最优匹配方案"跟踪分析方法,不仅对同一块风暴回波,按照时间序列进行连续的跟踪,实现采集风暴单体从生成到发展每一个阶段的雷达回波特征数据,而且可以自动采集单体风暴雷达回波的移动路径、特征物理量变化等,从而建立动态的风暴发展变化监测模型。

平面回波跟踪算法是对同一探测仰角、同一块回波,按照相邻观测时次时间序列进行连续的跟踪,以计算出回波的移动速度和移动方向。随着业务发展,平面回波跟踪算法已经不能满足雷达回波空间特征分析的需求,也无法达到对人工防雹作业部位的精确识别。采用多层雷达回波数据进行三维冰雹云回波跟踪,可以更多地采集反映冰雹云特征的立体空间结构以及空间特征量信息,从采集单一时刻雷达回波单体平面特征,发展到采集雷达回波从生成到发展每一个阶段的完整生命史立体特征数据。

利用自动跟踪算法,对雷达探测范围内任意一块回波的发展变化进行连续地跟踪采集,采集每一块回波的强度、高度、液态水含量、面积、体积等特征参量的变化数据,可以对不同的特征量进行图形化的曲线显示(图 7.2.5)和分析,实现强回波从生成、发展、成熟到减弱消亡的全程跟踪,为强对流监测预警、人工防雹以及其他灾害性天气服务提供科学详实的数据支撑。

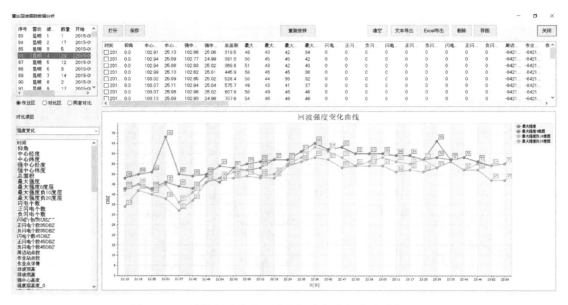

图 7.2.5　风暴发展演变跟踪特征参量数据自动采集和显示

7.3　冰雹预警指标和预警模型的建立

从前面分析可知,由于云南特殊的地形地貌和气候条件,在不同季节、不同区域冰雹云演变过程中雷达回波特征参量大小和变化幅度虽然存在一定的差异,但演变规律基本相似,一般降雹前 30 min 开始雷达回波特征参量逐渐增大、降雹时达峰值、降雹开始后 30 min 逐渐减弱。根据前面 472 次冰雹过程的最大回波强度、0 ℃层回波强度、−10 ℃层回波强度、−20 ℃层回波强度、强回波中心高度、回波顶高、35 dBz 回波高度、45 dBz 回波高度、VIL 等雷达特征参量在降雹前后随时间演变频次分布的特点,可以把冰雹云回波的发展演变过程近似看作正态分布。

正态分布又名高斯分布(车荣强,2012),正态曲线呈钟形、两头低、中间高,左右对称,是一个在数学、物理及工程等领域都非常重要的概率分布,若随机变量 X 服从一个位置参数 μ、尺度参数为 σ 的正态分布,其概率密度函数记为:

$$f(x) = \frac{1}{\sqrt{2\pi}} \exp\left(-\frac{(x-\mu)^2}{2\sigma^2}\right) \tag{7.3.1}$$

则这个随机变量 X 称为正态随机变量,正态随机变量服从的分布就称为正态分布,记作 $X \sim N(\mu, \sigma^2)$,表示变量 X 服从正态分布。

正态分布是一种概率分布,是具有两个参数 μ 和 σ^2 的连续型随机变量的分布,第一参数 μ 是遵从正态分布的随机变量的均值,第二个参数 σ^2 是此随机变量的方差,所以正态分布记作 $N(\mu, \sigma^2)$。如图 7.3.1 所示,遵从正态分布的随机变量的概率规律为取 μ 邻近值的概率大,而取离 μ 越远的值的概率越小;σ 越小,分布越集中在 μ 附近,σ 越大,分布越分散。正态曲线下,区间 $(\mu-\sigma, \mu+\sigma)$ 内的面积为 68.27%;区间 $(\mu-1.96\sigma, \mu+1.96\sigma)$ 内的面积为 95.45%;区间 $(\mu-2.58\sigma, \mu+2.58\sigma)$ 内的面积为 99.73%。

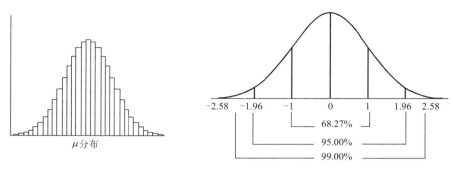

图 7.3.1　正态分布曲线与标准正态曲线的面积分布

7.3.1　冰雹预警指标筛选和提取

以当地历史灾情信息为线索,收集海量的冰雹天气历史个例,提取雷达回波特征参量数据集,利用聚类分析、回归分析、模式识别等算法,建立冰雹预警指标的动态判别(图 7.3.2)。经过几百个个例分析,分别研究影响冰雹形成和发展的几十个因子关系,从中找出云南省冰雹天气预警指标,进一步建立不同季节、不同区域冰雹云雷达回波强度、高度、垂直液态水含量等特征参量预警指标。

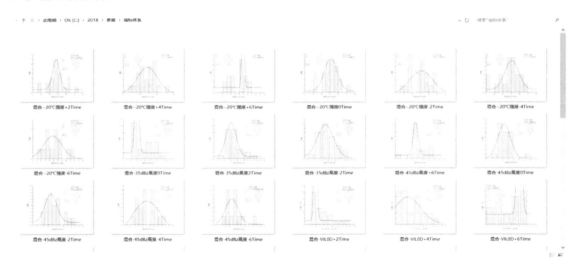

图 7.3.2　正态拟合冰雹预警指标筛选

动态指标判别的技术关键是回波自动跟踪技术,不但要对静态的一张回波图像进行数据特征采集,还需要对同一块回波进行动态的跟踪,才能够获得雷达回波的动态变化特征,包括雷达回波陡增特征、回波体积变化、强回波体积变化、回波体积中心分布的变化等特征。利用这些特征,可以有效识别冰雹回波、降雨回波、发展回波和消散回波的特征区别,更好地体现冰雹云回波的动态发展规律,从而提高冰雹预警及作业时机和防雹作业部位的准确性。

冰雹天气属强对流天气的小概率事件,受其突发性强、发展迅速的特征限制,加上云南复杂的地形地貌,冰雹预警中很难对所有冰雹事件进行准确预警。从前面的分析得出,云南冰雹云回波特征参量主要从降雹前 30 min 开始出现跃增,本章在对 472 次冰雹过程不同高度回波强度、不同强度回波高度和 VIL 等特征指标的正态分布分析基础上,对冰雹过程降雹前

30 min、20 min 和 10 min 的雷达回波特征参量进行分季节、分区域正态分布统计,以正态曲线面积为 68.27% 的特征参量阈值作为冰雹预警指标,其中 μ 是遵从正态分布的随机变量的均值,σ^2 是此随机变量的方差,$\mu-\sigma$ 为冰雹预警的最低特征参量阈值,代表面积 84.14% 以内的随机变量分布;μ 为冰雹预警的特征参量中间阈值,代表面积 50% 以内的随机变量分布;$\mu+\sigma$ 为冰雹预警的特征参量最高阈值,代表面积 15.87% 以内的随机变量分布。由于冰雹天气为中小尺度灾害性天气,主要采取"宁空勿漏"的预警原则,把每一个雷达回波特征参量满足 84.14% 以内随机变量分布的 $\mu-\sigma$ 作为冰雹预警指标,提取降雹前 30 min、20 min 和 10 min 的预警指标。

7.3.2　不同季节冰雹天气预警指标

云南冰雹天气主要发生在冬春季(1—5 月)和夏秋季(6—10 月),尤以夏秋冰雹天气突出,且云南特殊的地形地貌和独特的气候条件,冬春和夏秋产生冰雹天气的水汽、热力、动力等条件差别大,导致冰雹发生的雷达回波特征参量阈值(预警指标)存在差异。为了更好地监测预警和科学防范冰雹灾害,利用正态分布分别统计分析冬春季(1—5 月)、夏秋季(6—10 月)不同季节降雹前 30 min、20 min 和 10 min 的冰雹预警指标阈值(表 7.3.1)。

(1)冬春季冰雹天气预警指标

从冬春季 158 次冰雹过程正态分布统计得出的冰雹预警指标阈值(表 7.3.1)看出,冬春季冰雹过程降雹前 30 min 最大回波强度预警指标约为 51.8 dBz,0 ℃层回波强度预警指标为 47.3 dBz,−10 ℃层回波强度预警指标约为 42.0 dBz,−20 ℃层回波强度预警指标为 34.7 dBz,可见冬春季 0 ℃层高度较低,且往往是受南支槽系统影响产生剧烈上升运动,有利于降水粒子抬升至高层导致回波强度较大,降雹前 30 min 的各强度预警阈值也明显偏大,但最大回波强度和 3 个等温层回波强度冰雹预警指标阈值与前面分析结论基本一致,最大、0 ℃、−10 ℃、−20 ℃层回波强度预警指标阈值差 5 dBz 左右;降雹前 30 min 冬春季冰雹过程回波顶高预警指标约为 10.3 km,35 dBz 回波高度的预警指标约为 8.1 km,45 dBz 回波高度的预警指标约为 5.3 km,VIL 预警指标为 6.3 kg/m²。

表 7.3.1　不同季节冰雹预警指标阈值

预警指标	预警时间	冬春季	夏秋季
最大回波强度(dBz)	降雹前 30 min	51.8	50.5
	降雹前 20 min	55.1	50.7
	降雹前 10 min	56.1	51.6
0 ℃层回波强度(dBz)	降雹前 30 min	47.3	41.0
	降雹前 20 min	47.6	42.9
	降雹前 10 min	49.4	43.5
−10 ℃层回波强度(dBz)	降雹前 30 min	42.0	35.7
	降雹前 20 min	44.5	35.9
	降雹前 10 min	45.0	37.5
−20 ℃层回波强度(dBz)	降雹前 30 min	34.7	30.1
	降雹前 20 min	37.0	30.8
	降雹前 10 min	38.1	33.6

预警指标	预警时间	冬春季	夏秋季
回波顶高(km)	降雹前 30 min	10.3	11.0
	降雹前 20 min	10.6	11.6
	降雹前 10 min	10.9	11.9
35 dBz 回波高度(km)	降雹前 30 min	8.1	8.5
	降雹前 20 min	8.3	8.9
	降雹前 10 min	8.7	9.3
45 dBz 回波高度(km)	降雹前 30 min	5.3	5.5
	降雹前 20 min	5.8	5.8
	降雹前 10 min	6.1	6.1
VIL(kg/m^2)	降雹前 30 min	6.3	5.1
	降雹前 20 min	8.1	5.5
	降雹前 10 min	10.7	5.8

从冬春季 158 次冰雹过程降雹前 20 min 的雷达回波预警指标阈值可以看出,越接近降雹时刻,雷达回波发展越旺盛,各预警指标出现不同程度增加,但增加幅度存在差异,其中最大回波强度预警指标阈值增加 4.7 dBz,0 ℃层回波强度预警指标仅仅增加 0.3 dBz,−10 ℃、−20 ℃层回波强度预警指标增加 2.3 dBz,主要由于云水粒子只有在 0 ℃层以上过冷水中循环增长才能形成冰雹粒子,降雹前 30 min 冰雹云处于发展阶段,0 ℃层回波强度会出现显著变化,但随着冰雹云继续发展,在强上升气流的作用下大量云水粒子会被上升气流携带至 0 ℃层以上的过冷水区持续循环增长,因而降雹前 20 min 0 ℃层回波强度变化不大而−10 ℃、−20 ℃层回波强度跃增,进一步表明云内冰雹粒子的持续增长。在降雹前 20 min 高度预警指标的变化方面,回波顶高、35 dBz、45 dBz 回波高度增长率不大,仅为 0.2~0.5 km/10 min,可见随着冰雹云强对流回波不断发展成熟,预示着云内粒子不断长大和逐渐开始形成下沉气流而导致上升气流减弱使回波高度增加不明显;VIL 增长幅度较大,降雹前 20 min 跃增至 8.1 kg/m^2,增加 1.9 kg/(m^2·10 min)。

从 158 次冬春季冰雹过程降雹前 10 min 的雷达回波预警指标可以看出,降雹前 10 min,最大回波强度、−10 ℃层回波强度预警指标阈值出现减小特征,−20 ℃层回波强度预警指标阈值增幅减小,在 1.1 dBz 以内,但 0 ℃层回波强度预警指标阈值增大 1.9 dBz 左右,可见,降雹前 10 min,冰雹云逐渐发展成熟,较大冰雹粒子已开始下降,导致 0 ℃层回波强度预警指标阈值与降雹前 20 min 相比明显增加而其他强度预警指标阈值增幅不大;降雹前 10 min,回波顶高、35 dBz、45 dBz 回波高度预警指标阈值在降雹前 10 min 仍保持小幅度增加,仅为 0.3~0.4 km/10 min;VIL 继续保持跃增,以 2.6 kg/(m^2·10 min)速度增长,降雹前 10 min 预警指标阈值达 10.7 kg/m^2。

(2)夏秋季冰雹天气预警指标

从夏秋季 314 次冰雹过程正态分布统计得出的冰雹预警指标阈值(表 7.3.1)看出,夏秋季冰雹过程降雹前 30 min 最大回波强度预警阈值为 50.5 dBz,比冬春季小 1.3 dBz,0 ℃、−10 ℃、−20 ℃层回波强度预警指标阈值也比冬春季相比偏小,分别为 41.0 dBz、35.7 dBz、

30.1 dBz,偏小 4.6~6.3 dBz;降雹前 30 min 夏秋季冰雹回波顶高预警指标阈值为 11.0 km,比冬春季略高 0.7 km,35 dBz、45 dBz 回波高度预警指标阈值略偏高 0.2~0.4 km;夏秋冰雹天气 VIL 预警指标阈值明显偏低达 1.2 kg/m²。

夏秋季降雹前 20 min 预警指标阈值与降雹前 30 min 相比,各雷达回波特征预警指标阈值均不同程度地增大,强度预警指标除了 0 ℃回波强度预警阈值增加 1.9 dBz 外,其他强度预警指标阈值增加幅度不大,在 0.2~0.7 dBz;同样回波顶高、35 dBz、45 dBz 回波高度预警指标阈值小幅增加,为 0.3~0.6 km/10 min;VIL 预警阈值也略增大0.4 kg/m²,说明夏秋季冰雹云回波发展成熟持续时间较长,随着强对流回波继续发展,回波强度和顶高变化不大。

降雹前 10 min,各预警指标阈值继续小幅增大,但−10 ℃、−20 ℃层回波强度预警阈值增大明显,分别达 37.5 dBz 和 33.6 dBz,10 min 增幅分别为 1.6 dBz 和 2.8 dBz,最大回波强度和 0 ℃回波强度预警阈值分别增加 0.9 dBz 和 0.6 dBz;高度预警指标仍小幅增加,为 0.3~0.4 km/10 min;VIL 预警阈值也略增大 0.3 kg/(m² · 10 min)。

可见,不同季节冰雹预警指标阈值存在一定的差异,冬春季最大回波强度和各温度层回波强度预警阈值高于夏季 1.3~7.5 dBz,平均在 5 dBz 左右,而回波顶和各回波强度高度预警阈值低于夏季 2 km 以内,VIL 预警指标阈值高于夏秋季 1.2~4.9 kg/m²,且总体上随着降雹临近,各预警指标阈值增大,冬春季平均阈值增大幅度比夏秋季大,这与前面对冰雹云雷达回波特征参数演变特征研究结论基本一致。

7.3.3　不同区域冰雹天气预警指标

冰雹天气过程不仅与天气气候背景和季节相关,还与地形地貌密切相关。下面依据滇中和滇东区、滇西区、滇西北区和滇东北区不同的冰雹活动特点,开展分区域冰雹预警指标阈值的分析研究。同样利用正态分布分别统计分析滇中和滇东区、滇西区、滇西北、滇东北地区降雹前 30 min、20 min 和 10 min 的不同区域冰雹预警指标阈值(表 7.3.2)。

(1)滇中和滇东区

从滇中和滇东区 292 次冰雹过程正态分布统计得出的冰雹预警指标阈值(表 7.3.2)看出,随着降雹邻近,各预警指标阈值增大,但增幅不一致,降雹前 30 min 最大回波强度预警阈值 50.9 dBz,随后略有增加但变化不大,降雹前 10 min 增到 51.8 dBz;0 ℃层回波强度预警阈值在降雹前 30 min 为 42.0 dBz,降雹前 20 min 增至 43.3 dBz,降雹前 10 min 继续增至44.2 dBz,20 min 内增大 2.2 dBz;−10 ℃层回波强度预警阈值由降雹前 30 min 的 36.1 dBz不断增加到降雹前 10 min 的 38.5 dBz,20 min 内增大 2.4 dBz;−20 ℃层回波强度预警阈值随降雹时间临近呈线性增加,由降雹前 30 min 的 29.0 dBz 增加到降雹前 10 min 的 32.6 dBz,20 min 内增大 3.6 dBz。

降雹前 30 min 回波顶高预警阈值为 10.3 km,降雹前 20 min 增加至 11.0 km,随后略增加到降雹前 10 min 的 11.3 km,20 min 内增大 1.0 km;在降雹前 30 min 至 10 min 35 dBz 回波高度预警阈值也不断增大,分别为 7.3 km、7.6 km 和 8.1 km,20 min 内增高 0.8 km;45 dBz 回波高度预警阈值也呈不断增大的趋势,由降雹前 30 min 的 5.4 km 增大到降雹前10 mm 的 5.9 km,20 min 内增高 0.5 km。

VIL 预警阈值随降雹时间临近线性递增,但阈值偏小,降雹前 30 min,VIL 预警阈值在5.8 kg/m²,降雹前 20 min、10 min 分别跃增 1 kg/m² 左右。

（2）滇西区

从滇西区 84 次冰雹过程正态分布统计得出的冰雹预警指标阈值（表 7.3.2）看出，同样随着降雹邻近，各预警指标阈值增大但增幅不一致，最大回波强度预警阈值与滇中和滇东区相比，3 个预警时段偏大 2.7～4.2 dBz，降雹前 30 min 至 10 min 最大强度值均在 54～59 dBz 之间稳定维持；0 ℃层回波强度预警阈值在降雹前 30 min、20 min 和 10 min 分别为 52.2 dBz、54.5 dBz 和 54.8 dBz，比滇中和滇东区相应时段偏大 10.2 dBz、11.2 dBz 和 10.6 dBz；−10 ℃、−20 ℃层回波强度各时段预警阈值与滇中和滇东地区相比偏大 7.9～10.3 dBz。可见，滇西冰雹过程各强度预警阈值均高于滇中和滇东区 2.7～11.2 dBz，尤其 0 ℃、−10 ℃、−20 ℃层回波强度预警阈值一般偏高 10 dBz 左右。

滇西地区回波顶高预警阈值随降雹邻近小幅增加，3 个预警时段回波顶高阈值预警在 10.8～11.1 km，20 min 内回波顶高预警阈值增高 0.3 km；35 dBz、45 dBz 回波高度阈值分别为 8.7～8.9 km 和 7.1～7.7 km，20 min 内分别增高 0.2 km 和 0.6 km。可见，滇西地区冰雹过程回波顶高预警阈值与滇中和滇东区相近，35 dBz、45 dBz 回波高度预警阈值高于滇中和滇东区，但随着降雹临近滇西区高度预警阈值增幅较小。

VIL 预警阈值随降雹时间临近也小幅增加，由降雹前 30 min 的 5.8 kg/m²，降雹前 20 min、10 min 分别增加至 6.4 kg/m² 和 7.4 kg/m²，VIL 预警阈值大小与滇中和滇东区相近。

（3）滇东北区

同样从滇东北区 54 次冰雹过程正态分布统计得出的冰雹预警指标阈值（表 7.3.2）看出，随着降雹临近，各预警指标阈值增大，其中滇东北地区冰雹天气最大强度预警阈值与滇中和滇东地区相比，偏大 1.7～2.8 dBz，降雹前 30 min 最大回波强度预警阈值为 52.6 dBz，降雹前 20 min 增大到 54.2，降雹前 10 min 变化不大；0 ℃层回波强度预警阈值随着降雹临近逐渐增大，由降雹前 30 min 的 48.8 dBz 增大到降雹前 10 min 的 51.7 mm，20 min 内增大 2.9 dBz；−10 ℃层回波强度预警阈值在降雹前 30 min 为 40.8 dBz，到降雹前 10 min 增至 45.1 dBz，20 min 内增大 4.3 dBz；−20 ℃层回波强度阈值在降雹前 30 min 为 36.6 dBz，降雹前 20 min 略增至 37.4 dBz，随后维持不变，20 min 内增大 0.8 dBz。可见滇东北冰雹过程强度预警指标阈值高于滇中和滇东而低于滇西地区。

表 7.3.2　不同区域冰雹预警指标阈值

预警指标	预警时间	滇中和滇东	滇西	滇东北	滇西北
最大回波强度（dBz）	降雹前 30 min	50.9	54.3	52.6	46.2
	降雹前 20 min	51.4	55.6	54.2	46.5
	降雹前 10 min	51.8	54.5	54.0	49.2
0 ℃层回波强度（dBz）	降雹前 30 min	42.0	52.2	48.8	37.3
	降雹前 20 min	43.3	54.5	50.8	37.8
	降雹前 10 min	44.2	54.8	51.7	41.9
−10 ℃层回波强度（dBz）	降雹前 30 min	36.1	45.9	40.8	30.8
	降雹前 20 min	36.8	47.5	44.0	31.0
	降雹前 10 min	38.5	47.6	45.1	33.9

预警指标	预警时间	滇中和滇东	滇西	滇东北	滇西北
−20 ℃层回波强度(dBz)	降雹前 30 min	29.0	38.1	36.6	25.9
	降雹前 20 min	31.1	39.0	37.4	26.0
	降雹前 10 min	32.6	39.7	37.4	28.1
回波顶高(km)	降雹前 30 min	10.3	10.8	12.2	11.2
	降雹前 20 min	11.0	11.0	11.9	11.7
	降雹前 10 min	11.3	11.1	12.3	12.7
35 dBz 回波高度(km)	降雹前 30 min	7.5	8.7	8.9	7.6
	降雹前 20 min	7.6	8.9	9.4	7.7
	降雹前 10 min	8.1	8.9	9.5	9.0
45 dBz 回波高度(km)	降雹前 30 min	5.4	7.1	6.5	6.3
	降雹前 20 min	5.7	7.5	7.3	6.4
	降雹前 10 min	5.9	7.7	7.1	6.8
VIL(kg/m^2)	降雹前 30 min	5.8	5.8	7.1	3.2
	降雹前 20 min	6.8	6.4	10.0	3.9
	降雹前 10 min	8.1	7.4	10.5	4.9

滇东北冰雹过程回波顶高预警阈值为全省最高,降雹前 30 min 为 12.2 km,随后波动起伏变化不大,基本在 12.0 km 左右;35 dBz 回波高度阈值在降雹前 30～10 min 不断增加,但幅度小,预警阈值由 8.9 km 增至 9.5 km,20 min 内增大 0.6 km;45 dBz 回波高度阈值表现出同样特征,预警阈值由降雹前 30 min 的 6.5 km 增至降雹前 10 min 的 7.1 km,各时段与 35 dBz 回波高度预警阈值相比偏低 2 km 左右。

滇东北冰雹过程 VIL 预警阈值随着降雹临近,表现出逐渐增大的特征,VIL 预警阈值由降雹前 30 min 的 7.1 kg/m^2 跃增至降雹前 20 min 的 10.0 kg/m^2,再缓慢增加至降雹前 10 min 的 10.5 kg/m^2,20 min 内增大 3.4 kg/m^2,3 个时段 VIL 预警阈值均高于滇中、滇东和滇西。

(4)滇西北区

同样从滇西北区 42 次冰雹过程正态分布统计得出的冰雹预警指标阈值(表 7.3.2)看出,随着降雹临近预警指标阈值总体上也呈增大趋势。降雹前 30 min 最大回波强度预警阈值为 46.2 dBz,随后波动起伏,到降雹前 10 min 增加至 49.2 dBz,20 min 内增大 3.0 dBz;0 ℃层回波强度预警阈值由降雹前 30 min 的 37.3 dBz 逐渐增大到降雹前 10 min 的 41.9 dBz,20 min 内增大 4.6 dBz;−10 ℃层回波强度预警阈值由降雹前 30 min 的 30.8 dBz 逐渐增大到降雹前 10 min 的 33.9 dBz,20 min 内增大 3.1 dBz;−20 ℃层回波强度预警阈值由降雹前 30 min 预警阈值为 25.9 dBz 增加到降雹前 10 min 的 28.1 dBz,20 min 内增大 2.2 dBz。可见与其他区域相比,滇西北地区冰雹天气各回波强度预警阈值均为全省最小。

虽然滇西北地区冰雹天气强度预警阈值偏弱,但各回波高度预警阈值略低于滇东北地区,3 个时次随着降雹临近回波顶高阈值逐渐增大但幅度不大,由 11.2 km 增大到 11.7 km 再增大到 12.7 km,表明滇西北地区高海拔的地形抬升作用和水汽条件相对弱导致冰雹云高度高但强度不强,因而滇西北回波高度预警阈值高但强度预警阈值偏弱;35 dBz 和 45 dBz 回波高度阈值变化与回波顶高相似,随着降雹临近预警阈值都逐渐增加,预警阈值分别由降雹前 30 min 的 7.6 km 和 6.3 km 增加至降雹前 10 min 的 9.0 km 和 6.8 km,20 min 内分别增大 1.4 km 和 0.5 km。

VIL 预警阈值也是全省 4 个区域中最小的,这也与滇西北冰雹云回波不强相关,但总体上也表现出降雹临近增大的特征,降雹前 30 min,预警阈值仅为 3.2 kg/m^2,随后增加到降雹前 10 min 跃增至 4.9 kg/m^2,20 min 内增大 1.7 kg/m^2。

由此可见,各区域冰雹天气雷达回波预警指标阈值都具有随着降雹邻近不断增大但增幅不一致的共同特点,但冰雹预警指标阈值和增幅存在一定的差异。各区域各项强度预警指标阈值差异大,滇西地区冰雹天气各项回波强度预警指标阈值最强,其中 3 个预警时段最大回波强度预警指标阈值均在 52 dBz 以上,滇东北次之,滇西北最弱,其中 3 个预警时段最大回波强度预警指标阈值在 46 dBz 以上。各区域雷达回波高度预警指标阈值差异小,其中回波顶高预警指标阈值滇东北最大,3 个预警时段基本均在 12 km 以上,滇西北次之,滇中、滇东地区和滇西地区相近基本维持在 11 km 左右;35 dBz 回波高度预警指标阈值滇东北和滇西区高一些,3 个预警时段基本在 9 km 以上,滇西北和滇中 3 个预警时段基本在 7.5 km 以上;45 dBz 回波高度预警阈值以滇西最高,3 个预警时段基本在 7 km 以上,滇东北次之,滇中最低,3 个预警时段在 5.5 km 以上。VIL 预警指标阈值最大仍为滇东北,滇西北最小。总体上滇西地区冰雹天气回波强度预警指标阈值最大,滇东北冰雹天气高度预警指标阈值最高和 VIL 预警指标阈值最大。

7.3.4　冰雹概率预警方程

从上面的分析可见,云南不同季节、不同区域冰雹天气的雷达回波预警指标复杂多变,且预警阈值存在明显差异,虽然每个特征量在一定程度上能反映冰雹云的强弱,但也存在片面性,因此为了综合考虑各个预警指标对冰雹的预警作用,采用相关分析法和权重法对冰雹预警指标建模(张晓庆 等,2018)。

冰雹观测资料为离散时间序列,而冰雹的每个雷达回波预警指标为连续时间序列,挑选相关性较好的雷达回波特征量作为冰雹预警因子,建立多元回归方程。

$$Y = B * X$$
$$B = (X'X)^{-1} \cdot X'Y \qquad (7.3.2)$$

$$X = \begin{bmatrix} x_{11}, x_{12}, \cdots, x_{1n} \\ x_{21}, x_{22}, \cdots, x_{2n} \\ \cdots\cdots\cdots\cdots \\ x_{m1}, x_{m2}, \cdots, x_{mn} \end{bmatrix}_{m \times n} \qquad \begin{matrix} Y = (y_1, y_2, \cdots, y_n) \\ B = (b_0, b_1, \cdots, b_m) \end{matrix}$$

式中,Y 为冰雹事件,B 为权重系数,X 为预警因子。

根据上述冰雹天气过程降雹前后雷达回波特征量演变特征的分析,选取最大回波强度、0 ℃层回波强度、-10 ℃层回波强度、-20 ℃层回波强度、回波顶高、35 dBz 回波高度、45 dBz 回波高度、VIL 8 个特征量作为冰雹预警因子,建立冰雹天气降雹前 30 min、20 min 和 10 min 的三个时段冰雹预警方程。

从上述对 8 个雷达回波预警因子的正态分布计算结果可见,雷达回波预警因子值分别

为 $\mu-\sigma,\mu,\mu+\sigma$，其中预警因子值为 $\mu-\sigma$ 代表面积 84.14% 以内的随机变量分布，预警因子值为 μ 代表面积 50% 以内的随机变量分布，预警因子值为 $\mu+\sigma$ 代表面积 15.87% 以内的随机变量分布。冰雹天气为中小尺度灾害性天气，主要采取"宁空勿漏"的预警原则，把每一个预警因子在 472 个冰雹过程满足 84.14% 以内随机变量分布的 $\mu-\sigma$ 作为冰雹预警权重方程的预警阈值，得到不同季节、不同区域在三个预警时段的预警指标阈值（表 7.3.1 和表 7.3.2）。

根据选取冰雹天气 8 个雷达回波预警因子 $\mu-\sigma$ 阈值，统计不同季节、不同区域冰雹天气过程降雹前 30 min、20 min、10 min 达到 $\mu-\sigma$ 出现的频次，而雷达回波特征指标 $<\mu-\sigma$ 的过程表示未达到预警因子阈值，统计结果见表 7.3.3 和表 7.3.4。

表 7.3.3　不同季节冰雹天气过程降雹前雷达回波特征指标阈值 $>\mu-\sigma$ 的频次（单位：次）

不同季节	预警时间	最大回波强度(dBz)	0℃层回波强度(dBz)	−10℃层回波强度(dBz)	−20℃层回波强度(dBz)	回波顶高(km)	35 dBz回波高度(km)	45 dBz回波高度(km)	VIL(kg/m²)
冬春季 158次	降雹前30 min	113	93	95	86	110	103	68	122
	降雹前20 min	79	107	84	88	121	111	116	127
	降雹前10 min	116	118	117	89	126	110	131	120
夏季 314次	降雹前30 min	173	190	167	158	247	171	167	220
	降雹前20 min	209	198	205	190	309	227	203	257
	降雹前10 min	283	291	264	224	317	259	277	337

表 7.3.4　不同区域冰雹天气过程降雹前雷达回波特征指标阈值 $>\mu-\sigma$ 的频次（单位：次）

区域个例	预警时间	最大回波强度(dBz)	0℃层回波强度(dBz)	−10℃层回波强度(dBz)	−20℃层回波强度(dBz)	回波顶高(km)	35 dBz回波高度(km)	45 dBz回波高度(km)	VIL(kg/m²)
滇西 84次	降雹前30 min	47	32	39	39	55	53	40	64
	降雹前20 min	46	33	38	41	66	58	57	84
	降雹前10 min	71	69	68	59	70	66	61	84
滇中滇东 292次	降雹前30 min	180	176	154	156	199	180	205	211
	降雹前20 min	189	181	190	170	219	217	216	230
	降雹前10 min	264	261	226	203	253	228	253	283
滇东北 54次	降雹前30 min	32	37	38	35	33	34	41	40
	降雹前20 min	29	36	36	36	49	35	36	39
	降雹前10 min	44	40	42	45	45	45	45	46
滇西北 41次	降雹前30 min	20	22	23	22	32	30	19	33
	降雹前20 min	38	36	35	35	40	32	37	51
	降雹前10 min	36	35	35	34	41	34	40	43

建立冰雹概率预警方程：

$$P = b_{H1} + b_{H2} + b_{H3} + b_{H4} + b_{H5} + b_{H6} + b_{H7} + b_{H8} \qquad (7.3.3)$$

式中，P 为冰雹事件发生的概率，b_{H1} 为最大回波强度预警因子的权重概率，b_{H2} 为 0℃层强度预警因子权重概率、b_{H3} 为 −10℃层强度预警因子权重概率、b_{H4} 为 −20℃层强度预警因子权重概率、b_{H5} 回波顶高预警因子权重概率，b_{H6} 为 35 dBz 高度预警因子权重概率、b_{H7} 为 45 dBz 高度预警因子权重概率、b_{H8} 为 VIL 预警因子权重概率。

b_{Hi} 权重概率根据不同季节冰雹预警因子达到 $\mu-\sigma$ 特征值出现冰雹的次数与总冰雹次数比值来确定。具体计算公式为：

$$b_{Hi} = \frac{T_{hi}}{\sum\limits_{i=1}^{8} T_{hi}} \tag{7.3.4}$$

式中，b_{Hi} 为第 i 个雷达回波预警因子的权重概率，T_{hi} 为不同季节和不同区域冰雹降雹前不同时次雷达回波特征参数 $>\mu-\sigma$ 出现的频次，具体见表 7.3.3 和表 7.3.4。P 为 (0,1) 之间的任意小数，P 越大，表明在不同时间段内出现冰雹的概率越大。

通过计算得到云南不同季节、不同区域冰雹天气 30 min、20 min、10 min 预警权重方程的 8 个雷达回波预警因子的权重系数，统计结果见表 7.3.5 和表 7.3.6。

表 7.3.5　不同季节冰雹天气概率预警雷达回波预报因子权重系数

不同季节	预警时间	最大回波强度(dBz)	0 ℃层回波强度(dBz)	−10 ℃层回波强度(dBz)	−20 ℃层回波强度(dBz)	回波顶高(km)	35 dBz回波高度(km)	45 dBz回波高度(km)	VIL(kg/m²)
冬春季 158 次	降雹前 30 min	0.14	0.12	0.12	0.11	0.14	0.13	0.086	0.15
	降雹前 20 min	0.09	0.13	0.1	0.11	0.15	0.13	0.139	0.15
	降雹前 10 min	0.13	0.13	0.13	0.1	0.14	0.12	0.141	0.13
夏秋季 314 次	降雹前 30 min	0.12	0.11	0.11	0.17	0.11	0.112	0.15	
	降雹前 20 min	0.12	0.11	0.11	0.11	0.17	0.13	0.113	0.14
	降雹前 10 min	0.13	0.13	0.12	0.1	0.14	0.12	0.123	0.15

表 7.3.6　不同区域冰雹天气概率预警雷达回波预报因子权重系数

不同区域	预警时间	最大回波强度(dBz)	0 ℃层回波强度(dBz)	−10 ℃层回波强度(dBz)	−20 ℃层回波强度(dBz)	回波顶高(km)	35 dBz回波高度(km)	45 dBz回波高度(km)	VIL(kg/m²)
滇西 84 次	降雹前 30 min	0.13	0.09	0.11	0.11	0.15	0.14	0.108	0.17
	降雹前 20 min	0.11	0.08	0.09	0.1	0.16	0.14	0.135	0.2
	降雹前 10 min	0.13	0.13	0.12	0.11	0.13	0.12	0.111	0.15
滇中滇东 292 次	降雹前 30 min	0.12	0.12	0.11	0.11	0.14	0.12	0.14	0.14
	降雹前 20 min	0.12	0.11	0.12	0.11	0.14	0.13	0.134	0.14
	降雹前 10 min	0.13	0.13	0.11	0.1	0.13	0.12	0.128	0.14
滇东北 54 次	降雹前 30 min	0.11	0.13	0.13	0.12	0.11	0.12	0.141	0.14
	降雹前 20 min	0.1	0.12	0.13	0.12	0.16	0.13	0.121	0.13
	降雹前 10 min	0.12	0.11	0.12	0.13	0.13	0.13	0.128	0.13
滇西北 41 次	降雹前 30 min	0.1	0.12	0.12	0.12	0.15	0.13	0.095	0.16
	降雹前 20 min	0.12	0.12	0.12	0.12	0.13	0.11	0.122	0.17
	降雹前 10 min	0.12	0.12	0.12	0.12	0.14	0.11	0.134	0.14

7.4 小结

(1)利用正态分布位置参数 μ 和尺度参数 σ,以正态曲线面积为 68.27% 的特征参量阈值作为冰雹预警指标,总体上随着降雹临近,云南省各季节和各区域各项预警指标阈值呈现逐渐增大的共同特点,但不同季节和不同区域冰雹预警指标阈值和增幅存在一定的差异。

(2)冬春季最大回波强度和各温度层回波强度预警阈值平均高于夏秋季 5 dBz 左右,而回波顶和各回波强度高度预警阈值低于夏秋季,在 2 km 以内,VIL 预警指标阈值高于夏秋季,在 5 kg/m² 以内,且冬春季各项预警指标阈值增大幅度比夏秋季大。

(3)不同区域各项强度预警指标阈值差异大,滇西地区冰雹天气各项回波强度预警指标阈值最强,滇东北次之,滇西北最弱,其中最大回波强度预警指标阈值滇西均在 52 dBz 以上而滇西北在 46 dBz 以上。不同区域雷达回波高度预警指标阈值差异小,其中回波顶高预警指标阈值滇东北最大,均在 12 km 以上,滇西北次之,滇中滇东区和滇西区相近,基本维持在 11 km 左右;35 dBz 回波高度预警指标阈值滇东北和滇西南高一些,基本在 9 km 以上,滇西和滇中基本在 7.5 km 以上;45 dBz 回波高度预警阈值以滇西最高,基本在 7 km 以上,滇东北次之,滇中最低在 5.5 km 以上。VIL 预警指标阈值最大仍为滇东北,滇西北最小。总体上滇西地区冰雹天气回波强度预警指标阈值最大,滇东北冰雹天气高度预警指标阈值最高、VIL 预警指标阈值最大。

(4)采用相关分析法和权重系数法,计算得到不同季节和不同区域最大回波强度、0 ℃层回波强度、−10 ℃层回波强度、−20 ℃层回波强度、回波顶高、35 dBz 回波高度、45 dBz 回波高度、VIL 8 个冰雹预警因子达到阈值的频次和权重系数,建立了冰雹天气概率预警方程,综合考虑各个雷达回波预警指标对冰雹的预警作用。

(5)基于云南省多普勒天气雷达采用"最优匹配方案"跟踪算法对风暴进行准确连续追踪,自动采集单体风暴雷达回波的移动路径、特征物理量变化等,利用三维动态指标判别模型动态监测雷达回波变化,捕捉冰雹云早期识别特征,并根据移动方向和速度数据,预测未来 10 min 到 1 h 回波位置,从而可以根据预报位置预警冰雹落区和冰雹云回波未来移动下游的作业点进行防雹作业预警,实现冰雹早期预警,尤其对大范围系统性强对流天气过程的冰雹预警和防雹预警效果更好。

第 8 章　雷达 PUP 产品在云南冰雹天气监测预警中的应用

云南省 C 波段多普勒雷达 RPG 实时生成 PUP 产品,其中包含较为全面的强对流风暴监测预警所需的风暴特征分析信息,这些信息对冰雹等强对流天气的识别、监测预警具有重要的指导作用。

针对目前多普勒雷达 PUP 产品显示程序都是单纯显示图像和信息而忽略风暴分析信息应用的现状,通过对 PUP 产品数据格式的研究,研发了多普勒天气雷达 PUP 产品强对流天气监测预警系统,利用该系统及 PUP 产品既可以实时获取冰雹发生概率信息,发布冰雹预警,又可以深入研究中小尺度冰雹天气等强对流灾害性天气发生、发展、演变机理,提高中小尺度强对流灾害性天气识别分析能力。

8.1　强天气监测预警系统设计

多普勒雷达 PUP 产品文件一般由信息头块(MESSAGE HEADER BLOCK)、产品描述块(PRODUCT DESCRIPTION BLOCK)、产品符号表示块(PRODUCT SYMBOLOY BLOCK)、图像数字文本块(GRAPHIC ALPHANUMERIC BLOCK)、文本列表块(TABULAR ALPHANUMERIC BLOCK)组成。前两个是数据块,是必备的,后三个可选。在 PUP 产品文件格式研究中发现,部分产品包含着丰富的产品分析信息。除组合反射率(CR)使用图像数字文本块(GRAPHIC ALPHANUMERIC BLOCK)外 PUP 产品分析信息一般使用文本列表块(TABULAR ALPHANUMERIC BLOCK)表述。目前云南省 C 波段多普勒雷达包含产品分析信息的 PUP 产品有以下几类:组合反射率(CR,第 35—38 类产品)、垂直风廓线(VWP,第 48 类产品)、风暴跟踪信息(STI,第 58 类产品)、中气旋(M,第 60 类产品)、1 h 累积降水(OHP,第 78 类产品)、风暴总累积降水(STP,第 80 类产品)等。

8.1.1　PUP 产品分析信息

(1)组合反射率(CR,第 35—38 类产品)产品

CR 中的产品分析信息是通过风暴序列算法提供有关重要风暴特征的有价值的信息(例如,风暴顶,最大平均径向速度和反射率,冰雹和中气旋的存在)。CR 产品在显示风暴中最高的反射率而不搜索所有可用仰角时最有用。CR 产品分析信息包含风暴 ID(STM ID)、各风暴位置(AZ/RAN,方位/距离)、各风暴的龙卷涡旋特征(TVS)、各风暴的中气旋特征(MESO)、各风暴产生强冰雹概率(POSH)/冰雹概率(POH)/最大预期冰雹直径(MX SIZE)、各风暴的垂直累积液态水含量(VIL)、各风暴的最大强度(DBZM)、风暴底高度(HT)、风暴顶高度(TOP)以及各风暴的移向移速预报或新生(FCST MVMT)等信息。可以看出,这些信息对强对流天气的识别、预测预警以及人工防雹方面的指导意义不言而喻。

以下示例为组合反射率产品分析信息。

STM ID	AZ/RAN	TVS	MESO	POSH/POH/MX SIZE	VIL	DBZM	HT	TOP	FCST MVMT
G3	125/24	NONE	UNCO	50/80/1.27	18	55	0.2	6.2	236/1
L3	107/142	NONE	UNCO	30/60/<1.27	13	51	2.5	7.3	225/10
U3	67/76	NONE	UNCO	0/0/0.00	4	43	1	4.9	NEW
Z2	58/123	NONE	NONE	70/80/1.27	26	55	4.2	10.4	291/5

（2）垂直风廓线（VWP，第 48 类产品）产品

垂直风廓线（VWP）在时间与高度图表上显示平均水平风向（使用 VAD 算法为每个级别计算）。其从地表到 21 km，最多可以绘制 30 个常规风羽。该产品显示最新的风/高度曲线，以及 10 个最新的风/高度曲线（间隔 5～10 min），可用于识别低空和高空急流、热对流模式、垂直风切变等。其产品分析信息主要包括 VAD 分析斜距（VAD ANALYSIS SLANT RANGE）、起始方位角（BEGINNING AZIMUTH ANGLE）、终止方位角（ENDING AZIMUTH ANGLE）、均方根阈值（RMS THRESHOLD）、对称性阈值（SYMMETRY THRESHOLD）、数据点阈值（DATA POINTS THRESHOLD）以及 30 层风廓线各层的海拔高度（ALTITUDES SELECTED）、最佳斜距（OPTIMUM SLANT RANGE）等。示例为垂直风廓线产品分析信息。

```
ADAPTABLE PARAMETERS-WIND PROFILE
VAD ANALYSIS SLANT RANGE          30.0     km
BEGINNING AZIMUTH ANGLE           0.0      DEGREE
ENDING AZIMUTH ANGLE              0.0      DEGREE
NUMBER OF PASSES                  2
RMS THRESHOLD                     5.0      MPS
SYMMETRY THRESHOLD                7.0      MPS
DATA POINTS THRESHOLD             25
ALTITUDES SELECTED (M)
        305    610    914    1219   1524   1829
        2134   2438   2743   3048   3353   3658
        3962   4267   4572   4877   5182   5486
        5791   6096   6706   7315   7620   7925
        8534   9144   10668  12192  13716  15240
OPTIMUM SLANT RANGE               30.0
```

通过这些产品分析信息可以对 VAD 分析风廓线的一些参数有一定了解，对风廓线的分析研究可以提供参考。

（3）风暴跟踪信息（STI，第 58 类产品）产品

风暴跟踪信息（STI）显示风暴质心的先前、当前和预计位置（预测位置和过去位置限制为一小时或更短），预报轨迹基于过去风暴质心位置的线性外推。其包含的产品分析信息较为丰富，除包含已有风暴的位置、移向移速以及平均移向、平均移速外，还包含了过去指定次数的扫描资料中包含的风暴云团数目以及各云团当前位置、移向移速、未来 15～60 min 预测位置、预测误差、平均误差以及风暴云团跟踪/预警的适配数据等信息。

以下为风暴跟踪信息产品分析信息示例。

STORM ID	Z2	G3	H3	M3	L3	Q3
AZ/RAN	58/123	125/23	88/144	194/7	107/142	51/101
FCST MVT	291/5	236/1	345/2	236/5	225/10	208/9

STORM POSITION/FORECAST

RADAR ID 871　DATE/TIME 05:25:14/18:40:13　NUMBER OF STORM CELLS　17

AVG SPEED　4 MPS　　AVG DIRECTION 254 DEG

STORM ID	CURRENT POSITION		FORECAST POSITIONS				ERROR
	AZRAN ((°)/km)	MOVEMENT ((°)/ms)	15 min ((°)/km)	30 min ((°)/km)	45 min ((°)/km)	60 min ((°)/km)	FCST/MEAN (km)
Z2	58/123	291/5	60/123	61/123	63/123	64/123	0.6/2.2
G3	125/24	236/1	124/24	122/24	121/24	120/24	1.9/2.6
H3	88/144	345/2	89/144	89/144	90/144	91/144	1.2/1.5
M3	194/8	236/5	165/8	123/8	96/8	83/8	0.6/0.8
L3	107/142	225/10	104/142	101/142	98/142	96/142	1.1/1.5
Q3	51/102	208/9	50/102	48/102	47/102	NO DATA	2.6/2.6
P3	59/106	271/7	61/106	62/106	NO DATA	NO DATA	2.7/2.2

STORM CELL TRACKING/FORECAST ADAPTATION DATA

225	(°)	DEFAULT (DIRECTION)	2.5	(m/s)	THRESH (MINIMUM SPEED)
13.0	(MPS)	DEFAULT (SPEED)	20	(km)	ALLOWABLE ERROR
20	(min)	TIME (MAXIMUM)	15	(min)	FORECAST INTERVAL
10		NUMBER OF PAST VOLUMES	4		NUMBER OF INTERVALS
30.0	(m/s)	CORRELATION SPEED	15	(min)	ERROR INTERVAL

可以看出,示例中第一部分为风暴跟踪信息,包含当前扫描资料中风暴的 ID、当前位置(方位/距离)以及预报移向移速。这部分信息结合多普勒雷达图像分析可以得到风暴未来的位置及影响范围,可以为短时临近预报提供可靠参考。第二部分首先标明了探测范围内风暴云团的平均移向移速,后面为风暴位置、移向移速及未来 15~60 min 位置预报(表头部分说明有 17 个风暴云团的信息,限于篇幅,文中只列了 7 个,其余部分略去),对于新生单体在移向移速栏标注"NEW",在未来 15~60 min 位置预报栏标注"NO DATA",可以看出这一信息对强对流天气的预警、落区预报及人工影响天气工作指导性很强,具有较强的指导意义。第三部分为风暴云团跟踪/预警的适配数据等信息,不再赘述。

(4)中气旋(M,第 60 类产品)产品

中气旋(M)产品旨在显示有关检测三种类型的方位角切变模式的信息:不相关的切变、三维相关的切变和中气旋。中尺度气旋产品分析信息示例如下:

MESOCYCLONE

RADAR ID 871　　DATE/TIME: 05:25:14/18:40:13　　NUMBER OF STORMS　17

FEATURE ID	STORM ID	FEATURE TYPE	BASE km	TOP km	AZRAN ((°)/km)	HGT km	DIAM(km)		SHEAR (E^{-3}/s)
							RAD	AZ	
1	G3	UNC SHR	1.1	1.1	109/78	1.1	4.8	3.5	15
2	U3	UNC SHR	1.1	1.1	101/80	1.1	5.4	4.4	19

| 3 | U3 | UNC SHR | 1.3 | 1.3 | 98/92 | 1.3 | 3.3 | 5.0 | 27 |
| 4 | L3 | UNC SHR | 1.5 | 1.5 | 99/98 | 1.5 | 6.0 | 4.6 | 27 |

MESOCYCLONE ADAPTATION PARAMETERS

MIN # PATTRN VEC	10	
MAX HGT MESO	8.0	km
HGH MOMENTUM THR	540.0	km^2/HR
LOW MOMENTUM THR	180.0	km^2/HR
HGH SHR THR	14.4	1/HR
LOW SHR THR	7.2	1/HR
MAX DIAM RATIO THR	2.0	
FAR MAX DIAM RATIO THR	4.0	
MIN DIAM RATIO THR	0.5	
FAR MIN DIAM RATIO THR	1.6	
RANGE FAR MAX/MIN	140.0	km
MAX RADIAL DIFFERENCE	0.8	km
MAX AZIMUTHAL DIFFERENCE	2.0	(°)

可以看出,中尺度气旋产品分析信息由两部分组成,第一部分包含了风暴 ID、风暴特征类型、特征发生的底高顶高、方位距离、高度、直径(径向、方位)、切变强度等信息,这部分信息可以较好地帮助深入理解中尺度气旋的发生发展及演变。第二部分是中尺度气旋分析的适配数据等信息。

(5)1 h 累积降水(OHP,第 78 类产品)、风暴总累积降水(STP,第 80 类产品)产品

1 h 累积降水和风暴总累积降水的产品分析信息类似,主要包含降水估算的一些参数及统计误差分析信息,在进行降水估算研究时可能有用,但对具体实时业务应用意义不大,这里不再具体赘述,同样三小时累积降水具体信息较为简略,对具体实时业务应用意义不大。

8.1.2　系统设计

对强天气监测预警业务有重要参考作用的风暴特征分析信息主要内嵌在组合反射率 CR、冰雹指数 HI、中气旋 M 以及风暴跟踪信息 STI 等 PUP 产品中,其中包含了风暴极坐标位置、涡旋特征、风暴降雹概率、风暴垂直累积液态含水量、风暴最强回波强度、强回波高度、回波顶高、移向移速以及未来 15～60 min 预报位置等信息,能够为强对流风暴的预测预警、指挥人工防雹作业提供丰富的强天气回波特征分析信息。据此,使用 DELPHI XE2 编制的多普勒天气雷达 PUP 产品强天气监测预警系统即可应用于实时强对流天气预警,亦可用于强对流天气个例分析。

多普勒天气雷达 PUP 产品强天气监测预警系统为 C/S 架构,亦可单机运行,采用基于面向对象模块化技术设计,软件运行于 WINDOWS 操作系统,使用图形、表格、声音等直观展示强对流天气监测预警结果,可以运行于实时监测预警、科研分析两种状态,满足业务科研需求。

系统设计的关键难点是多普勒天气雷达 PUP 产品的读取解析,表 8.1.1 为使用 DELPHI XE2 结构化编程语言编制的 26 个 PUP 产品数据读取模块名称及块标记(BLOCK ID)和包代码(PACKET CODE)。多普勒天气雷达 PUP 产品文件为二进制顺序记录文件,结构复杂,其

包含了文件头记录、PUP 产品描述记录、标志记录、字符图形记录及文本列表记录等。在产品标志记录、字符图形记录及文本列表记录中又包含了约 30 类图形、文本、矢量等数据结构,每个数据记录之间使用分割字(定义为-1)分隔,每一个 PUP 产品文件均由这 30 类数据结构组合构成,结构复杂紧凑,各数据记录嵌套紧密,通过高精度定位读取数据才能确保资料读取正确。基于模块化设计思想,系统由 PUP 产品文件头读取模块、数据记录读取模块、图形展示模块、数据分析研判模块等组成,在设计时根据 PUP 产品可能出现的数据类型,对一些结构相似的数据类型进行合并,定义了约 20 类数据记录结构,程序设计中使用 BLOCK ID/PACKET CODE 定义数据读取模块的跳转及返回,PUP 产品读取解析源代码全部为自行编写,未使用任何第三方构件或动态链接库,修改完善及功能添加便捷。

表 8.1.1　多普勒雷达 PUP 产品数据读取模块及标记和包代码

模块序号	模块名称及功能	BLOCK ID	PACKET CODE
1	文件信息头读取模块		
2	产品描述信息读取模块		
3	产品符号块读取模块	1	
4	图形字符块读取模块	2	
5	表格字符块读取模块	3	
6—24	PUP 数据包读取模块		1-15,23 -25,0x0802,0x0E03,0x3501
25	径向数据包读取模块		0xAF1F
26	栅格数据包读取模块		0xBA0F、0xBA07

注:表中 PACKET CODE 一栏中,前缀为 0x 的值表示为十六进制值,无 0x 前缀的值为十进制值。

　　为提高内存利用效率,通过指针变量或动态数组来存储和交换读取到的各数据记录,利用文件名中的产品标识或文件头中的产品号识别产品类型,确定栅格数据、径向数据及矢量数据的显示方式、图形尺寸及分辨率、确定是否叠加地图等之后完成图形显示,读取到的文本列表记录等数据列表显示并进行乡镇定位识别。

　　系统实时监测预警功能采用消息触发模式运行,在预设 PUP 文件存储路径(全省 9 部多普勒雷达)有新资料(CR 及 STI,部分 CA 波段雷达需要读取 HI 产品)到达时自动启动实时分析模块运行。非实时功能由用户通过人机交互选择历史文件存放路径、雷达站点、PUP 文件类型、指定路径内单个或多个 PUP 产品文件,连续读取、显示产品图片、风暴分析信息并保存备用。

　　基于降低系统各功能之间耦合、减少系统运行故障考虑,在系统设计中未考虑 PUP 产品资料的传输、本地存储功能的设计,PUP 产品资料使用其他实时资料分发程序从 CIMISS 或通过 FTP 方式从云南省气象信息中心实时资料服务器分发到本地。系统不需要安装,将可执行文件、配置文件、地图边界文件以及地理信息文件拷贝到指定目录,修改配置文件即可。

8.1.3　数据解析流程

　　图 8.1.1 为 PUP 产品解析流程。通过读取云南省行政区域多边形边界 MIF 格式文件中不同区域多边形边界点的经纬度,根据设定的分辨率,在内存中将云南省乡镇边界绘制为多边形闭合区域,并使用 WINDOWS API 函数 CreatePolygonRgn 生成多边形热点区域对象备用,同时读取该 MIF 文件相对应的 MID 文件通过使用热点经纬度定位得到各区域对象代表的

州(市)、县、乡镇暂存于定位数组中备用。由于村级 MIF 文件为点记录,非多边形边界资料,系统无法定位到村级使用,但稍做修改可以完成距离最近村委会名称判断,提高强对流天气预警定位精度,但程序计算量有所增大。

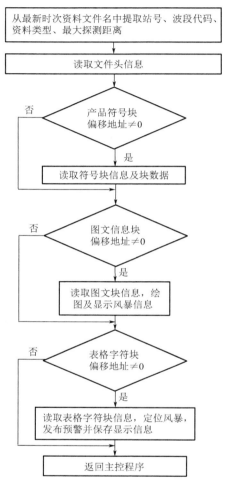

图 8.1.1　多普勒雷达 PUP 产品解析流程

　　使用预先设计好的数据读取模块,根据不同 PUP 产品的数据记录架构,依据 PUP 产品相关数据规则,系统首先从组合反射率 CR 产品中判断是否有风暴存在,若风暴存在时继续读取风暴标识 ID、风暴坐标(极坐标,方位/距离)、冰雹发生概率(POH)、强冰雹发生概率(POSH)及估算冰雹直径、垂直累积液态水含量 VIL、回波最大强度、强中心高度、回波顶高等风暴特征参数(部分信息可能存储在第 59 类 HI 冰雹指数产品中),之后读取同时次的风暴跟踪信息 STI 产品(读取到的特征参量内存中保存 2 个观测时次),读取产品中根据预测移向移速计算得到的未来 15～60 min 与 CR 产品相同风暴标识 ID 的风暴坐标位置并判别该风暴途径区域,在 VIL 突增(与前一观测时次比较)且 POH≥60%、POSH≥40%时,系统自动判别为强对流天气发生概率较大,并通过将当前时次风暴坐标位置(极坐标,方位/距离)及未来 15～60 min 风暴位置换算为经纬度值定义为云南省乡镇多边形区域热点,使用 WINDOWS API 函数 PtInRegion 确定热点所在乡镇完成风暴乡镇定位,之后通过声音及文本发布风暴未来影响区域强对流冰雹天气预警。同时在系统显示区域绘制地图,根据预设回波强度调色板、冰雹发生概率调色板在地图上叠加显示冰雹发生位置、概率及未来影响乡镇等,保存数据资料为文本资料(或存入数据库),并将图形保存为 JPG、GIF、BMP、PNG 格式图形文件,完成多普勒雷达 PUP 产品解析及强对流天气识别预警。据初步测算,系统能够提前约 1 个观测时次发布冰雹预警。在实时监控预警运行中,可跳过产品符号块、图文信息块直接读取表格字符块,降低运行复杂度,提高运行时效。

8.1.4　技术设计难点

在系统设计研发中,由于缺乏较为全面的中文 PUP 产品格式说明,且该系统英文数据格式说明部分信息描述不全面,导致在系统开发设计中遇到技术难点,主要表现在以下几个方面。

(1)探测距离

在图形显示设计中无法正确确定 PUP 产品资料的探测距离,研究发现在 PUP 产品文件头记录中未包含探测距离参数,而在 PUP 产品文件名中包含的探测距离是以 S 波段多普勒天气雷达探测距离来定义的,在显示云南省 C 波段雷达 PUP 产品栅格数据和径向数据时会出现地图叠加错误从而导致乡镇定位错误。经多次试验及摸索,得出云南省 C 波段雷达不同 PUP 图形产品(栅格和径向图形产品)使用的最大探测距离分别是 75 km 和 150 km,而这一探测距离不论在文件名和 PUP 产品文件头记录中均无法获取,在系统设计中只能根据文件名略加判断设置为固定值。

(2)图形分辨率

由于未强制规定 PUP 产品图形的尺寸及分辨率,云南省 CA 波段雷达和 CC 波段雷达的栅格数据和径向数据的图形尺寸分别为 800×800 像素和 500×500 像素,在设计栅格数据和径向数据图形显示模块时,只能统一图形尺寸为 500×500,对大尺寸图形进行缩放显示,同样在弱回波区(WER)产品的显示中存在类似问题。

(3)信息数据格式

由于 PUP 产品风暴分析信息在二进制文件中是以表格形式顺序存放的,其中包含了其自定义的制表符和换行符,同时包含了分页、分层信息,在系统设计初期未加以考虑,读取得到的数据包含乱码,在进行特征参数识别分割时出错,后修改为逐字节读取并转换为 ASCII 字符暂存入字符串变量,读取到制表符时以空格替换,出现换行符时将字符串变量写入列表框或文本文件,在当前 PUP 文件全部风暴分析信息读取完毕后再根据不同特征参量所占字符长度进行分离得到特征参量。

(4)字符串数值转换

由于 PUP 产品风暴分析信息是文本字符和数字混合存储的(但不同特征参量字符串长度为定长),如方位距离表示为"245/12"、估算冰雹直径有时表示为"<1.27",在获取具体的参量时无法直接转换为数值使用,需加以判断,增加了程序量。

(5)数据单位及格式

由于缺乏详细的数据格式及数据单位说明,英文数据格式说明文档中(NCDC,1998)许多数据单位使用英制单位,而在云南省 C 波段雷达 PUP 产品中遇到估算冰雹直径表示为"1.27"或更大时只能根据经验和英寸[①]/厘米(in/cm)换算公式判断为 1.27 的单位是厘米

---

① 　1 英寸＝2.54 cm。

(cm),同样存在雷达站海拔高度使用的单位是英尺(ft)①需要换算为米(m)等类似问题。PUP产品文件数据的存放格式是大端格式(big-endian),由于 DELPHI XE2 读取 16 位、32 位整数时是按小端格式读取,所以设计程序读取 16 位、32 位整数时需要逐字节读取,然后每字节进行左移位(shl)8 位操作拼成大端格式 16 位、32 位整数所得到数据才是正确的。

(6)不同波段雷达风暴分析信息存储文件不同

由于 CC 波段和 CA 波段雷达 RPG 软件的略微区别,导致部分在 CC 波段雷达组合反射率(CR)风暴分析信息中的特征参量在 CA 波段雷达 CR 产品中没有包含,而是存储在冰雹指数(HI)产品中,加大了程序判断和设计复杂度。

8.2 软件功能特点

集成强对流天气实时监测识别预警和 PUP 资料分析研究功能为一体的 PUP 产品强对流天气监测预警系统,可运行于 32 位及 64 位 WINDOWS 7、8、10 操作系统。系统的主要功能是利用 9 部 C 波段多普勒天气雷达 PUP 产品的风暴特征分析信息进行冰雹等强对流天气监测预警及研究工作。

在实时强对流天气监测预警功能设计中,主要使用了组合反射率(CR)、风暴跟踪信息(STI)产品,CA 波段雷达 PUP 产品还使用了冰雹指数(HI)产品,对云南省 9 部 C 波段多普勒天气雷达 PUP 产品进行轮巡分析。在功能设计中屏蔽了 3 类产品的显示,在读取 3 类产品风暴分析信息后进行再次判断分析并定位到乡镇后通过图表方式展示强对流天气预警结果,判断是否达到强对流天气预警指标阈值后确定是否发布预警。

在非实时强对流天气回波特征参量研究功能中,可以对云南省 9 部雷达 19 类 PUP 产品(根据探测距离、仰角等每观测时次又分为 36 个产品文件)进行单独或批量资料特征参量读取显示以及识别定位,特征参量读取后可自动根据观测时间存储为文本文件,稍作加工可存储到 PUP 产品特征参量数据库便于进一步分析研究,图片可根据设置自动存储为 BMP、GIF、JPG、PNG 格式文件。

下面详细说明系统实时识别强对流天气、资料分析研究两个功能。

8.2.1 实时识别强对流天气

图 8.2.1 为 PUP 产品强对流天气实时识别预警界面。系统界面左部为图形展示区域,其内详细标注了当前发布预警使用 PUP 产品雷达站的站名站号、站点位置信息如经纬度、天线海拔高度信息、有效探测距离、立体扫描模式、开始扫描时间(北京时)、产品计算完毕时间以及一些诸如最强回波强度、总风暴数目等信息。界面右部为风暴定位表、风暴特征分析信息及风暴乡镇定位信息。在图像显示区域为该部雷达 PUP 产品探测范围行政区域地图、冰雹概率色标、回波最大强度色标。在以雷达站为中心半径 150 km 的行政区域图上叠加了降雹概率监测预警标识,其中"●"标识当前风暴位置,"●"的颜色表示当前风暴回波强中心最大强度,"△""▲"及其颜色分别表示当前风暴降雹概率(POH)和发生严重冰雹概率(POSH),图中直观标注了可能发生降雹的位置,同时在风暴定位表中详细展示了精确到乡镇一级的可能降雹乡镇、未来 15~60 min 可能影响乡镇以及预测的冰雹最大直径。当冰雹概率 POH≥60%、严

---

① 1 ft=0.3048 m。

重冰雹概率 POSH≥40%时,屏幕界面显示并通过声音报警发布冰雹预警。

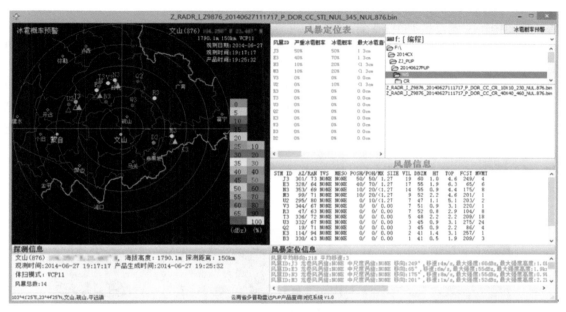

图 8.2.1　PUP 产品冰雹概率预警界面

8.2.2　强对流天气分析研究

系统除具备强对流天气实时预警功能外,还具备 PUP 产品资料分析研究功能,供科研人员在天气过程发生后进行分析研究。为了便于科研人员使用,系统各 PUP 产品色彩调色板均延续使用了经典 PUP 产品调色板。

图 8.2.2 为 PUP 产品资料分析研究界面。与预警界面类似,系统界面左部为图形展示区

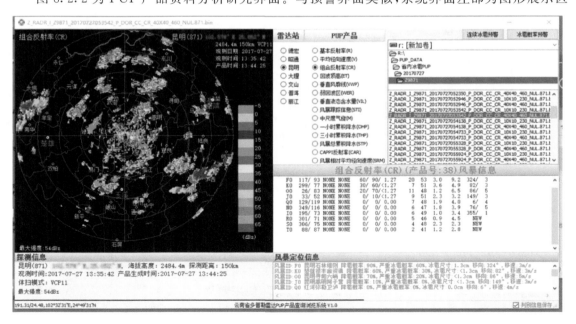

图 8.2.2　PUP 产品资料分析研究界面

域,其内详细标注了当前显示 PUP 产品名称、雷达站的站名站号、站点位置信息以及一些诸如最强回波强度、总风暴数目等信息。与预警界面不同的是,图形区展示的是叠加了行政边界的 PUP 产品图像如组合反射率、风暴跟踪信息等,以及不需要叠加行政边界的 PUP 产品图像如垂直风廓线、弱回波区产品等。界面右部为云南省 9 部 C 波段雷达站站名、PUP 产品名称单选框及风暴特征分析信息和风暴乡镇定位信息等。

　　图 8.2.3 为系统生成的文山雷达站 2014 年 06 月 27 日 17:38:38 组合反射率 CR、风暴跟踪信息 STI、垂直风廓线 VWP、弱回波区 WER 产品图形示例,系统可以读取多种 PUP 产品及内嵌的风暴特征分析信息(或计算参数配置)显示并存储,供科研及分析使用。使用本功能可以根据用户选择连续查看分析指定雷达站、指定类型的 PUP 产品,通过多种 PUP 产品综合分析研究强对流天气过程的发生、发展、演变等,并可获取天气过程多普勒雷达回波风暴特征参数进一步深入研究。

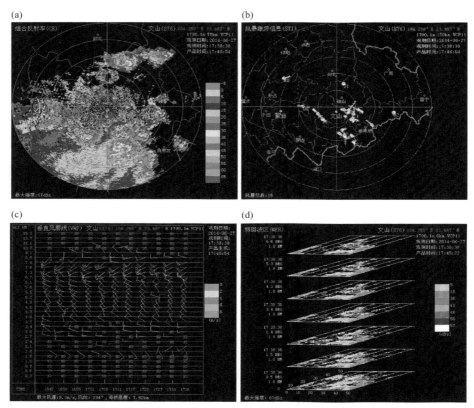

图 8.2.3　文山雷达站 2014 年 06 月 27 日 17:38:38 PUP 产品
(a)组合反射率 CR;(b)风暴跟踪信息 STI;(c)垂直风廓线 VWP;(d)弱回波区 WER

8.3　应用个例

　　下面结合一次冰雹天气过程来分析系统的实际使用效果。

　　2017 年 7 月 27 日 13:47 昆明市石林县长湖镇舍色村发生较为严重的冰雹灾害,持续时间约 2 min,造成烤烟玉米共计约 4000 亩不同程度受灾,模块较为全面地跟踪研判预警了此次过程。

　　表 8.3.1 为模块发布的 2017 年 7 月 27 日昆明市石林县长湖镇冰雹过程 PUP 产品风暴特征参数。

表 8.3.1　2017 年 7 月 27 日昆明市石林县长湖镇冰雹过程 PUP 产品风暴特征参数

体扫开始时间	产品生成时间	风暴ID	风暴位置(方位/距离,(°)/km)	龙卷涡旋	严重冰雹概率(%)	冰雹概率(%)	冰雹直径(cm)	VIL(kg/m²)	最大强度(dBz)	强回波高度(km)	回波顶高(km)	移向/移速((°)/(m·s))
13:00	13:08	F0	114/89	NONE	0	0	0	3	43	1.3	2.8	NEW
13:06	13:14	F0	116/88	NONE	0	0	0	5	46	1.2	4.1	61/4
13:11	13:20	F0	116/86	NONE	0	0	0	6	47	1.2	5.5	77/6
13:17	13:26	F0	116/93	NONE	0	0	0	3	44	3	4.4	338/4
13:23	13:32	F0	117/93	NONE	60	80	1.27	17	52	4.4	6.1	327/4
13:29	13:38	F0	117/93	NONE	50	90	1.27	20	53	3	7.5	324/4
13:35	13:44	F0	117/93	NONE	60	90	1.27	20	53	3	9.2	324/3
13:41	13:50	F0	117/95	TVS	70	80	1.27	24	56	3.1	7.6	323/3
13:47	13:56	F0	118/95	NONE	40	60	<1.27	16	53	3.1	7.5	323/3
13:53	14:02	F0	117/96	TVS	30	60	<1.27	17	54	1.4	6.3	320/3

　　从表 8.3.1 可以看出,2017 年 7 月 27 日 13:00—13:11 在昆明石林长湖有新生风暴产生,回波强度 43~47 dBz,强中心高度 1.2~1.3 km,回波顶高 2.8~5.5 km,回波向东北偏东移动。13:17,该回波开始快速发展,强中心高度由 1.2 km 上升至 3 km,回波顶高略有降低,回波转为向西北偏北方向移动。13:23 该回波强度迅速升高到 52 dBz,强中心高度升至 4.4 km,回波顶高上升到 6 km 以上,VIL 由前一观测时次的 3 kg/m² 跃升至 17 kg/m²,POSH、POH、最大冰雹直径(MX SIZE)分别为 60%、80% 和 1.27 cm,发出冰雹预警。13:41 回波强度发展至本次冰雹过程最大 56 dBz,强中心高度维持在 3 km 以上,回波顶高在 13:35 上升到 9.2 km 后在 13:41 又降低到 7.6 km,VIL 在 13:41 上升到本次过程最大值 24 kg/m²,但移向移速基本未变,持续发出冰雹及强冰雹预警。13:47 该风暴回波强度、顶高、VIL、POSH、POH、MX SIZE 略有降低,从灾情报告得知降雹开始。13:53 该风暴回波强度、VIL 及 POSH/POH/MX SIZE 少变,但强回波高度和回波顶高迅速降低,降雹结束。从表 8.3.1 还可以看出,PUP 产品生成时间较体扫开始时间略晚近 6 min,这是雷达完成一个体扫周期的时间,尽管存在 6 min 的时间延后,但 PUP 产品的风暴分析信息和本系统仍在冰雹发生(13:47)前约 15 min(13:32)发出降雹概率预警,这个时间差能够满足冰雹监测预警和人工防雹作业指挥业务需求,具有重要的指导参考作用。

　　另外从表 8.3.1 可以看出,在体扫开始时间 13:41 和 13:53,PUP 产品风暴分析信息分别指出了有龙卷涡旋特征 TVS 存在,由于缺乏现场观测或其他参考信息无法确认,在此不再讨论。

　　从上述个例可以看出,多普勒天气雷达 PUP 产品强对流天气监测预警模块利用 PUP 产品风暴分析信息,直接客观进行冰雹天气预警,具有科学性和实用性。保存的 PUP 产品图形和风暴分析信息文件可在强天气过程发生后进行进一步分析研究。

8.4 小结

(1)多普勒天气雷达 PUP 产品强天气监测预警系统通过解析 PUP 产品,提取、显示并保存 PUP 产品图片及风暴特征分析信息,能够扩展 PUP 产品综合应用的广度和深度。系统能够单独或批量读取解析显示多普勒天气雷达 19 类(36 个文件)PUP 产品,在手动和自动模式下进行强对流风暴科研分析和客观定量自动预警,能够满足强对流天气监测预警业务及科研应用需求。

(2)多普勒天气雷达 PUP 产品提供了丰富的风暴特征分析信息,文件短小精炼(几千字节至几十千字节),传输和读取时效大大优于体扫基数据传输时效和使用体扫基数据计算风暴特征参数时间,充分利用好 PUP 产品内嵌的风暴特征信息能够提高冰雹等强天气的预警时效和监测效率。

(3)在业务应用中 PUP 产品的准确性和可靠性依赖于雷达站周边当日探空资料,作为重要计算参数可及时输入 RPG 系统,并对 RPG 参数配置进行本地最优化计算调整,可大大提高 PUP 产品计算结果的可用性和参考价值。

参考文献

蔡淼,周毓荃,蒋元华,等,2014.一次超级单体雹暴观测分析和成雹区识别研究[J].大气科学,38(5): 845-860.

蔡晓云,宛霞,郭虎,2001.北京地区闪电定位资料的应用分析[J].气象科技(4):33-35.

蔡晓云,宛霞,郭虎,2003.北京地区对流云天气闪电特征及短时预报[J].气象,29(8):16-20.

曹治强,王新,2013.与强对流相联系的云系特征和天气背景[J].应用气象学报,24(3):365-372.

车荣强,2012.概率论与数理统计:第二版[M].上海:复旦大学出版社.

陈明轩,王迎春,俞小鼎,2007.交叉相关外推算法的改进及其在对流临近预报中的应用[J].应用气象学报,18 (5):690-701.

陈明轩,王迎春,2012.低层垂直风切变和冷池相互作用影响华北地区一次飑线过程发展维持的数值模拟[J]. 气象学报,70(3):371-386.

陈渭民,2005.卫星气象学[M].北京:气象出版社.

陈哲彰,1995.冰雹与雷暴大风的云对地闪电特征[J].气象学报,53(3):365-374.

程麟生,冯伍虎,2002.中纬度中尺度对流系统研究的若干进展[J].高原气象,21(4):337-347.

戴建华,陶岚,丁杨,等,2012.一次罕见飑前强降雹超级单体风暴特征分析[J].气象学报,70(4):609-627.

丁一汇,1991.高等天气学[M].北京:气象出版社.

丁治英,王楠,2015.两次飑线过程中短时强降水和冰雹强度差异及成因分析[J].气象科学,35(1):83-92.

董安祥,张强,2004.中国冰雹研究的新进展和主要科学问题[J].干旱气象,22(3):68-76.

段鹤,严华生,王晓君,等,2011.滇南中小尺度灾害天气的多普勒统计特征及识别研究[J].气象,37(10): 34-45.

段鹤,严华生,马学文,等,2014.滇南冰雹的预报预警方法研究[J].气象,40(2):174-185

段玮,胡娟,赵宁坤,等,2017.云南冰雹灾害气候特征及其变化[J].灾害学,32(2):90-96.

段旭,李英,周毅,1998.春季滇南大风冰雹天气的大尺度环境特征[J].气象,24(6):39-43.

冯桂力,边道相,刘洪鹏,等,2001.冰雹云形成发展与闪电演变特征分析[J].气象,27(3):33-37.

冯晋勤,黄爱玉,张治洋,等,2012.基于新一代天气雷达产品闽西南强对流天气临近预报方法研究[J].气象, 38(2):197-203.

高丽,潘佳文,蒋璐璐,等,2021.一次长生命史超级单体降雹演化机制及双偏振雷达回波分析[J].气象,47 (2):170-182.

龚乃虎,蔡启铭,1982.雹云的特征及其雷达识别[J].高原气象,1(2):43-52.

韩雷,王洪庆,谭晓光,等,2007.基于雷达数据的风暴体识别、追踪及预警的研究进展[J].气象,33(1):3-10.

蓝渝,郑永光,毛冬艳,等,2014.华北区域冰雹天气分型及云系特征[J].应用气象学报,25(5):538-549.

李静,周毓荃,蔡淼,2012.一次超级单体强雹暴发展演变过程的观测分析[J].气象与环境科学,35(2):1-7.

李湘,张腾飞,胡娟,等,2015.云南冰雹灾害的多普勒雷达特征统计及预警指标[J].灾害学,30(3):88-93.

李英,舒智,2000.云南春季冰雹、大风天气的中尺度扰动特征[J].气象,26(12):16-19.

李玉书,1982.雹暴和暴雨环境条件的差异[J].气象,8(5):7-8.

李哲,李国翠,刘黎平,等,2017.飑线优化识别及雷暴大风分析[J].高原气象,36(3):801-810.

廖玉芳,俞小鼎,吴林林,等,2007.强雹暴的雷达三体散射统计与个例分析[J].高原气象,26(4):812-820.

刘晶,于碧馨,赵克明,等,2018.乌鲁木齐"4.24"短时降水和冰雹中小尺度特征对比分析[J].暴雨灾害,37(4):347-355.

刘黎平,曹俊武,莫月琴,2006.雷达遥感新技术及其在灾害性天气探测中的应用[J].热带气象学报,22(1):1-9.

鲁德金,陈钟荣,袁野,等,2015.安徽地区春夏季冰雹云雷达回波特征分析[J].气象,41(9):1104-1110.

路亚奇,曹彦超,张峰,等,2016.陇东冰雹天气特征分析及预报预警[J].高原气象,35(6):1565-1576.

孟昭林,王红艳,陆雅萍,等,2005.CINRAD/SA Build10新一代天气雷达软件系统的开发研制[J].气象科技,33(5):469-473.

闵晶晶,刘还珠,曹晓钟,等,2011.天津"6.25"大冰雹过程的中尺度特征及成因[J].应用气象学报,22(5):525-536.

潘佳文,魏鸣,郭丽君,等,2020.闽南地区大冰雹超级单体演变的双偏振特征分析[J].气象,46(12):1608-1620.

祁雁文,2016a.内蒙古通辽地区冰雹天气的雷达回波判别指标[J].畜牧与饲料科学,37(8):93-96.

祁雁文,2016b.基于雷达回波指标的内蒙古通辽地区冰雹天气预报模型[J].畜牧与饲料科学,37(9):59-62.

苏爱芳,梁俊平,崔丽曼,等,2012.豫北一次局地雹暴天气的预警特征和触发机制[J].气象与环境学报,28(6):1-7.

陶云,段旭,段长春,等,2011.云南冰雹的变化特征[J].高原气象,30(4):1108-1118.

王丛梅,景华,王福侠,等,2011.一次强烈雹暴的多普勒天气雷达资料分析[J].气象科学,31(5):659-665.

王芬,李腹广,2009.多普勒天气雷达冰雹探测算法评估及检验改进[J].气象科技,37(3):345-348.

王芬,李腹广,张辉,2010.风暴单体识别与跟踪(SCIT)算法评估[J].气象,36(12):128-133.

王华,孙继松,李津,2007.2005年北京城区两次强冰雹天气的对比分析[J].气象,33(2):49-56.

王令,郑国光,康玉霞,等,2006.多普勒天气雷达径向速度图上的雹云特征[J].应用气象学报,17(3):281-287.

王廷东,段玮,方夏馨,等,2016.昆明地区夏季冰雹云多普勒雷达定量判别指标[J].安徽农业科学,44(34):177-180,201.

王小明,谢静芳,王侠飞,1992.强对流天气的分析及短时预报[M].北京:气象出版社.

王秀明,俞小鼎,周小刚,等,2012."6.3"区域致灾雷暴大风形成及维持原因分析[J].高原气象,31(2):504-514.

徐芬,郑媛媛,肖卉,等,2016.江苏沿江地区一次强冰雹天气的中尺度特征分析[J].气象,42(5):567-577.

徐小红,余兴,朱延年,等,2012.一次强飑线云结构特征的卫星反演分析[J].高原气象,31(1):258-268.

许爱华,詹丰兴,刘晓辉,等,2006.强垂直温度梯度条件下强对流天气分析与潜势预报[J].气象科技,34(4):376-380.

许爱华,陈云辉,陈涛,等,2013.锋面北侧冷气团中连续降雹环境场特征及成因[J].应用气象学报,24(2):197-206.

许美玲,段旭,杞明辉,等,2011.云南省天气预报员手册[M].北京:气象出版社.

薛秋芳,孟青,葛润生,1999.北京地区闪电活动及其与强对流天气的关系[J].气象,25(11):15-19.

姚建群,戴建华,姚祖庆,2005.一次强飑线的成因及维持和加强机制分析[J].应用气象学报,16(6):746-752.

叶爱芬,伍志方,程元慧,等,2006.一次春季强冰雹天气过程分析[J].气象科技,34(5):583-586.

易笑园,张义军,沈永海,等,2012.一次海风锋触发的多单体雹暴及合并过程的观测分析[J].气象学报,70(5):974-985.

尹丽云,王惠,2004."2003.8.2"滇中石林县冰雹过程多普勒雷达回波特征分析[J].云南地理环境研究,S1:86-90.

尹丽云,张杰,张腾飞,等,2012.低纬高原一次飑线过程的地闪演变特征分析[J].高原气象,31(4):

1100-1109.

俞小鼎,2004.新一代天气雷达对局地强风暴预警的改善[J].气象,30(8):3-7.

俞小鼎,姚秀萍,熊廷南,等,2006.多普勒天气雷达原理与业务应用[M].北京:气象出版社.

俞小鼎,周小刚,王秀明,2012.雷暴与强对流临近天气预报技术进展[J].气象学报,70(3):311-337.

张崇莉,和爱群,钱宝敏,等,2011.滇西北高原冰雹天气的多普勒雷达回波特征[J].云南大学学报(自然科学版),33(S2):367-373.

张建军,王咏青,钟玮,2016.飑线组织化过程对环境垂直风切变和水汽的响应[J].大气科学,40(4):689-702.

张杰,李文莉,康凤琴,等,2004.一次冰雹云演变过程的卫星遥感监测与分析[J].高原气象,23(6):758-763.

张杰,张腾飞,尹丽云,等,2014.云南中尺度对流系统地闪分布差异及成因[J].热带气象学报,30(6):1146-1158.

张杰,张思豆,代华,2018.多普勒天气雷达PUP产品强天气监测预警系统设计[J].暴雨灾害,37(5):486-492.

张杰,张腾飞,2019.云南4次热带系统影响强对流风暴卫星云图和地闪特征[J].气象科学,39(4):502-514.

张沛源,1983.飑线雹暴不同发展阶段的垂直流场特征[J].高原气象,2(3):40-48.

张强,康凤琴,2005.中国西北冰雹研究[M].北京:气象出版社.

张腾飞,段旭,鲁亚斌,等,2006.云南一次强对流冰雹过程的环流及雷达回波特征分析[J].高原气象,25(3):531-538.

张腾飞,尹丽云,张杰,等,2013.云南两次中尺度对流雷暴系统演变和地闪特征[J].应用气象学报,24(2):207-218.

张腾飞,张杰,尹丽云,等,2016.滇南春季一次强对流风暴系统特征及成因[J].云南大学学报(自然科学版),38(2):245-255.

张腾飞,张杰,张思豆,等,2018.云南南支槽飑线雹暴中尺度特征及环境条件[J].高原气象,37(4):958-969.

张晰莹,吴迎旭,张礼宝,2013.利用卫星、雷达资料分析龙卷发生的环境条件[J].气象,39(6):728-737.

张喜轩,孙秀霞,1987.大气层结演变对持续性雹暴天气过程的影响[J].高原气象,6(2):161-168.

张晓庆,王玉良,王景涛,等,2018.统计学:第二版[M].北京:清华大学出版社.

张一平,俞小鼎,孙景兰,等,2014.一次槽后型大暴雨伴冰雹的形成机制和雷达观测分析[J].高原气象,33(4):1093-1104.

郑媛媛,俞小鼎,方翀,等,2004.一次典型超级单体风暴的多普勒天气雷达观测分析[J]气象学报,62(3):317-328.

郑媛媛,张雪晨,朱红芳,等,2014.东北冷涡对江淮飑线生成的影响研究[J].高原气象,35(1):261-269.

周泓,段玮,赵爽,等,2014.滇中地区冰雹的多普勒天气雷达及闪电活动特征分析[J].气象,40(9):1132-1144.

周嵬,张强,康凤琴,2005.我国西北地区降雹气候特征及若干研究进展[J].地球科学进展,20(9):1029-1036.

周小刚,费海燕,王秀明,等,2015.多普勒雷达探测冰雹的算法发展与业务应用讨论[J].气象,41(11):1390-1397.

朱君鉴,郑国光,王令,等,2004.冰雹风暴中的流场结构及大冰雹生成区[J].大气科学学报,27(6):735-742.

朱君鉴,刁秀广,曲军,等,2008.4.28临沂强对流灾害性大风多普勒天气雷达产品分析[J].气象,34(12):21-26.

朱平,俞小鼎,2019.青藏高原东北部一次罕见强对流天气的中小尺度系统特征分析[J].高原气象,38(1):1-13.

ADLER R F,MARKUS M J,FENN D D,1985. Detection of severe midwest thunderstorms using geosynchronous satellite data[J]. Mon Wea Rev,113:769-781.

AMBURN S A,WOLF P L,1997. VIL density as a hail indicator[J]. Wea Forcasting,12(3):473-478.

BALLY J,2004. The thunderstorm interactive forecast system: Turning automated thunderstorm tracks into severe weather warnings[J]. Wea Forecasting,19(1):64-72.

BARCLAY P A,WILK K E,1970. Severe thunderstorm radar echo motion and related weather events hazardous to aviation operations[J]. ESSA Tech Memo ERLTM-NSSL,46:63.

BAUER M B,WALDVOGEL A,1997. Satellite data based detection and prediction of hail[J]. Atmos Res,43(3):217-231.

BLUESTEIN H B,JAIN M H,1985. Formation of mesoscale lines of precipitation: Severe squall lines in Oklahoma during the spring[J]. J Atmos Sci,42(16):1711-1732.

BLUESTEIN H B,MARX G T,JAIN M H,1987. Formation of mesoscale lines of precipitation: Non-Severe squall lines in Oklahoma during the spring[J]. Mon Wea Rev,115(11):2719-2727.

BURGESS D W,LEMON L R,1990. Severe Thunderstorm Detection by Radar[M]. D Atlas,Ed,Radar in Meteorology. Boston: Amer Meteor Soc:619-647.

CAREY L D,RUTLEDGE S A,1998. Electrical and multi parameter radar observations of a severe hailstorm [J]. J Geophys Res,103(D12):13979-14000.

DIXON M,WIENER G,1993. TITAN:Thunderstorm identification,tracking,analysis,and nowcasting-a radarbased methodology[J]. J Atmos Oceanic Technol,10(6):785-796.

FOOTE G B, KNIGHT C A, 1979. Results of a randomized hail suppression experiment in Northeast Colorado. Part I: Design and conduct of the experiment[J]. J Appl Meteorol Clim,18(12):1526-1537.

GILMORE M S,WICKER L J,2002. Influences of the local environment on supercell cloud-to-ground lightning,radar characteristics,and severe weather on 2 June 1995[J]. Mon Wea Rev,130:2349-2372.

GREG S,2003. Improvements to SCIT Tracking-SCIT Filter[C]. TAC Meeting Decision Briefing. NSSL/NOAA.

HAN L,FU S X,ZHAO L F,et al,2009. 3D convective storm identification,tracking,and forecasting-an enhanced TITAN algorithm[J]. J Atmos Ocean Tech,26(4):719-732.

JOHNSON J T,MACKEEN P L,WITT A,et al,1998. The storm cell identification and tracking algorithm: An enhanced WSR-88D algorithm[J]. Wea Forecasting,13(2):263-276.

KLAZURA G E,IMY D A,1993. A Description of the initial set of analysis products available from the NEXRAD WSR-88D system[J]. Bull Amer Meteor Soc,74(7):1293-1311.

LEMON L R,1998. The radar "three-body scatter spike":An operational large-hail signature[J]. Wea Forecasting,13(2):327-340.

LI L W,SCHMID W,JOSS J,1995. Nowcasting of motion and growth of precipitation with radar over a complex orography[J]. J Appl Meteor,34(6):1286-1299.

LÓPEZ R E,AUBAGNAC J P,1997. The lightning activity of a hailstorm as a function of changes in its microphysical characteristics inferred from polarmetric radar observations[J]. J Geophys Res, 1021(D14): 16799-16814.

MACGORMAN D R,BURGESS D W,1994. Positive cloud-to-ground lightning in tornadic storms and hailstorms[J]. Mon Wea Rev,122(8):1671-1697.

MACGORMAN D R,RUST D O,ASKELSON M,et al,2002. Lightning Relative to Precipitation and Tornadoes in a Supercell Storm during MEAPRS[C]. Preprints,21st Conf. on Severe Local Storms,San Antonio,TX,Amer Meteor Soc:423-426.

MATHER G K,TREDDENICK D,PARSONS R,1976. An observed relationship between the height of the 45 dBz contours in storm profiles and surface hail reports[J]. J Appl Meteor,15(12):1336-1340.

NCDC,1998. Data documentation for TD7000-TD7599 NEXRAD level Ⅲ[EB]. Washington DC:National Climatic Data Center.

PAMELA L H,RYZHKOV A V,2006. Validation of polarimetric hail detection[J]. Wea Forecasting,21(5): 839-850.

PARKER M D,RUTLEDGE S A,JOHNSON R H,2001. Cloud-to-ground lightning in linear mesoscale convective systems[J]. Mon Wea Rev,129:1232-1242.

PETROCCHI P J,1982. Automatic Detection of Hail by Radar[Z]. AFGL-TR-82-0277,Environmental Research Paper 796,Hanscom AFB,MA:33.

QIE X S,YU Y,WANG D H,et al,2002. Characteristics of cloud-to-ground lightning in Chinese Inland Plateau [J]. J Meteorol Soc Jpn,80(4):745-754.

RINEHART R E,GARVEY E T,1978. Three-dimensional storm motion detection by conventional weather radar[J]. Nature,273(5660):287-289.

SEITY Y,SOULA S,TABARY P,et al,2003. The convective storm system during IOP 2a of MAP:Cloud-to-ground lightning flash production in relation to dynamics and microphysics[J]. Q J R Meteorol Soc,129 (588):523-542.

SOULA S,SEITY Y,FERAL L,et al,2004. Cloud-to-ground lightning activity in hail-bearing storms[J]. J Geophys Res,109(D2):D02101.

TAKEMI T,2006. Impacts of moisture profile on the evolution and organization of midlatitude squall lines under various shear conditions[J]. Atmos Res,82:37-54.

TORACINTA E R,MOHR K I,ZIPSER E J,et al,1996. A comparison of WSR-88D reflectivities,SSM/I brightness temperatures,and lightning for mesoscale convective systems in Texas. Part I:Radar reflectivity and lightning[J]. J Appl Meteorol Climatol,35(6):902-918.

WALDVOGEL A,FEDERER B,1976. Large Raindrops and the Boundary between Rain and Hail[C]. Preprints,17th Conf on Radar Meteorology,Seattle,WA,Amer Meteor Soc:167-172.

WALDVOGEL A,FEDERER B,GRIMM P,1979. Criteria for the detection of hail cells[J]. J Appl Meteorol Clim,18(12):1521-1525.

WILK K E,GRAY K C,1970. Processing and Analysis Techniques Used with the NSSL Weather Radar System[C]. Preprints,14th Radar Meteorology Conf,Tucson,AZ,Amer Meteor Soc:369-374.

WITT A,EILTS M D,STUMPF G J,et al,1998. An enhanced hail detection algorithm for the WSR-88D[J]. Wea Forecasting,13(2):286-303.

ZHANG S D,LIU S Y,ZHANG T F,2021. Analysis on the evolution and microphysical characteristics of two consecutive hailstorms in spring in Yunnan,China[J]. Atmosphere,12:63.

ZITTEL W D,1976. Computer Applications and Techniques for Storm Tracking and Warning[C]. Preprints,17th Conf on Radar Meteorology,Seattle,WA,Amer Meteor Soc:514-521.